平面设计与制作

突破平面

刘芳　张佳宁 / 编著

电脑数字印前技术深度剖析

清华大学出版社
北京

内容简介

本书从理论和实践两方面出发，系统地阐述了电脑数字印前技术知识；介绍了印刷基础知识、色彩空间与色度学、数字图形图像处理基础、扫描输入图像、图像的调整与校色、色彩管理、数字印前的文字处理、叠印和陷印、打印和输出、印前打样、印刷及后加工概述、制作出片文件流程等方面的知识；还结合实际，介绍了印前图文要素的处理技术及实践操作，力求让读者通过学习能进行实践操作。

本书内容丰富，技术先进，实用性强，既可用作各类学校印刷工程专业的教材，又可作为电脑平面设计人员及印刷从业人员的学习用书。

图书在版编目（CIP）数据

突破平面：电脑数字印前技术深度剖析/刘芳 张佳宁编著. —北京：清华大学出版社，2017
（平面设计与制作）
ISBN 978-7-302-44087-1

Ⅰ.①突… Ⅱ.①刘… ②张… Ⅲ.①数字图像处理-印前处理 Ⅳ.①TS803.1

中国版本图书馆CIP数据核字（2016）第132438号

责任编辑：陈绿春
封面设计：潘国文
责任校对：徐俊伟
责任印制：何　芊

出版发行：清华大学出版社
网　　址：http://www.tup.com.cn，http://www.wqbook.com
地　　址：北京清华大学学研大厦A座　　**邮　　编：**100084
社 总 机：010-62770175　　**邮　　购：**010-62786544
投稿与读者服务：010-62776969，c-service@tup.tsinghua.edu.cn
质量反馈：010-62772015，zhiliang@tup.tsinghua.edu.cn

印 装 者：三河市春园印刷有限公司
经　　销：全国新华书店
开　　本：185mm×260mm　　**印　张：**16　　**字　数：**488千字
版　　次：2017年1月第1版　　**印　次：**2017年1月第1次印刷
印　　数：1～3500
定　　价：69.00元

产品编号：063173-01

前言

PREFACE

当今的许多平面设计师虽然都学过多年的专业课程，或者受过大量类似的培训，但仍然对设计时要考虑的制版和印刷的实际要求知之甚少，甚至一无所知，结果每次把设计好的作品提交给印刷商时，他们总是在提心吊胆中等待，因为不知道自已设计的作品能否顺利制成印刷品。

作为一名合格的平面艺术设计师，除了应具备传统设计师的基本能力外，运用电脑，全面了解印刷工艺，也是其必备的专业技能。只有对整个印刷工艺和材料都有全面的了解，才能设计出具有吸引人的印刷精品。

本书是作者在多年的实际工作中所积累的印前技术方面的知识和经验的总结，共分为 12 章，详细讲解了色彩空间与色度学、数字图形图像处理基础、扫描输入图像、图像的调整与校色、数字印前文字处理、色彩管理、叠印和陷印、打印和输出、印前打样、印刷及后加工概述等内容，这些都是平面艺术设计师经常遇到的数字化印前处理的概念和原理。通过对本书的学习，可以帮助平面艺术设计师轻松解决在印刷中遇到的各种问题，同时也可避免时间和金钱上的巨大浪费。设计师如果能够掌握本书的内容，就能充满自信地应对各种问题！而且印前事务处理起来也会得心应手了。

通过本书的学习您可以轻松解决以下问题。

（1）文字处理应该注意哪些问题。

（2）实际操作中，有哪些比较快速准确校正图像的方法。

（3）印前常涉及到的图像文件格式有几种。

（4）如何确定合适的扫描分辨率。

（5）各种平面设计软件中处理陷印的方法。

（6）怎样设定叠印。

（7）图像输出之前应该注意哪些问题。

（8）常用的印刷方式有哪几种。

（9）传统打样中常见问题的解决方案有哪些。

作者

目录

CONTENTS

第 3 章 数字图形图像处理基础

第 4 章 扫描输入图像

第 5 章 图像的调整与校色

第 9 章 打印和输出

第 10 章 印前打样

第 11 章 印刷及印后加工

第12章 制作出片文件流程

第 1 章

印刷基础知识

要想了解数字印前技术，就必须了解印刷的一些基础理论知识，例如印刷技术的发展，印刷品的种类、工艺、纸张等。传统的印刷方式主要可以分凸版印刷、凹版印刷、平版印刷、孔版印刷等 4 种印刷方式，还有一些其他的印刷方式本章中也有介绍。其实数字印前制作还要遵循一些原则，包括字体设计、版式设计、图文排版样式等方面，本章将要对以上知识进行详细讲解。

1.1 印刷技术的发展历程

数字化时代平面设计的特点

1.1.1 一直在进步的平面设计

印刷行业通常可以分为两个独立的专业领域，一个是只关心最终印刷品质量的印刷复制领域，这个领域包括印刷、裁切、折页、装订等；另一个领域则关注印刷品的设计与创意，如平面设计师的工作。

平面设计的发展史最早可以追溯到古代的原始绘画，当时，人类的祖先发明了很多形象和符号，而布局、版面等日后平面设计的元素也应运而生。之后，字母、金属活字的诞生、印刷术的出现，更加推动了平面设计的发展，使得文字和插图可以进行比较灵活的拼合，从而形成最初的版面设计。

如今，平面设计师的工作早已不再是从前那种简单的、手工的版面设计，而是需要进行更为复杂、内容更加丰富的数字文件制作。虽然数字化是当前设计和印刷发展的主要方向，但设计师和印刷者固守的传统思维却远远跟不上快速发挥在那的数字化文件的制作方法和不断翻新的设计软件版本。这样就会产生一个问题：真正需要了解和掌握印刷的具体要求的人员，如平面设计师，他们对印刷知道得太少。

在数字化技术发展的初期阶段，设计师对于印刷知识的掌握十分匮乏，印刷出来的作品往往与自己的预期大相径庭，如颜色发生了变化、图片的印刷效果远不如显示器上所看到的，还有之前没发现的错误被印刷了出来等，由于这些问题的存在，使得设计师每次在等待印刷的过程中都会紧张不安。

这样的问题并没有随着时间的推移而得到改善，到了 21 世纪，情况变得更加严重。现在的印刷商不再接受最初拼版组合时的文件格式，而是统一要求印刷文件的格式为标准的 PDF（Portable Document Format，便携式文档格式）格式，由于 PDF 文件很难重新编辑，且第一时间内很难看出设计师不经意间遗留的错误，这样一来，印刷商的工作变得更加简单，而设计师则需要承担更多的责任。

导致设计师的作品在印刷中出现各种问题的原因是设计师没能理解数字化印前处理的一些概念，如精确的图像校准（Calibration）、网点扩大（Dot Gain）、CMYK 模式和 RGB 模式、网屏套叠（Screen Clash）、陷印（Trapping）等，这些概念都是经常被用到的，看似复杂，但处理起来很简单，如果设计师能够理解并掌握这些原理，那么印刷后就不会出现那么多的问题，也可以在很大程度上减少时间和金钱上的浪费，而设计师本身也会轻松很多，不必一遍又一遍地回忆整个设计过程，担心某个地方有遗漏或疏忽。

1.1.2 早期的印刷

如今的印刷技术水平是经过很多个世纪的发展而形成的，而发展和进步的速度并不是平稳的，在最初的很长一段时间里，印刷技术几乎停滞不前，直到最近的 50 年，印刷技术才飞快地进步。

时至今日，调版印刷这种最初的印刷术在一些地方仍被使用。这种印刷术的印刷过程是先将图文部分雕刻成反向凸起的版面，在版面上刷上油墨，然后覆盖上羊皮纸、牛皮纸，或用干净的刷子轻轻地刷过纸张等，再把纸慢慢地剥离下来，油墨转移到纸张上，就能将图文清晰地印刷出来了。调版印刷有明显的弊端，首先图文必须雕刻成反向的，使得雕刻难度很大，并且很容易出错，其次如果图文雕刻出错的话，将会非常麻烦。

直到活字印刷术的问世，才形成了印刷史上伟大的里程碑。

活字印刷术最早起源于中国，如图 1-1 所示，1041 年，毕升发明了以胶泥为原料的活字。15 世纪，欧洲才掌握活字印刷术的运用方法。1440 年，德国人谷登堡（Johannes Gutenberg）最早开始凸版印刷试验，他采用铅为材料铸造字模，利用金属字模进行印刷，随后，谷登堡改变了印刷的材料， 采用亚麻仁油混合灯烟的黑灰，制成黑色油墨，用皮革球蘸涂油墨到金属印刷平面上，取得了均匀的印刷效果。正是活字材料的改进、脂肪性油墨的应用，以及在制造印刷机等方面取得的成功，使活字印刷术的水平大幅提高，并奠定了现代印刷术的基础。

图 1-1

1461 年，阿伯雷奇 · 费斯特的印刷作品中出现了许多木版画，是西方最早的具有插图的出版物。1476 年，威廉 · 卡克斯顿在英国开办印刷厂——采用类似僧侣手迹的字体印刷。到了 15 世纪末，欧洲拥有印刷工业的城市已经达到了 250 个，这个时期内，诞生了一本非常有价值的书籍，名为《各行各业手册》，该书籍出版于 1568 年，由安曼插图，书中有 8 张图片是介绍当时的印刷业的工作情况的，包括造纸、铸造活字、排版、修版、印刷、装订等，这些插图是用木刻制作的，黑白线条非常清晰。然而，到了 17 世纪初，教会和国会开始担心印刷品的影响力，因此开始严格管制印刷业。17 世纪中期，形式更加严峻，政府试图通过限制印刷业的方式维持其政权。1637 年，英国通过了一项限制印刷业的法令。1644 年，国会颁布印刷特许条例，宣布所有的印刷物都必须通过官方检查。对违规者会受到严厉的处罚，轻则罚款、监禁、没收设备及财产，重则判处死刑。到了 17 世纪末， 英国只剩 20 家主要的印刷厂，其中 18 家位于伦敦。然而，在这样艰难的环境下，印刷业展现出顽强的生命力，支撑着压力依然在慢慢发展。

1.1.3 凸版印刷到平版印刷的转变

在金属活字发明后的很长一段时间内，凸版印刷（Letterpress）是商业印刷的唯一方式。凸版印刷是使用金属活字排成完整版面，然后涂上油墨，覆上纸张，通过压力进行图文转移的工艺技术。19 世纪 30 年代，照相术的问世给当时的世界带来了一种全新的图像生成方式，这在凸版以及随后的平版胶印（Offset Litho）中被广泛使用，并为印刷技术的发展奠定了基础。直到 20 世纪初，平版印刷才开始得到应用，并和凸版印刷激烈竞争，这种竞争一直持续到 20 世纪六七十年代，平版印刷渐渐占据了市场，而凸版印刷仍有留存。

印刷商在印刷插图的时候，力求将插图表现得更逼真一些，而当时简单的木版画或雕刻画都不能满足他们的要求，如何用一种油墨印刷出变化的灰度层次是解决问题的关键。由于木版画上的细线看起来层次浅些，而粗线条看起来层次深些，因此，印刷商开始考虑到通过视觉上的错觉来实现层次的区分。1890 年，在经过了多年的试验后，美国人弗雷德里克曹艾夫斯提出了照相法制版工艺。他在一块玻璃上雕刻出精细的垂直交叉的网格线，光线通过玻璃的网孔投射到涂有感光层的胶片（Film）上，使得原稿图像的明暗变化转换成胶片上网点的大小变化，这样一来，在胶片上形成的图像就是大小不等的网点，而不是连续的。网点的大小则由原稿的明暗色彩来决定，暗调部分最终生成大网点，而浅色区域则生成小网点，由此形成的图像称为半色调图像（Halftone），如图 1-2 所示。

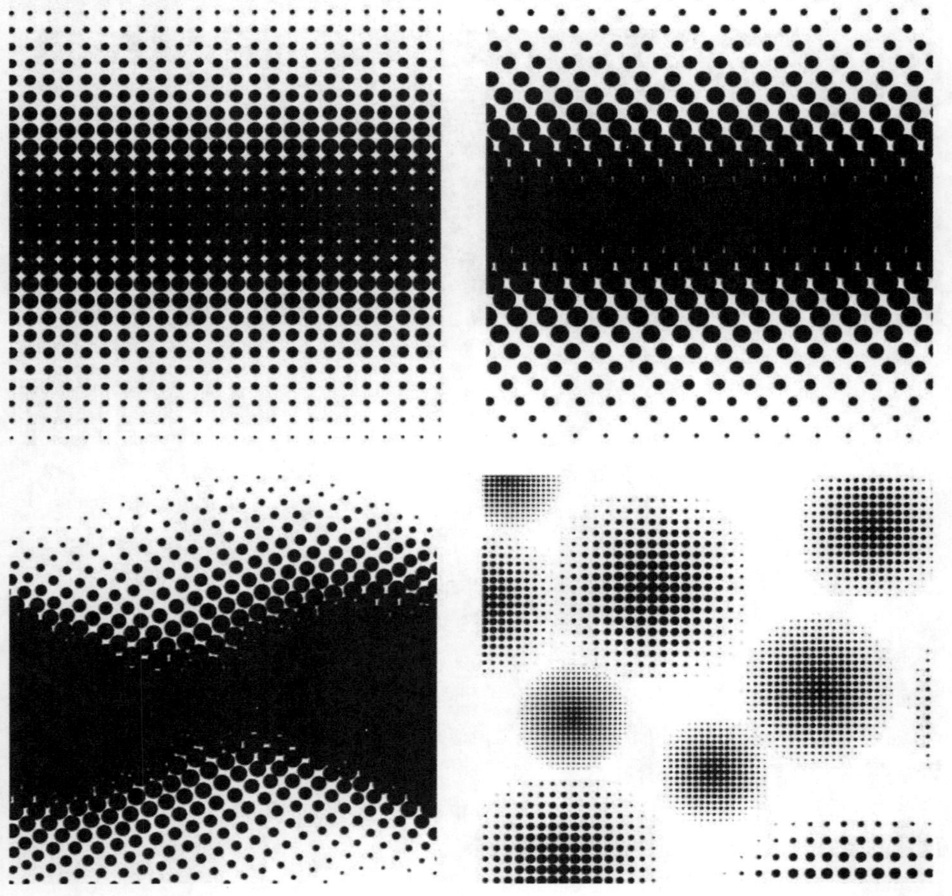

图 1-2

在运用照相术进行印刷前，需要进行一些准备工作。首先，用制作好的胶片在涂有感光剂的锌版或铜版上曝光，接着进行腐蚀，然后把制作好的印版安装在木底托上，木底托的原料一般是橡木或桃木，最后在版的表面即图文部分着墨，而空白部分由于已经被腐蚀掉，不会上墨。

在印刷过程中，如果网点边缘模糊，就无法确定网点的实际大小，为了避免网点毛边，胶片使用的感光剂不能产生灰色阴影，半色调网点要求明快、清晰。此外，对印刷材料质量要求也很高，胶片上要求有透明网点、印版上要求有着墨的网点、纸张上要求有个印刷网点。总而言之，就是不允许有半个网点或网点模糊的情况，否则宁可不要网点。

生成灰阶图像有两种方法：一是采用灰色油墨；二是利用纸张的白和墨点的黑，通过视觉错觉产生灰色效果。平面设计师只需要相信这种视觉效果的存在。一幅印刷图像，若是放大来看，可以看到无数个网点，几乎看不出图像轮廓。然而，当网点太小或者有一定的视觉距离时，人们便看不出网点，而是完美的图像，如图 1-3 所示。

图 1-3

1.1.4 排版技术的变革

平版印刷在图像复制技术上取得突破性进展并得到广泛应用后，又开始进入缓慢的发展期，直到 20 世纪后半段排版新技术发明，才改变了这一情况。当时的 IBM Selectric 打字机（高尔夫字球式打字机）、Letraset 打字机，以及早期的照相排字机（Phototypesetting）拥有更快速、更整洁的优点，因此取代了凸版印刷使用的金属和木活字。

照相排版技术发明于1949年，是在暗室中手工操作的设备，每次把一个字体映像投射到照相纸上，直到20世纪60年代；这项技术才真正发展起来。70年代以前，字符间隔只能通过手动调节，之后随着蒙诺（Monotype）排字机等机器的问世，字符间隔才可以自动调节，这种排字机甚至可以调整字高，幅度从3mm（1/8英寸）到128mm（5英寸）。

之后，排版系统又开始慢慢加入了计算机技术。数字化和机械式的混合型铸排机的问世，实现了计算机键盘和单色的CRT（Cathode Ray Tube，阴极射线管）显示屏进行排版，而它的编码方式与HTML（超文本链接标示语言）相同。当需要将下一行文字加粗时，可直接输入编码“加粗”，等到该行文字加粗以后，编码提示“停止加粗”。

每个铸排机内部有一个轮子，轮子上固定着4个胶片，每个胶片上包含一种特定字体的整个字符集——而并不是包含整个字库。当高速转动时，相应的文字通过频闪闪光灯前时，闪光灯发射光束，光束通过字体，透过安装在透镜旋转盘上的其中一个透镜，再通过一个棱镜投射到照相纸上。相纸通过快速感光后送入显影机，最后制作成字体长条，长度可达几米。

由于印刷术和照相排版机的广泛应用，使得排版设计进入了创造力更为丰富的阶段。文字的编排可以随意地变长或变宽、缩小或放大、扭曲或倾斜，这帮助了设计师从过去铅字排版的枷锁中解放出来，使他们能够更加自由地展开想象。

如今，通过计算机来控制排版，不仅能生成字体，还能制作和编辑图案，然而计算机技术的优势并未能完全取代暗室的地位。近年来，印刷技术特别是计算机直接制版（Computer to Plate,CTP）领域发展迅速，但全世界范围内，仍有很多印刷厂依靠着暗室，胶片也被经常地使用，这是由于印刷技术的发展是一个逐渐替代的过程，所以必须要等到计算机技术彻底普及了，才有可能将一些落后的技术淘汰，以此看来，暗室完全退出历史舞台还需等待一段时间。

在Linotype和Compugraphic照相排字机时代，一个字体缩微胶片价值大约100英镑（165美元），可以说字体库越大实力就越强。有趣的是，短短几年后，字体多已经不再是一个优势，因为现在任何人都可以通过网站免费下载字体。

1.2 印刷方式有哪些种类

种类不同，生成的印刷品也不同

1.2.1 胶片印刷

印刷方式是平版胶印，其印版上的图像是通过照相方法生成的。典型的平印版是以铝皮或铝材为基版，上面涂布感光乳剂。曝光后的印版通过显影，图文部分形成亲油层，而空白部分形成亲水层。通过润版系统精确控制水墨平衡，保证着墨的图文部分和着水的空白部分不相互影响，最终生成精美的印刷图像。

平版制版工艺流程如下，假设已经排好整个印刷图文并进行了照相，胶片要么是通过激光照排机输出，要么是通过相对传统的流程，如排校样、暗房、拼大版（拼大版是把各个小版组合成完整印版）输出。然后把胶片（乳剂面向下）和印版（感光乳剂面向上）紧密相接，通过接触曝光的方法，将胶片上的图文信息传递到版材上。曝光是在真空晒版机玻璃板台上完成的，在曝光之前，必须用抽真空机抽净胶片和印版之间的空气确保图文阶调的转移。如果在玻璃间混入灰尘或杂质便会造成压力不均匀，就会出现牛顿环（Newton's Rings）现象。这些深色的、彩虹般的同心圆随后会对印版质量造成很多问题。如果在半色调图像的中间调区域惨入了杂质，就会造成印版上图像失真。所以操作员必须仔细检查，防止牛顿环现象的产生。如果出现类似的问题，必须关掉抽真空机，等到压力平衡时，掀开盖子，清除灰尘。这看似耽搁的一点时间却能保证最终的印版质量。整个工作台清洁完之后，就可以开始曝光，印版上的乳化剂经紫外线曝光后硬化，通过显影，硬化的图文部分被留下，空白部分被清洗掉。

至于制版使用的材料和工艺，世界各地也有一些差别。在国内，阴图底片和阴图版应用较普遍，而欧洲和远东地区则更倾向于阳图版。这两种方法也没有太大区别。阴图版常常涂有一层薄薄的阿拉伯树胶作为保护层，而阳图版上的图像还要进行再曝光，显影之后不能立即使用；阴图版耐印力不高，在印长版活的时候要换印版。而阳图版耐印力能达 10 万印。当然，这些总结不一定准确，详细区分材料之间的差异需要做大量调查。针对具体印刷品选择合适的材料，这对印刷商来说很重要，但对于设计师可能不那么重要。这也是不同印刷厂报价不同的原因之一。对于给定大小的印张和印数， 合适的印刷设备、经济实用的印刷材料是决定价格公平的主要因素。

印版显影机的使用省去了手工制版和胶片显影过程中的很多麻烦。显影时影响印版质量的因素有很多：显影液要循环搅拌以提高显影速度和显影均匀性，显影温度要控制在最佳水平，显影时间要调整到合适的长度，就如传统的显影、定影和清洗工序一样。在 CTP 和直接成像流程中也广泛使用印版显影机，并且彻底实现了无胶片印刷。

1.2.2 无胶片印刷

1. 计算机直接制版

从 20 世纪 90 年代初期出现比较实用的 CTP 系统，到 20 世纪 90 年代中期有规模的产业应用，CTP 技术发展到今天已经十余年了。然而，印刷人员对新技术往往显得比较谨慎，造成新技术的传播和发展缓慢，所以，目前全球印刷行业中以胶片为基础的平版印刷还是很普遍的。CTP 技术的优势和产生的效益显而易见，我们相信，随着时间的推移，越来越多的人会选择 CTP 系统，传统的工艺会逐渐被淘汰。但这个转变还需要一段时间。

所谓 CTP 技术就是指将编辑好的数字化文件直接用于制版，而不再经过胶片工序的技术。由于不再使用胶片，避免了胶片到印版过程中杂质与灰尘带来的制版缺陷，也避免了昂贵费时的修版。另一方面，由于减小了图像在物理介质间转移的工序，避免了制版过程中许多变数，再也不必为由胶片引起的定位不准、网点扩大等问题而困扰。印刷图像更加清晰，套印更加精确。此外，由于减少了胶片和化学溶剂的使用，整个制版流程也更加环保。

2. 计算机直接成像

计算机直接成像相对于CTP技术更进一步，不仅彻底实现无胶片工艺，印版本身也是通过一排激光直接在机成像。图文部分就像传统印刷工艺一样着墨，这意味着印刷之前印版已经精确定位，不需要进一步定位调整，准备周期大大缩短，这是计算机直接成像技术最大的优势，在要求周转快速的短版活市场具备很强的竞争力。

CTP技术给印刷带来的革命是省去了胶片，由此带动印刷质量（潜在地）的提高，成本的降低以及周转时间的缩短。而计算机直接成像技术的最大优势则在于工艺更简单，直接把数字信息传到印刷机上。以海德堡DI46-4四色直接成像印刷机为例，除了具备海德堡胶印机原有的优点外，最显著的特点就是能够直接接受来自印前系统的Postscript数据，通过光栅图像处理器（RIP）转换成位图文件数据，在印版滚筒上直接成像，省去了传统胶印机中的胶片、PS版曝光、显影等工序。

但接下来的问题是：计算机直接成像技术会像当初CTP抢占胶片市场一样把CTP逐出市场吗？当然，我们还是希望这个转变不要太快。因为CTP技术可以和传统印刷机配合使用，而在未来的数年内，传统印刷机仍将占有重要地位。

> **Tips**
>
> 多页印刷品是由多页纸张装订在一起的印刷品将多页纸张装订在一起的印刷品称为"多页印刷品'。
>
> 一般人们愿意叫它们"书"，这当中从书籍、杂志开始，包括操作手册、目录、公司介绍、政务公报、教科书等多种形式。

1.2.3 数字化印刷

数字化印刷就是利用印前系统将图文信息传输到数字印刷机直接进行印刷的一种新型印刷技术。相对来讲，数字化印刷本身更接近激光打印机，而不是传统的胶版印刷机之类的。数字化印刷摒弃了传统油墨，使用墨粉或者液体油墨。图文信息通过静电成像在光导鼓上，不再使用印版。这意味着两点：第一，印刷单价不会因印数增加而降低；第二，光导鼓上的信息是可变的，前后两页内容可以完全不一样，即能实现可变数据印刷。这样，数字印刷机就可以实现按需印刷，如多页稿的单本印刷。这对经常要为客户进行高质量打样的设计师来说是个不错的选择。数字印刷机如图1-4所示。

图 1-4

但是，不要希望可以在传统印刷车间看到数字印刷设备，因为这两者是完全不同的，它们需要不同的操作和管理环境。数字化印刷在个性化印刷、短版快速印刷等领域的应用具有领先优势。数字化印刷针对具体工作需要尽可能有效的工作流程，如电子邮件、电子商务、组织设计、图像处理、印刷操作等。所以，数字印刷有不同于传统印刷的特定的客户群体。

1.3 不同的印刷工艺原理

不同的印刷工艺采用不同的印版及不同的印刷设备

印刷的种类、工艺和方式繁多，主要分为平版印刷、凸版印刷、凹版印刷、孔版印刷等。但在各种印刷方式中，平版印刷仍占主导地位，也是平面设计师在日常印刷设计业务中接触和应用得最多的印刷方式。

1.3.1 平版印刷

平版印刷的版面上印刷上印刷部分和空白部分无明显的高低之分，几乎处于同一个平面上。印刷部分通过感光方式或转移方式具有亲油性：空白部分通过化学处理具有亲水性。印刷的时候，利用油水相斥的原理，首先在印版表面着水，空白部分由于亲水则吸收了水分，再往印版上着油墨使图文部分附着油墨。由于空白部分吸收了水，有斥油墨的能力，则空白部分不会附上油墨。然后承印物与印刷版之间通过直接或间接的接触，油墨就转移到了承印物上，于是就形成了图文印刷品，图 1-5 为平版印刷的图解。

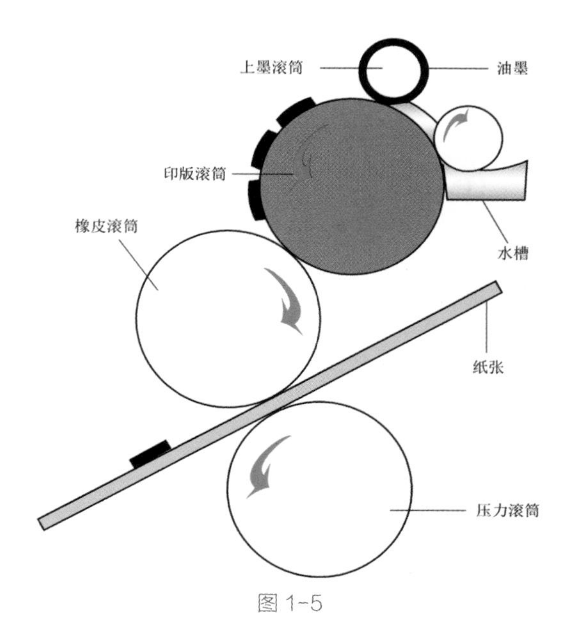

图 1-5

在平版印刷中，金属制印刷版的印纹透过橡皮滚筒间接转印到纸张上，除了避免纸张吸水而潮湿外，也可以延长印刷版的寿命。因为印刷版的表面是非常精致细微的，如果直接和纸张表面接触，印刷版面会很快受到磨损。

平版印刷的印刷版按照承印物的不同，具体又可分为：平面版、平凹版与平凸版 3 大类。它们的印版在印纹部分有极小的凹凸区别。

（1）平面版：平面版是平版印刷中使用最多的印刷版，从早期的蛋白版到目前业界普遍使用的 PS 版等。

（2）平凹版：平凹版印版的印纹部分稍微凹陷，能够储存最多的油墨，因此其油墨的色调表现力是 3 种中最好的。

（3）平凸版：这种印版的非印纹部分经过铁弗龙处理就不会吸附油墨。在印刷的时候不需要先在版上沾水润湿，纸张就不会受潮，经常用在有价证券的底纹套印上。

平版版材的这 3 种方式的示意图如图 1-6 所示。

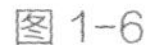

图 1-6

现在平版印刷工艺中所使用的印版主要有 PS 版、纸版、CTP 版等。

其中 PS 版是流行的印版，制版需要的分色软片主要是反阳片。分色片上的加网线数、加网角度、网点形状，由于印机和承印物的不同会有所不同。一般情况下，在胶版纸上印刷的加网线数为 100 ~ 120lpi，在铜版纸等表面光滑的涂料纸和纸板的加网线数为 133 ~ 300lpi。

平版印刷的优点如下。

（1）制版作业简单，版材成本低廉。

（2）印刷表面的费用低廉。

（3）印刷作业准备迅速。

（4）复制细部及图像的效果良好。

（5）应用橡皮滚筒，可以使用不同种类的纸张。

（6）能够进行大数量的印刷作业，而且可以连接各式印前及印后装置，作业连贯。

（7）轮转原理使印刷速度加快。

但是平版印刷也有由于原理上造成的缺点。

（1）因为油墨和水的平衡问题会导致色差。

（2）由于潮湿会导致纸张的变形。

（3）难以达成浓厚的油墨层。

（4）油墨是经过印刷版 . 橡皮滚筒后再转印到承印物上 . 因此 . 油墨色调的表现能力最差，印纹的色彩表现略受影响。

平版印刷应用范围很广，主要在书籍、报章杂志、广告传单、海报、文具用品、卡片、信封、信纸、包装纸、包装盒等方面广泛应用。

1.3.2 凸版印刷

凸版印刷是从木模上雕刻出凸起的图文发展而来的。凸版上图文部分是凸起的，但是整个图文部分处于一个平面，现在流行的凸版有铜版、锌版、柔性版印刷的感光树脂。柔性版是凸版印刷的主力军，广泛用于报刊、书箱、包装领域，并且发展前景广阔，如纸箱印刷，包装纸版印刷、塑料印刷、生活纸（餐巾纸、卫生纸、面巾纸）印刷等。而铜版、锌版则属于传统凸印范畴，用于短版包装、杂件印刷，以及后加工，如烫金、凹凸印、手工模切、压痕等方面。凸版印刷的示意图如图 1-7 所示。

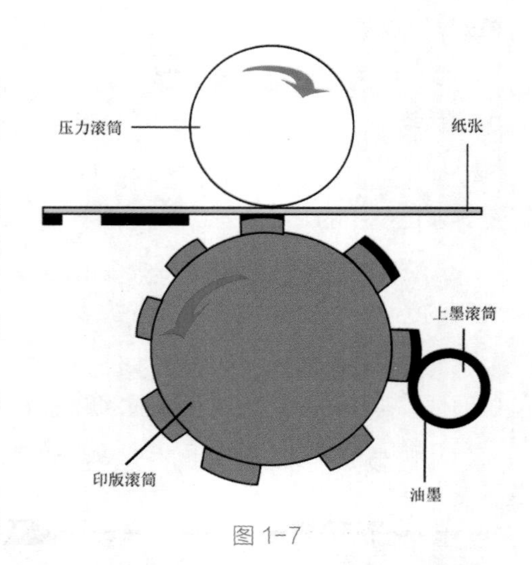

图 1-7

因为传统的铜版、锌版的制版方式是由阴像到阳像，所以印前出的软片应该为正阴片，对于柔印来说，也存在加网的问题，加网线数、加网角度。网点形状的选择同平版印刷一样要考虑印刷机的印刷质量和承印物的表面平整度。另外凸版印刷连续调图像（如人物、风景照片）的时候，要考虑柔性版印刷的特点，进行适当的层次调节。

对于柔性版印刷来说，由于网点扩大值较大，在印前图像处理和出菲林时的照排机线性化都应该做适当的调节，以满足不同质量印刷的需要。一般的加网线数为 70 ~ 120lip，加网角度为 7.5° 、37.5° 、67.5° 、82.5° 。柔印 10% 的网点容易丢失，所以在图像处理软件中将高光调网点适当增大，或者在激光照排机中针对柔印做特殊的线性化调节。所有的调节应该根据生产的条件，测出网点扩大曲线，做有针对性的调节。

凸版印刷的优点如下所述。

（1）是唯一的可以印制流水号码、连续号码、烫金、压裂线、压凸的印刷版。

（2）油墨浓厚，印刷的品质书本字型版效果良好，油墨表现力强。

（3）不存在油墨和水的不平衡问题。

（4）纸张的耗费比其他印刷方法少。

凸版印刷自身的缺点如下所述。

（1）印刷没有控制好时，字体与线条容易产生粗化。

（2）制版不易，印版表面处理的费用高昂，不适合大版面的印物，彩色印刷的时候成本较高。

（3）要使用较好的纸张，才能够印刷出好的效果来。

凸版印刷一般用在报纸、书籍、信封、请帖、标签、事务表格、教科书、包装纸、包装箱盒、烫金、压凸 . 塑胶袋、热塑膜等方面。

1.3.3 凹版印刷

与凸版印刷相反，凹版印刷的图文部分低于空白部分，凹陷的程度跟图像的层次有关。如果图像越暗，则凹陷的深度就越深。印刷的时候，在版面上先涂上油墨，用墨刀刮去版面上空白部分的油墨，使油墨只保留在凹下的图文部分，再在印刷压力的作用下将油墨转移到承印物上，就可获得印刷品。由于凹下的深浅不同，印品上油墨的厚度就不一样。

凹版印刷也存在局限性，其主要缺点有：印前制版技术复杂、周期长，制版成本高；由于采用挥发型溶剂，车间内有害气体含量较高，对工人健康损害较大；凹版印刷从业人员要求的待遇相对较高。

油墨多的地方就显得色彩浓，油墨少的地方色彩浅，从而再现图像的色调层次。

凹版印刷广泛地用于批量大的印件，如杂志、报纸、纸包装、塑料包装，以及有价证券、票等。凹版印刷由于图像的层次丰富，色彩饱和度高，在包装印刷上有很大的市场。凹版印刷的优势是印刷的质量高、墨层厚实、色彩鲜艳、画面层次清晰、耐印力强，但是制版的周期长、成本高。凹版印刷的示意图如图 1-8 所示。

凹版制版的方法有：照相凹版、照相加网凹版、电子雕刻凹版、激光雕刻凹版等。

（1）照相凹版：特点是软片为不加网的软片，在滚筒上曝光以后，靠墨穴深度的不同来表现浓淡层次。晒版用的是反阳底片，连续调图像也不用加网。

（2）照相加网凹版：使用的是网目半色调阳片，用这种方法可以得到深度相同、但墨穴大小不同的凹版。

（3）电子雕刻凹版：分为有软片电子雕刻凹版和无软片电子雕刻凹版两种。

有软片电子雕刻凹版：特点是无腐蚀工序，层次再现稳定。工作原理是用分色得到的阳相软片作为信号源，根据软片上的密度获得光信号，经过光学转换变成强弱不同的电信号控制刻刀工作。

压力滚筒
纸张
刮刀
上墨滚筒
油墨
墨槽

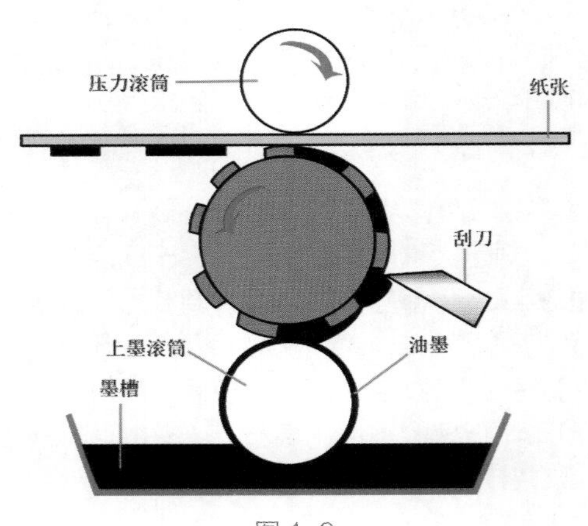

图 1-8

无软片电子雕刻凹版：一种凹印的直接制版，用电脑完成图文合一，整版输出，其工作效率大大提离，并且图像损失减少，节省了大量的软片，它的工艺流程如图1-9 所示。

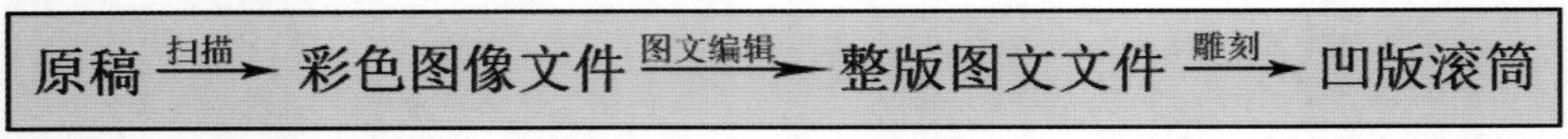

原稿
扫描
彩色图像文件
图文编辑
整版图文文件
雕刻
凹版滚筒

图 1-9

（4）激光雕刻凹版：由一台激光雕刻机与电子分色机相连，将电子分色机的信息输入到激光雕刻机的记录磁盘上，以这些数据为信号源，来相应地刻出墨穴。也可以不连机，将分色信息存储在磁盘上，随后再输入到雕刻机。

为凹印进行印舫设计时，要弄清楚制版方法，从而决定是输出网点胶片还是存储电子文件用于雕该。

凹版印刷的优点如下所述。

（1）印刷方法和机械装置简单。

（2）油墨浓厚，色调表现力最强。

（3）颜色稳定，印刷高速，用蒸发直接烘干。

（4）使用低价纸张就可以印出良好的效果。

（5）由于制版困难，有较高的防伪性，适合奖状、纸币、有价证券等印刷用。

（6）耐印力很强，适合量大的印刷品。

（7）印刷滚筒为圆柱形，可以做无接缝连续印刷。

凹版印刷的缺点如下所述。

（1）印刷及滚筒的成本高，只适合做量大的印件（300 000 次以上）。

（2）修改困难而且费用很高。

（3）修改困难而且费用很高。

背标是为了确认配好的书心上的页码顺序是否正确所必须的标记。同时，还要留出作出血的余白。通常出血幅度是 3mm，有时也会做到 5mm。

1.3.4 孔板印刷

孔版印刷主要是利用网孔漏墨的原理，在印版的图文部分镂空，而非图文部分遮盖保护，将油墨透过镂空的图文部分，透印到下方的承印物上，故这种印刷方式又称作“网版印刷”。孔版印刷的网版是以绢布或金属丝网所制成的网框，可以利用雕刻制版、手绘制版、照相制版等方法，将印刷的图文构成在印刷的网框上，使得图文部分镂空．保留绢布的孔洞，而非图文部分则以胶类将娟布上的孔洞遮盖。印刷时油墨透过镂空的绢布孔洞，透印到下面的承印物上，达到印刷的目的。孔版印刷的示意图如图 1-10 所示。

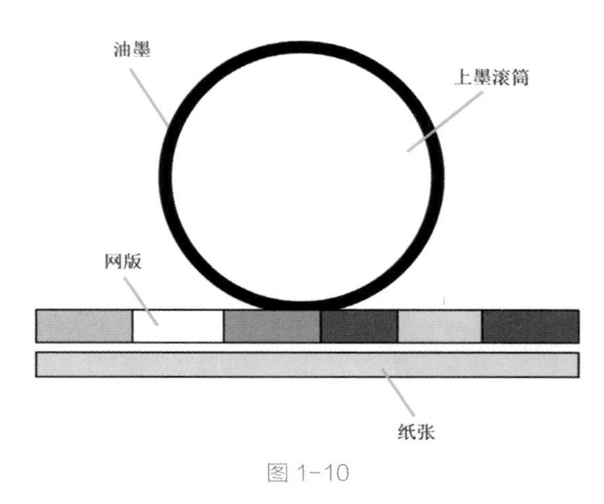

图 1-10

孔版印刷不能表现精细的图文，有时候四色印刷中丝网扭曲会产生莫尔条纹。当然，孔版印刷有其他印刷方式不能印刷的应用领域。孔版印刷并不全是手工操作的，也有印刷速度较快，印刷质量较稳定的全自动的孔版印刷机。

1.3.5 其他印刷

1. 卷筒胶印

卷筒胶印和单张纸胶印机印刷原理基本相同，唯一明显的区别是印刷材料由单张纸换成了连续纸，即卷筒纸。卷筒纸胶印机采取连续供纸方式，可实现高速印刷，并且一次可完成双面印刷（Perfecting）。

卷筒胶印机不仅在其庞大的结构和噪声水平上非常惊人（其高度和两三层楼差不多，噪声就像行驶中的高速列车一样），而且其印刷速度也令人惊叹，如果在印刷中进行质量检查，就必须迅速做出决定。

卷筒纸印刷完以后，可以直接联机进行折页、裁切。为确保油墨在折页之前彻底干燥，每个印刷单元都安装红外线干燥装置或丙坑干燥器。但也有例外，如报纸印刷中采用的冷凝油墨（Gold-set Ink），省去了干燥装置，冷凝油墨在吸收性强的纸张上干燥速度非常快。

由于卷筒印刷速度比较快，所以卷筒纸油墨比单张纸油墨粘度低。两种印刷方式网点扩大程度不同，一卷筒纸印刷大约是单张纸印刷的两倍。当然，各个印刷机性能上有一定差异，所以在校准图像时要和印刷技术人员沟通好。

2. 柔版印刷

柔版印刷目前主要应用领域是包装印刷。柔版有橡皮版和感光树脂版两种，制版工艺也有一定差别，橡皮版可以采用铸模法和激光雕刻法；感光树脂版则用胶片进行曝光的方法。由于印版的弹性和三维结构，油墨转移时印版在压力下会变形，这就意味着网点扩大现象会很严重。所以柔版印刷套印精度的要求没有平版印刷那么严格，柔版可以印刷非吸收性承印物，如塑料和金属。如果打算采用柔版印刷，在组版设计之前一定要和印刷技术人员确认设计中采用的图像类型。不同的印刷厂差别较大，所以要注意网点扩大、网点密度和套准精度等问题。一般情况下， 柔版印刷尽可能避免使用小字体、细网线。但是也有比较专业的印刷厂能印刷出精美的包含 4 磅字体，四色 133 线的印品。

涂布量大的纸张色彩表现能力强，但表面反光也会比较明显。这种纸张适合用于图片较多的印刷品，如果是以文字为主体的印刷品使用这种纸张，反而会导致视觉疲劳。

1.4 印刷的纸张

纸张的类型、用途以及排版方式

纸张是印刷中最普遍的承印物，多种不同的印刷会涉及到很多不同的印刷用纸。纸张是由纤维、填料、胶料、色料等 4 种主要的原料混合制浆而成的。一般的印刷纸的生产分为制浆和造纸两个基本的过程，制浆用机械的方法、化学的方法或者是两者相结合的方法，把植物纤维原料离解变成本色纸浆或漂白纸浆。造纸则是把悬浮在水中的纸浆纤维，经过各种加工结合成合乎要求的纸页。印前设计应该做到对印品用纸心中有数，应该了解一下有关纸张的基本知识。

1.4.1 印刷纸张的几个重要指标

印刷适性就是指纸张、油墨、版材、印刷过程和车间环境适用于印刷的性能，所有的印刷条件中，纸张的印刷适性是至关重要的。它对印刷作业和印品质量在一定的程度上起着决定性的作用。

纸张的印刷适性是指纸张能适应油墨、印版印刷条件的要求，保证印刷作业顺利进行，并拥有优秀印刷品所必备的条件，主要体现在以下的几个方面。

1. 纸张白度

白度指的是纸张色调的发白程度。纸张要有一定的白度才能印刷清晰。胶版纸和铜版纸必须要有较高的白度，一般要求达到 80° ～ 90° ，才能够保证彩色印刷品色彩鲜艳。印刷书刊正文的凸版纸、胶印书刊纸能够达到 70° 左右就可以了。印刷书刊正文用纸要求有一定的白度，但并不是越白越好。白度太高的纸上文字看起来很刺眼，影响视力。

2. 纸张平滑度

纸张的平滑度反映纸张表面的光滑、平整的程度，平滑度决定着纸张与印版接触的精密程度，与印刷品的质量有非常密切的关系，纸张越平清，就越能够进行两点的精细还原。如果纸的平滑度不高，有的油墨就不会落在纸面的低凹处而印不上，这样印出的字迹或画面的清晰度就差，彩色画面的色调层次就不鲜明。所以，各种印刷纸都对平滑度要求较高。其中印刷精美彩色画册的铜版纸要求最高。平滑度差的纸很难印出质量好的书，有的网纹图也印不出清晰的画面。

3. 纸张的吸墨性

纸张的吸墨性是指纸张对油墨的吸收能力，或者说是油墨对纸张的渗透能力。纸张越疏松空隙越大，则它的吸墨性就越强。新闻纸就比较疏松，具有很强的吸墨性，因此转移在新闻纸上油墨固着很快，有利于印刷速度的提高。不是吸墨性越强越好，如果吸墨性太强，印刷品干燥后，会造成印品背面也有油墨印迹，即蹭脏现象。凸版印刷纸要求吸墨能力强，胶版印刷所用的纸都不要求吸墨性能很强。

4. 纸张的不透明度

纸张的不透明度是反映纸张透印程度的指标。透印就是能够在纸张背面看到正面印刷的印迹。有时候为了增加纸张的不透明度，故意把纸张制作得很蓬松，比如许多书籍封面纸就是这样。但是，其克重和压缩的纸张一样，只是厚度比较大。

凸版纸和书刊胶版纸的不透明度一般要求在 70% 以上，才能防止纸张正面的字迹透印到它的背面，造成字迹模糊不清。

5. 纸张的伸缩率

伸缩率是指纸张受潮湿空气的影响，即不同湿度的变化，而使纸张的尺寸发生收缩或伸长的变化。这种特性也可以称为纸张尺寸的不稳定性，伸缩率越小，尺寸的稳定性越好；伸缩率越大， 尺寸的稳定性越差。

1.4.2 纸张的规格

印刷用纸分为平版纸和卷筒纸两种，涉及的纸张规格有纸张幅面尺寸和纸张单位面积的重量。

1. 纸张的重量

纸张的重量是用克重和令重两种方法来表示。

克重是单位面积纸张的重量，单位是 g/m^2，即每平方米的克重。克重又称为定量，常用的纸张的定量有 $35g/m^2$、$40g/m^2$、$45g/m^2$、$49g/m^2$、$51g/m^2$、$52g/m^2$、$60g/m^2$、$70g/m^2$、$80g/m^2$、$90g/m^2$、$100g/m^2$、$120g/m^2$、$150g/m^2$、$180g/m^2$、$200g/m^2$、$250g/m^2$ 等多种。

定量不超过 $250g/m^2$ 的一般称为纸；超过 $250g/m^2$ 的多称为卡纸和纸板。但是也有根据特性和用途来区分的，例如画图纸有的虽然超过 $250g/m^2$，仍然称为纸；折叠盒纸板有的不超过 $250g/m^2$，仍称为纸板。

令重是每令纸张的总重量，单位是 kg（千克）。一令纸为 500 张，每张纸的大小为标准规定的尺寸，即全张纸或者全开纸。

令重的计算公式为：

令重（千克）= 纸张的面积【（米 ^{2}/ 张）X 定量（克 / 米 ^{2}）】×500 张 ÷1000，规格为 787mm ×1092mm 的纸张面积为 0.787 米 X 1.092 米 =0.859404 米 ^{2}/ 张，其他规格的纸张面积的计算方法依此类推。

例如：定量 51 克，规格为 787mm ×1092mm 的纸张

（1）由单张纸计算每令纸的重量

1 张纸的面积（米 ^{2}/ 张）X 定量（克 / 米 ^{2}）X 500 张 ÷1000

每令纸的重量（千克）：

0.859404 米 ^{2}/ 张 X 51 克 / 米 ^{2} X 500 张 ÷1000

算式 =21.914802 千克

（2）由令重计算定量

定量 = 每令纸的重量 X 1000÷1 张纸的面积 ÷500

21.914802 千克 X 1000÷0.859404 米 ^{2}/ 张 ÷500 张

787 毫米 X 1092 毫米纸的重量 =51 克 / 米 ^{2}

对于其他规格的纸张的计算方法依此类推。

2. 纸张的幅面尺寸

平版纸的幅面尺寸有 800mmX1230mm、850mmX1168mm、889mmX1194mm、787mmX1092mm 等，纸张幅面允许的偏差为 ±3mm，符合以上尺寸规格的纸张称为全张纸或者全开纸。

印刷出版物的国际通用标准有 A、B 两种纸张系列，其中 800mmX 1230mm、889mmX 1194mm 是 A 系列的国际标准尺寸；787mmX1092mm 是 B 系列的国际标准尺寸。

卷筒纸的长度一般 6000m 为一卷，宽度尺寸有 1575mm、1562mm、880mm、850mm、1092mm、787mm 等。卷筒纸宽度允许的偏差为 ±3mm。

尽管国际通用标准是将纸张划分为 A、B 两种系列，但是目前国内有大量英制造纸机，所以最常用的纸张规格是 787mmX 1092mm 和 889mmX 1194mm 两种，前面的一种称为“正度纸”，后面的一种称为“大度纸”。

3. 纸张印刷品的开本

在我国，通常把一张按国家标准分切好的平板原纸称为全开纸。在以不浪费纸张、便于印刷和装订生产作业的前提下，把全开裁切成面积相等的若干小张称之为多少开数；将它们装订成册，则称为多少开本。

开本就是将一张全张幅面的平板纸开裁或折叠成多幅面相同大小的小张纸，就叫多少开。例如开成 1/32 大小，就叫 32 开。

纸张的常见开法有两种：两开法和三开法，两开法就是每次将纸张一折为二，

所以开数也就是以 2 的倍数增加的，例如一张全开纸裁成 2 张，就叫 2 开（$2^1=2$），裁成 4 张，就叫 4 开（$2^2=4$），以此类推，8 开（$2^3=8$），16 开（$2^4=16$），32 开（$^5=32$）等。三开法相对来说就要复杂一些。第一次是将纸张一分为三进行裁切的，因此开数是以三的倍数增加的，将全张纸分为三张称为 3 开，3 开再平分为两张称为 6 开，依此类推，便有 12 开、24 开、96 开等。还有一种就是畸形开本。畸形开本就是非几何级数（非 2^n）的开切方法，如 12 开、14 开、18 开、20 开、24 开、28 开、36 开等。畸形开本对标准纸来说会有一定的浪费。

切纸的时候一般在原纸四边光边 2 ~ 3mm，装订成册的书或者其他成品至少要光边 3mm。

纸张的开切法示意图如图 1-11 所示。

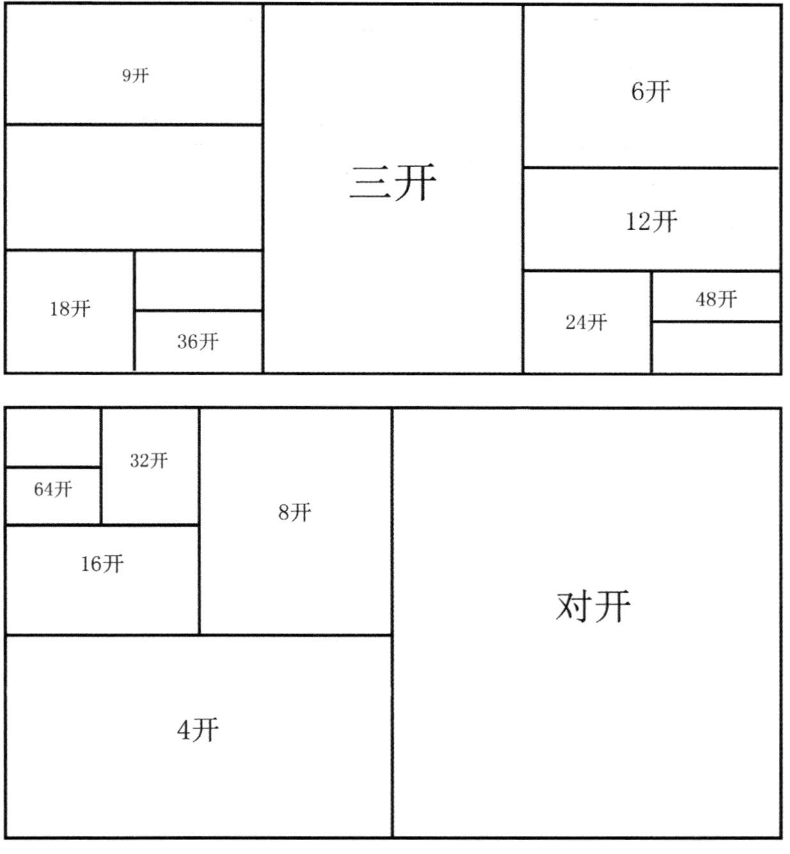

图 1-11

较为常见的开本是 16、32 开本。由于国际国内的纸张幅面有几个不同系列，因此虽然它们都被分切成同一开数，但书的尺寸却不同。尽管纸张的尺寸标准有许多种，但是要想在这么多标准里找到真正所需要的特定尺寸还是很困难。所以如果设计的作品需要封面，要提前考虑清楚，选择多个后备方案。当你要求印刷商采购某种纸张时，最好自己要提前确认。如果你的作品需要比较特殊的纸张，在设计作品时最好知道有哪些种类可供选择。为了方便平常工作，现将纸张开本尺寸列出来，如图 1-12 所示。

大度纸（889mm × 1194mm）			正度纸（787mm × 1092mm）		
开本	开本尺寸	成品尺寸	开本	开本尺寸	成品尺寸
2开	590×880	580×880	2开	570×780	520×780
3开	395×880	390×880	3开	360×780	356×780
4开	440×590	420×570	4开	390×545	370×520
6开	395×440	390×440	6开	360×390	356×390
8开	295×440	285×420	8开	270×390	260×370
9开	395×290	390×285	9开	360×260	350×260
12开	395×220	390×210	12开	360×195	185×260
16开	295×220	285×210	16开	270×195	350×185
18开	198×290	190×210	18开	180×260	175×250
24开	198×220	190×210	24开	135×195	175×190
32开	145×220	140×210	32开	135×195	130×185
36开	145×198	140×195	36开	130×180	125×175
48开	110×198	105×195	48开	180×97	175×90
64开	145×110	140×105	64开	135×97	130×90

图 1-12

Tips

纸张的厚度越高，硬度也就越高。不同种类的纸张，其硬度也有所不同。如果单页印刷品的话，为了不让其在拿在手中的时候耷拉下来，需要使用有一定厚度和硬度的纸张。

开本的大小需要根据书刊的不同情况来确定。一般的插图较多，而且图比较大的，如建筑、机械类图书和杂志、学报一类刊物，可以用 16 开本。经典著作、理论书籍、各类词典和高等院校的教材等篇幅较多的印刷品，可以用 787mmX1092mm 的 16 开本，或者是 850mmX1168mm 的大 32 开本。公式多、图多的大学教材和科技书，可以用 8801mmX1230mm 的大 32 开本。一般的经常带在身边翻阅的读物和一般的通俗读物，其开本可以小一些，用 32 开就可以了。小字典之类的工具书，为了携带方便，则可以更小一些，如《新华字典》就用 64 开本，小型的《英汉小学字典》用 128 开本。如果是画册，可以采用大 16 开或 8 开，目前较为流行的画册开本还有 8891mmX1194mm 的 16 开，画面细腻大方。儿童读物可以采用近于正方形的开本，如 7871mmX1092mm 的 12 开、20 开、24 开等。总之，开本的确定要结合书籍的内容，做到形式美观，便于阅读，使得读者喜爱。

为了正确快速地印刷，印刷厂必须采购标准尺寸的纸张，然后直接进行印刷，或者再按要求进行裁切。如果是奇数页的印刷品，那就意味着可能会产生较多的废纸——由标准全张纸进行裁切时会产生较多的废边，如果按照标准的纸张开法就能降低纸张成本。所以谨记在设计作品时，要考虑到印刷过程中可能碰到的问题，这为设计者本人和印刷商能避免很多麻烦。使用非标准的纸张尺寸或不正确的丝缕方向（丝缕是指纸张上大部分纸张纤维的分布方向，和木材中纤维的排列类似。在造纸过程中，纸浆从流浆箱流布到筛网（长网或圆网）上时，由于纸浆水流的动能和高速运行的筛网的共同作用，使得纸张的纤维大致有规则地按照造纸机运行的方向排列而形成纸张的丝缕方向）会对折页机造成很多问题，如使用非标准的纸张会造成很大的纸张浪费；另外，丝缕方向对印刷及印后加工影响也比较大，如果是顺丝缕，纸张比较好折， 而直丝缕方向，纸张比较难折，比较厚的纸张如封面纸，都必须顺着丝缕方向折叠，否则要进行压痕处理才能获得清晰的折线。

1.4.3 常用的印刷纸张类型

由于不同的印刷方式结合不同的印刷用纸，下面介绍一下常用的纸张类型。

1. 凸版纸

顾名思义，凸版纸主要采用的印刷方式为凸版印刷，是书籍、杂志等的主要用纸。适用于重要的著作、科技图书、学术刊物，以及大中专的教材等正文用纸，凸版纸按照纸张用料成分配比的不同，可以分为 1 号、2 号、3 号、4 号四个级别，纸张的号数代表纸质的好坏程度，号数越大纸质越差。凸版纸的纤维组织比较均匀，同时纤维之间的空隙填充了一定的填料与胶料，并且经过了化学的漂白处理，故这种纸张具有较好的印刷适性。凸版纸的吸墨性不如新闻纸，但是它的优点在于吸墨均匀，有较好的抗水性能，纸张的白度较好。凸贩纸的优点还在于它的质地均匀、不起毛，不透明、稍有弹性，还有一定的机械强度。关于凸版纸的一些规格如下。

定量：（49 ~ 69）±2g/m^2

平版纸规格：787mmX1092mm、850mmX1168mm 、 880mm X 1230mm。

卷筒纸规格：宽度 787mm、1092mm、1575mm；长度约为 6000~8000m。

2. 新闻纸

新闻纸也叫白报纸，是报刊和书籍的主要用纸，适于作为报纸、期刊、课本、连环画等正文用纸。

新闻纸的特点为纸质松轻、有较好的弹性、吸墨性能好，纸张经过压光后两面平滑，不起毛，从而保证印刷时两面的印迹比较清晰而且饱满，有一定的机械强度．不透明性能好，适合于高速轮转机印刷。这种纸的成分里含有大量的木质素和其他的杂质，不宜长期存放，如果保存的时间过长，纸张就会发黄变脆，抗水性能变差。印刷的时候必须使用印报油墨或书籍油墨，油墨的粘度不要过高，平版印刷时必须严格控制版面的水分。新闻纸的一些规格如下。

定量：（49 ~ 52）±2g/m^2

平版纸规格：787mmX1092mm、850mmX1168mm、880mmX1230mm。

卷筒纸规格：宽度 787mm、1092mm、1575mm；长度约为 6000~8000m。

3. 胶版纸

胶版纸主要供平版（胶印）印刷机或者是其他的印刷机印刷较高级的彩色印刷品。如彩色画报、画册、宣传画、彩印商标及一些高级的书籍封面、插图等。

胶版纸按照纸浆料的配比分为特号、1 号、2 号和 3 号，有单面和双面之分，还有超级压光和普通压光两个等级。胶版纸的伸缩性小，对油墨的吸收均匀，平滑度好，质地紧密不透明，白度好，抗水性能强。油墨的粘度不能太高，否则就会出现脱粉、拉毛现象。还要防止背面粘脏，一般要采用防脏剂、喷粉或夹衬纸。胶版纸的规格如下。

定量：50、60、70、80、90、100、120、150、180（g/m^2）

平版纸规格：787mmX1092mm、850mmX1168mm、880mmX1230mm。

卷筒纸规格：宽度 787mm、1092mm、850mm。

4. 铜版纸

铜版纸又称为涂料纸，就是在原纸上涂布一层白色浆料，经过压光制成的。主要用于印刷宣传画册、书刊封面、产品样本，以及彩色商标等。

铜版纸有较好的弹性和较强的抗水性能及抗张性能，对油墨的吸收性好。铜版纸在印刷时压力不宜过大，要选用胶印树脂型油墨及亮光油墨。为了防止背面粘脏，可采用加入防脏剂喷粉等方法。

定量：70、80、100 、105.、115、120、128、150、157、180、200、210、240、250（g/m^2），其中 200（g/m^2）以上的铜版纸常称为“铜卡纸”。

平版纸规格：648mmX 953mm、787mm X 970mm、787mm X 1092mm 、889mm X 1194mm。

5. 书写纸

书写纸是供墨水书写用的纸张，纸张要求书写时不洇。书写纸主要用于印刷练习本、日记本、表格和账簿等。书写纸分为特号、1 号、2 号、3 号和 4 号。

定量：45 、60、70 、80（g/m^2）

平版纸规格：427mm X 569mm、596mm X 834mm、635mm X1118mm、834mm X1172mm、787mm X10921mm。

卷筒纸规格：宽度 787mm、1092mm。

6. 白版纸

白版纸的伸缩性小，有韧性，折叠时不易断裂，主要用于印刷包装盒和商品装潢衬纸。在书籍装订中，用于精装书的里封书籍的径纸（脊条）。

白版纸按照纸面分有粉面白版与普通白版两大类。按照底层分类有灰底与白底两种。

定量：220、240、250、280、300、350、400（g/m^2）

平版纸规格：889mm X 1194mm、787mm X 1092mm。

7. 压纹纸

压纹纸是专门生产的一种封面装饰用纸。纸的表面有一种十分不明显的花纹。颜色有灰色、绿色、米黄色和粉红色等，一般用来印刷单色封面。压纹纸性脆，装订时书脊容易断裂。印刷时纸张弯曲度较大，进纸困难，影响印刷的效率。

8. 马尼拉纸

马尼拉纸是用马尼拉麻造的结实，浅咖啡色纸张．其特点是厚薄一致，不起毛，不掉粉，有韧性，折叠时不易断裂。可用作档案夹，信封。这种纸一般克重为：90 克，马尼拉纸为彩色纸，颜色有绿色、灰色、蓝色、红色等。

9. 牛皮纸

牛皮纸是坚韧耐水的包装用纸，呈棕黄色，分为单光、双光、条纹、无纹等，

当印刷品拿在手中的时候，其带来的手感和视觉上的质感也是相当重要的要素。为了使图书的护封、封皮表现出质感，会在其表面进行起鼓、压槽、混合彩色纸等处理，当然成本也会比较高。

主要用于包装纸、信封、纸袋等。

牛皮纸有很高的拉力，主要特点是韧性结实，耐破度高，能够承受较大的拉力和压力而不破裂。

定量：40 ~ 120（g/m^2）

平版纸规格：787mm X1190mm、850mm X 1168mm、787mm X 1092mm、857mm X1120mm。

10. 布纹纸

布纹纸是专门用来装饰用的一种纸，表面有不十分明显的布纹。布纹纸一般用于高档书籍的封面，现在也用于酒店菜单的印刷制作，布纹纸的颜色种类很丰富，有灰色、绿色、米黄色和粉红色等，但是这种纸性脆，装订时书籍容易断裂。

定量：120 ~ 400（g/m^2）

平版规格：787mm X 1092mm。

11. 凹版纸

凹版纸主要用来印刷各种彩色的印刷品、期刊、连环画、画册、邮票和有价证券的纸张。分为卷筒纸与平版纸两种。凹版纸印刷要求具有较高的平滑度和收缩性，纸张的白度要高，有较好的柔软性。

也称作无光铜版纸。在日光下观察时，较铜版纸不易反光。用它印刷的图案，虽然没有铜版纸色彩鲜艳，但是图案比铜版纸更细腻，更高档。

12. 合成纸

合成纸是利用化学原料如烯烃类再加入一些添加剂制作而成，具有质地柔软、抗拉力强、抗水性高、耐光耐冷热，并能抵抗化学物质的腐蚀，又无环境污染，透气性好，广泛地用于高级艺术品、地图、画册、高档书刊等的印刷。

13. 各种艺术用纸

艺术纸（也称为花式纸、特种纸），一般可以按照颜色来定义它们的用途，分为浅色系、中性色系和深色系。

浅色系一般用于印刷，其中又可以分为涂布和无涂布两种。再细分为有压纹和没有压纹。涂布以色彩亮丽鲜艳，而没有涂布主要是追求雾一样的效果。压纹有细纹和粗纹之分，通常在进行大面积的印刷时，应该使用的是较小的纹路，从而实现精致的印刷和细腻的网点。但是在小面积的印刷时，因为留白的部分比较多，可以采用粗纹路，追求粗犷的感觉。中面积印刷，应该选择中纹络。

中性色序一般用于制作扉页、卡片、文具纸品和个性化的产品。通常用的是本身的底色，加上简单的烫金，印好一个单色。例如扉页 90% 属于中性色。中性色系又可以分为暖色系（红，黄）和冷色系（蓝，黑），一般由个人的喜好或配合某些特殊的需要来决定的，深色系的价位比较高，往往用于制作封面、精装等。

艺术纸的品种多，而且更新快，具有高度替代性，它的用途广泛，但是不确定。

1.5 印刷前的拼版工作

拼版可以提高印刷效率，节约印刷费用

制作图书的时候，需要注意图书是左开还是右开的。根据图书的排版装订方式，决定这些部分的安排顺序。

拼版是指将要印刷的页面按其折页方式将页码顺序排列在一起。如果仅印刷单页的印品，如海报招贴等，就不会牵涉到拼版问题。但是对于多页印刷品来说，拼版非常重要。拼版方式选择得当，不但可以提高印刷、折页及装订的效率，还能节约费用，提高书刊的质量。

如果了解基本的拼版规则，会大幅提高拼版效率。例如，一张纸是两面，每面算作一页，一般情况下，通过物理黏合的方法把单张纸固定到书脊上，或者在页边留出一定页边距以供装订。

多页印刷品在设计时，页码最好能按照倍数关系递增，如 4 页、8 页、16 页（如果有可能这样安排，当然是最理想的）。每个书帖（Signature）（拼好版的单张纸进行印刷、折页后形成书帖，最后装订成书籍、杂志、报纸）都需要单独处理，为了提高效率，如果一般书能用两个 16 页的书帖装订而成，最好就避免使用更多书帖，一个 16 页书帖，一个 8 页书帖， 再加一个 4 页书帖，虽然后者页码更少，但是加工效率反而比前者低。

使用两个 16 页的书帖，折页机只需一次调试就能完成所有折页，而使用第二种方法，折页机需要 3 次设置，最后装订也是 3 个书帖，而前者只需两个书帖。当然，假设是一本 28 页的书，使用两个 16 页的书帖就意味着最后有 4 页空白，这当然是不合适的。所以要根据实际情况选择最好的方法，如图 1-13 所示。

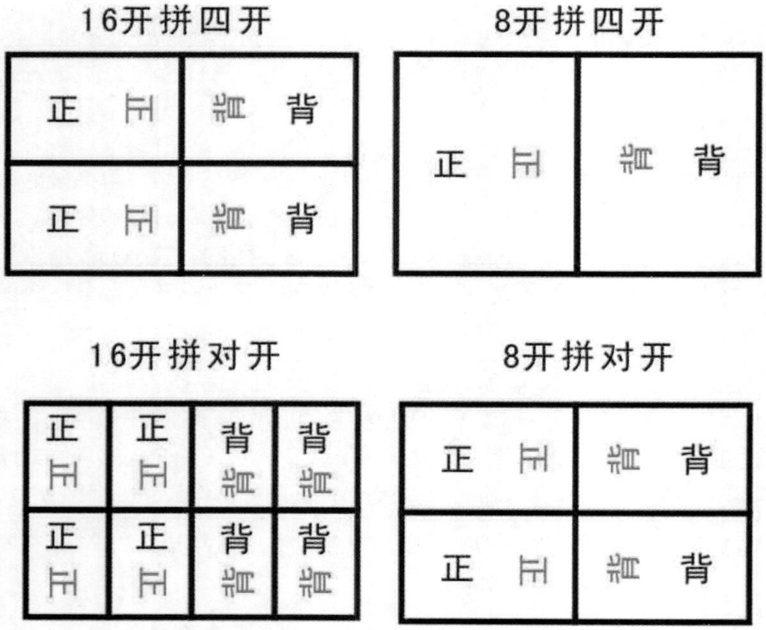

16开拼四开

8开拼四开

16开拼对开

8开拼对开

图 1-13

Tips

对于多页印刷品来说，比什么都重要的就是根据文字的排列方向来决定书籍从哪一侧翻开。

从上到下进行阅读的书籍叫作“竖排”，这时候要在封面的右侧进行装订，书籍向右侧翻开。正所谓“右装、右开”。

文字从左向右阅读的“竖排”书籍，在封面的左侧进行装订，这叫做“左装、左开”。

在对书刊等拼版前，必须先了解所需拼版书刊的开本、页码数、装订方式（骑马订、铁丝平订、锁线装或胶订）、印刷色数（单色、双色或四色）和折页形式（手工折页或机器折页）等工艺要素，才能确定其拼版的方法。印刷机幅面及印刷纸张的大小决定了页码的编排及每版的页数，并对后序的装订方式等产生影响。下面我们看一个例子，一个8页的作品，刚好能排在一个版面。印刷之后进行折页，骑马订（Saddle Stitched），即沿中间折痕穿过书帖装订，最后进行3边裁切。如果想看看页码的编排方式，可以简单地做一个试验，拿出一张16开纸，将其对折，就变成一个4页书帖，再对折，就变成8页书帖。用笔在折叠好边角（四个角其中一个是松散的）编1到8的页码。然后把纸展开，就会看到图3-1所示的页码编排。纸张的一面是页码1、8、4和5，另一面是页码2、7、6和3。顺便说明的是，印刷行业一般称之为折页样本（Folding Dummy），这是不可或缺的，一般连同激光打样（Laser Proof）送给印刷商。

拼好版的印张可以采取几种印刷方式。最常见的为左右翻转印（Work-and-Turn），俗称“自翻版”，一个8页的书帖，纸张正面有4页，反面另外4页，正反面图文各占据同一印版的左右一半，一次完成两面图文的印刷，然后翻转180度，用同一个印版完成双面印刷，最后印成两个完整的8页书帖，纵向裁开，分别折页，形成两份相同的书帖。采用左右翻转印的优势在于，双面印刷时采用同一叼口，纸张正反面的图文套准精确，即使纸张不是规则的矩形。印刷厂切纸时经常发生裁切不规则的情况。如果采用前后翻转印方式（Work-and-Turn），这种方法俗称“打翻斗”，沿着短边翻转，翻转后叼口位置发生改变。所以，正反两面的图文套准难度很大，有时几乎不可能套准。这就要求纸张裁切时必须保证每个角都是绝对直角。

第三种可能采用的印刷方式为正反套印（Sheetwise），即采用两个印版进行双面印刷，印刷完第一面后，更换另一组印版印刷第二面。有两种情况会使用正反套印，第一种是图文太大，一个印版无法进行双面图文排版，比如大海报。另一种是印张两面图文不对称，不适合翻转印刷。比如明信片，一般正面是四色印刷，而反面是单色印刷。

印好的大幅面书页，按照页码顺序和规定的幅面折叠成书帖的过程，称为折页（Folding）。将折叠好的书帖，或者根据版面需要，按照页码顺序配齐使之组成册的工艺过程，称为配帖（Collating）或配页。配帖的方法有套帖法和配帖法两种，套帖法是将一个书帖按页码顺序套在另一个书帖的里面（或外面），成为一本书刊的书芯，最后把书芯的封面套在书芯的最外面，常用骑马订方法装订成册，一般用于期刊或小册子。配帖法是将各个书帖，按页码顺序一帖一帖地叠加在一起，成一本书刊的书芯，采用锁线装订或无线胶粘装订，常用于各种平装书籍和精装书籍。但是，如果采用骑马订装订的书刊太厚，装订时书帖在书脊处集中会使书帖向装订位的方向产生不等的偏移量（爬出量 Creep）。

1.6 印前制作基础知识概括

印前制作是指印刷工艺的前期工作

Tips

无论在何种视觉媒体中，文字和图片都是其两大构成要素。文字排列组合的好坏，直接影响着版面的视觉传达效果。

印刷前期工作包括排版、拼版、分色、扫描等工作，其工作的重要性在于在印前作业中对软件的掌握程度、熟悉印刷工艺的基本工作流程、良好的图形图像处理能力等。

目前在国内对于印前作业存在着一个很严重的问题，即印前作业操作人员基本上不是印刷专业人员，印刷院校出来的学生基本上对印前工作不太了解。这就造成了一个矛盾：如何做好桌面系统的操作和印刷专业技术的结合。

对于想由计算机平面设计行业转入到印前作业的设计人员来说，首要的任务就是在接触印前工作之前，要熟练地掌握印刷专业知识，否则便极有可能无法开展工作。

为了帮助一些初入印前制作行业的设计人员，特总结笔者的工作经验和体会，将一些初学者经常碰到的问题进行简单的归纳，希望对读者有所帮助。如纸张含水量的多少，直接影响着印刷品的质量。含水量过多，纸张的强度就会降低，在外力的作用下，纸张纤维会被拉出，使塑性变形增强，使印迹的干燥速度受到影响，如含水量过少，纸张会发脆，容易造成破损，产生静电等。由于纸张的含水量与周围的环境有很大的相关性，所以对于印刷机房的湿度和温度都要进行适当的安排，以保持纸张含水量的平衡。

1.6.1 印前字体设计

文字在排版过程中，不仅仅限于信息传达意义上的概念，更是一种高尚的艺术表现形式。文字的启迪性和宣传性，已提升到了引领人们审美时尚的新视角。文字是任何出版物的核心，也是视觉传达的最直接形式，运用精心处理的文字材料，完全可以制作出效果很好的版面，如图 1-14 所示。

图 1-14

字体的设计、选用是排版设计的基础。中文常用的字体主要有宋体、仿宋体、黑体、楷书 4 种。在标题上为了达到醒目的效果，又出现了粗黑体、综艺体、琥珀体、粗圆体、细圆体，以及手绘创意美术字等。在排版设计中，选择 2~3 种字体为最佳视觉效果，否则会产生凌乱和缺乏整体感的效果。在选用这 3 种字体时，可考虑加粗、变细、拉长、压扁或调整行距来变化字体的大小，使其能够产生丰富多彩的视觉效果，如图 1-15 所示。

图 1-15

1. 字号

字号是表示字体大小的术语。计算机字体的大小，通常采用号数制、点数制和级数的计算来表示。点数制是世界流行的计算字体的标准制度，点也称磅。计算机排版系统就是用点数制来计算字号大小的，每一点等于 0.35 毫米。图 1-16 展示了字号不同的搭配设计。

图 1-16

2. 字距与行距

字距与行距的把握是设计师对版面的感觉，也是设计师设计品味的直接体现。一般的行距常规比例应为：用字 8 点行距则为 10 点，即 8 ：10。如遇一些特殊的版面，字距与行距的加宽与缩紧，更能体现主体的内涵。现在国际上流行将文字分开排列，疏朗清新、现代感强。因此字距与行距不是绝对的，应视实际情况而定，如图 1-17 所示。

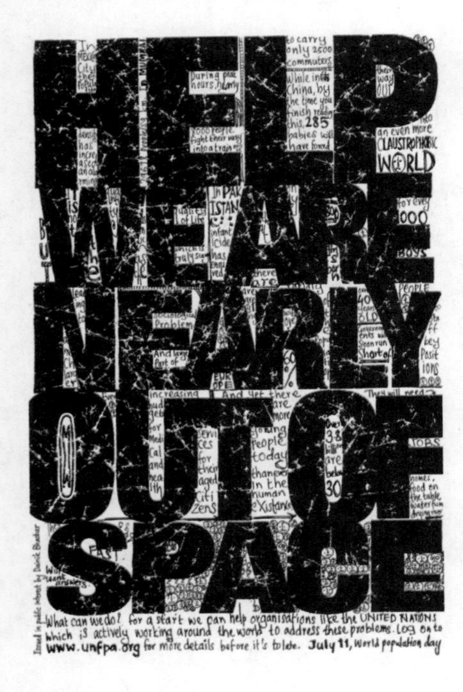

图 1-17

1.7 版式设计的原则

排版过程中所要遵循的规则

1.7.1 印前版式设计的原则

设计意味着对印刷品可视部分的每一个细节进行推敲，包括图形图像的正确选择、图形图像的精心安排、文字的巧妙运用、空间的虚实变化、色彩的合理搭配运用等。其目的是使这些版面要素通过版面语言相互沟通，使版面设计者的思想和版面传达的信息能够迅速进入读者的心灵，如图 1-18 所示。

排版设计工作并非只是做完排版文件就结束了，而是要考虑到之后的修改调整，以及共同工作者的使用方便，而进行排版文件的制作。

图 1-18

Tips

排版不同，拼版也不同。

多页印刷品的文字排列方向有横排和竖排之分。纵排的时候，每阅读完一页，要将页面翻向右边，所以这样的书就是右开书。右开书是在书籍的右侧进行装订的，这个方式被称作右装。

版面语言是由版面要素组成的，版面要素主要包括版心、空白、栏区、标题、文字、插图、图形图像、装饰线、花边、底纹及页码等。它们不仅是版式结构的基本构成要素，也是形成版面设计风格的重要基础，会使版面语言更加生动、活泼，如图 1-19 所示。

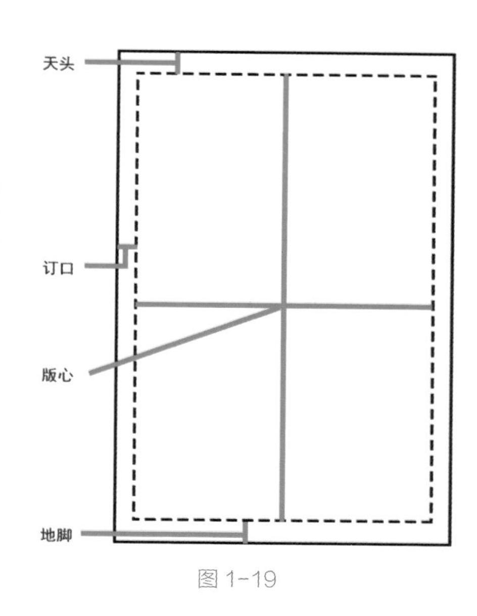

图 1-19

（1）版心：指正文所占用的面积，即图、文及装饰性的纹样在页面中所占的空间。

（2）天头：指版心上边至成品边缘的区域。

（3）地脚：指版心下边与成品边缘的区域。

（4）订口：指书页装订部分的一侧，即版心内侧边至成品的边缘区域。

（5）切口：指书页除订口边外的其他三边。

编排与设计首先要考虑的是版心，而作为读者，也是首先在版心方面形成基本感受的。

版心的设计主要包括版心尺寸和版心在版窗中的位置设计。版心的大小，也可以说是空白的大小，是十分重要的，它可以决定给人的印象。甚至相同的文字、相同的图片，因版心的大小及所留空白的不同，也会给人以不同的印象。印刷版心大、空白小的印版富有生气，显得信息丰富；版心小、空白大的版面显得有品味，给人以格调高雅的恬静感觉，能让人以舒适的心情去阅读。

注：评价数码打样的质量技术标准主要有两个方面内容：一是数码打样自身在色彩再现和打印质量方面的技术指标；二是匹配印刷的效果及印刷生产的适应性。

1.7.2 印前图形排版样式

图形可以理解为除摄影之外的一切图与形，以独特的想象力、创造力及超现实的自由构造，在版式设计中展示着独特的视觉魅力。今天的设计师已经不再满足停留在手绘的技巧上，计算机新科技为图形设计师们提供了广阔的表演舞台，使图形的视觉语言变得更加丰富多彩，如图 1-20 所示。

图 1-20

图形主要特征是简洁性、夸张性、具象性、抽象性、符号性、文字性。

1. 图像的简洁性

图形在排版设计中，首先要做到的就

是简洁明了、主题突出。

2. 图形的夸张性

夸张是设计师们最常用的一种表现手法，它将对象中的特殊和个性中的每个方面进行明显夸大，并凭借于想象，充分扩大失去的特征，造成新奇梦幻般的版面情趣，以此来增强版面的艺术感染力，从而加速信息传达的时效，如图 1-21 所示。

图 1-21

3. 图形的具象性

具象性图形的最大特点在于真实地反映自然形态的美。在以人物、动物、植物、矿物和自然环境为元素的造型中，以写实与装饰相结合，令人产生具体清晰、亲切生动的美感，以反映实物的内涵和自身的艺术性去吸引感染读者，使版面构成一目了然，深得读者尤其是儿童的广泛喜爱，如图 1-22 所示。

图 1-22

4. 图形的抽象性

抽象性图形以简洁而又鲜明的特征为主要特色。它运用几何图形的点、线、面及圆、方、三角等图形来构成，是规律的概括与提炼。所谓“言有尽而意无穷”，就是利用有限的形式语言所营造的空间意境，让读者去想象、去构思、去体味。这种简练精美的图形为现代人们所喜爱，其表现的前景是广阔的、深远的、无限的，构成的版面也是更具有时代特色的，如图 1-23 所示。

图 1-23

Tips

设计图形是一个包含了多种复杂含义的综合过程，同时图像必须直接呈现在人类的眼前。因此，排版图形符号的时候，要凸显传达的信息。

5. 图形的符号性

在排版软件中，图形符号性最具有代表性，它是人们把信息与某种实物相关联，再通过视觉感知其代表的一定实物。当这种对象被公众认同时，便称为代表这个实物的图形符号。图形符号在排版设计中最能给人以简洁、醒目和变化多端的视觉体验。它包括以下 3 个方面的特征。

（1）符号的象征性。运用感性、含蓄、隐喻的符号，暗示和启发人们的想象力，揭示着情感的内容和思想观念，如图 1-24 所示。

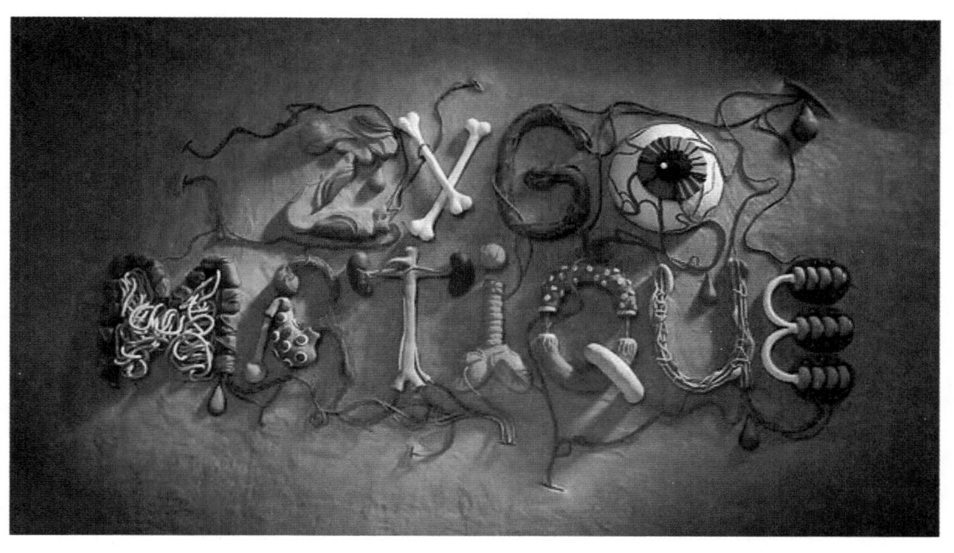

图 1-24

（2）符号的形象性。以具体清晰的符号去表现版面的内容。图形符号与内容的传达往往是一致的，也就是说它与实物的本质是连为一体的，如图 1-25 所示。

（3）符号的指示性。这是一种表示命令、传达、指示性的符号。在版面构成中，经常采用这种形式来引导读者的思维，使读者沿着设计师的视线流程进行阅读，如图 1-26 所示。

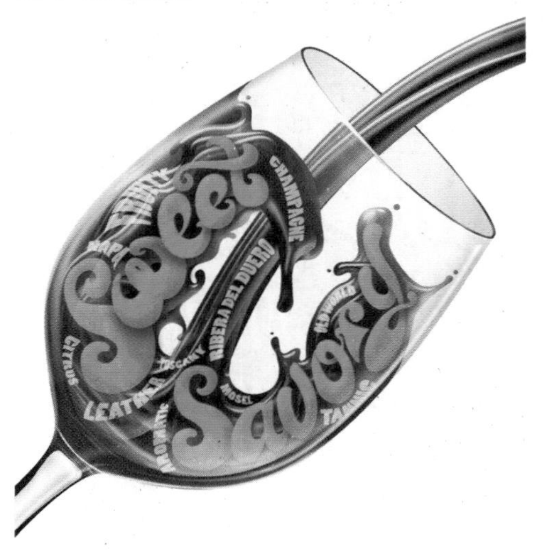

图 1-25

图 1-26

6. 图形的文字性

文字的图形化特征历来是设计师乐此不疲的创作素材。中国历来讲究书画同源，其文字本身就具有图形之美。以图造字早在上古时期的甲骨文就开始了，至今其文字结构依然符合图形审美的构成原则。世界上的文字也不外乎象形和符号等形式。所以说，要从文字中发现可组成图形的元素实在是一件轻而易举的事情。它包含图形文字和文字图形双重含义。

（1）图形文字。图形文字是指文字用图形的形式来处理构成版面。这种版式在版面构成中占有重要的地位。运用重叠、放射、变形等形式在视觉上产生特殊效果，给图形文字开辟了一个新的设计领域，如图 1-27 所示。

图 1-27

（2）文字图形。文字图形就是将文字作为最基本的单位，以点、线、面出现在设计中，使其成为排版设计中的一部分，整体达到图文并茂、别具一格的效果。这种文字图形能够活跃人们的视线，产生生动妙趣的效果，如图 1-28 所示。

图 1-28

第 2 章

色彩空间与色度学

人们几乎到处可以看到五颜六色的物体，可以说人类正是生活在一个五彩缤纷的世界里。但是要感知到这些颜色必须具备 3 个条件：可见光、物体和人的视觉系统（眼、视神经、脑），三者缺一不可。当光源的光照在颜色物体上时，颜色物体对入射光进行选择性吸收，然后将剩余的光反射回来，反射光到达人眼，刺激眼睛视网膜。视网膜上的感色视细胞分别对红、绿、蓝三色进行感受，然后把感受的颜色信息再传给大脑，这样人就能看见物体的颜色。我们能够看到许许多多不同的颜色是由于物体本身选择性吸收和反射不同颜色的结果。

2.1 颜色的三属性

用科学的方法来区分与描述颜色

色彩的种类相当丰富，通常可以分为 3 大类，一类为无色彩，如白色、灰色、黑色等；一类为有彩色，如红色、绿色、蓝色等；最后一类为特殊色，如金色、银色等。区分这么多色彩的重要根据就是每种色彩的 3 个基本属性：色彩的色相、色彩的明度及色彩的饱和度。颜色的这 3 个基本属性反映了颜色的基本特征，缺一不可。

2.1.1 色相

色相（Hue）是指色彩的相貌，色相能够比较确切地表示某种颜色色别的名称，如红、橙、黄、绿、青、蓝、紫均代表各类色的具体色相。而红色中的朱红、大红、品红、紫红、深红等，则是表明红色类中各种特定色相。

最初的基本色相为红、橙、黄、绿、青、蓝、紫。在各色中间加插一两个中间色，其头尾色相按光谱顺序为红、橙红、橙、黄橙、黄、黄绿、绿、青绿、青、青紫、紫、紫红，如图 2-1 所示。

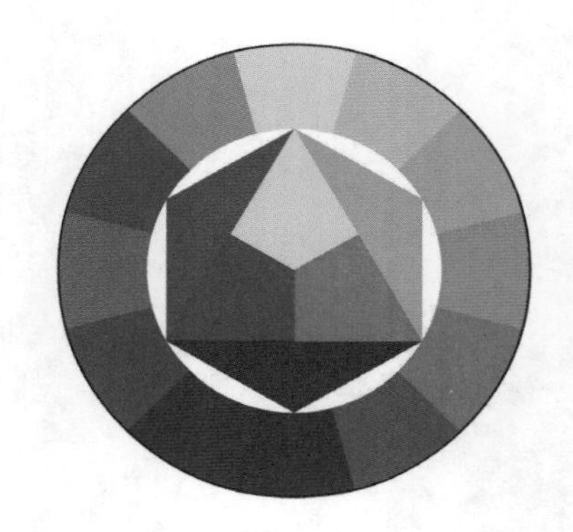

图 2-1

使用色相相同、色调不同的颜色进行配色，能表现出稳重亲密的感觉，确是一种朴素的配色风格。

2.1.2 明度

明度（Lightness）是人们在看到颜色后所引起的视觉上明暗程度的感觉，它是一个心理概念。基于颜色的亮度但又不等同于亮度，同一色相可以有相同的饱和度和不同的明度，如在红色中，朱红较明，深红较暗等，如图 2-2 所示。不同色相具有不同的明度，如黄、橙明度较高；红、绿明度居中；青、紫明度最低。

所有的中性灰色，由于没有色相和饱和度的差别，故只有明度的差别，如灰梯尺。

在色彩雪中明度一般分为 11 级：0,1,2,3,4,5,6,7,8,9,10。黑色明度为 0，白色明度为 10。

图 2-2

2.1.3 饱和度

图 2-3

饱和度（Chroma）又称为彩度、鲜艳度、纯度，是指某种颜色含该色量的饱和程度，是对色彩的色觉强弱而言的，光谱学认为纯色的饱和度最高。如果在某一色相中加入白色或黑色，都会降低其纯度。将颜色中的灰色成分减少，颜色的饱和度会增高，变得也越鲜艳；或者说某种颜色反射的波长范围越窄，其饱和度也越高。色彩的纯度还与物体表面状态有关，表面粗糙，纯度降低；表面光滑，纯度较高。图 2-3 表示了同种颜色的相同色相和明度的饱和度变换情况。

2.2 混色原理

混合不同的颜色来产生出新的颜色

色彩混合是指两种或两种以上不同的色相混合而产生的新颜色。色彩混合可以分为加法混合、减法混合及中性混合 3 种形式。

2.2.1 加法混合

加法混合也称为加光混合，主要针对的是色光的混合。众多色光中朱红（R）、翠绿（G）、蓝紫（B）是色光三原色，不带有其他色光的成分，也不能用其他的色光相混合而得到。所以加法混合也成为 RGB 色光混合。如果用不同比例的朱红、翠绿、蓝紫三原色光混合，可直接混合出其他各种色彩，在平常的使用中习惯性地把这 3 种原色光叫做红光（R）、绿光（G）、蓝光（B）。这 3 种原色光的混合规律如下。

红光（R）+ 绿光（G）= 黄光（Y）

绿光（G）+ 蓝紫光（B）= 青光（C）

红光（R）+ 蓝紫光（B）= 品红光（M）

红光（R）+ 绿光（G）+ 蓝紫光（B）= 白光（W）

将色相环中相邻的两个颜色混合在一起的配色。这样的颜色表现出了恰到好处的开放感和统一感，是常用的配色方式。

图 2-4

其中混合得到的黄色光、青色光、品红光为间色光。一种原色光和另外两种原色光混合出的间色光称为互补色光。例如红光和青光，绿光和品红光，蓝紫光和黄光都是互补关系。

当两种以上的色光混合时，所得光亮度提高，其总亮度是相混各色光亮度的总和。两种互补色光相混将呈现白光。 混合时如果比例不同、亮度不同、纯度不同，会产生相同色相的不同饱和度或者明度的色彩。加法混合的规律可用图 2-4 来表示。

2.2.2 减法混合

这种混合原理针对不能发光，但能将照来的光洗掉一部分，将剩下的光反射出去的色料的混合。色料不同，吸收色光的波长与亮度的能力也不同。色料混合之后形成的新色料，一般都能增强吸光的能力，削弱反光的亮度。在投照光不变的条件下，新色料的反光能力低于混合前的色料的反光能力的平均数，因此，新色料的明度降低了，纯度也随之降低，所以称为减法混合。

同色光三原色一样，色料中也存在着最基本的元色料：青色料（C）、洋红色料（M）、黄色料（Y）。这 3 种颜色料本身不能由其他两种色料混合而得到，但是它们却可以以不同比例混合而得到多种色料颜色。实际的印刷工艺中常引入不同分量的黑，故经常是 CMYK 四色混合法。

图 2-5 说明减法呈色原理：光照在黄色颜料上时，颜料则选择性地吸收了白光中的蓝光，而反射了红光与绿光，红光和绿光叠加的效果就是黄色。

用色料三原色青（C）、洋红（M）、黄（Y）进行混合可得到如下的色彩。

黄（Y）+ 洋红（M）= 红色（R）

黄（Y）+ 青（C）= 绿色（G）

青（C）+ 洋红（M）= 蓝色（B）

黄（Y）+ 洋红（M）+ 青（C）= 黑色（K）

参加混合的颜色越多，所得色亮度越暗，减法混合所得颜色规律可以用图 2-6 所示。

图 2-5

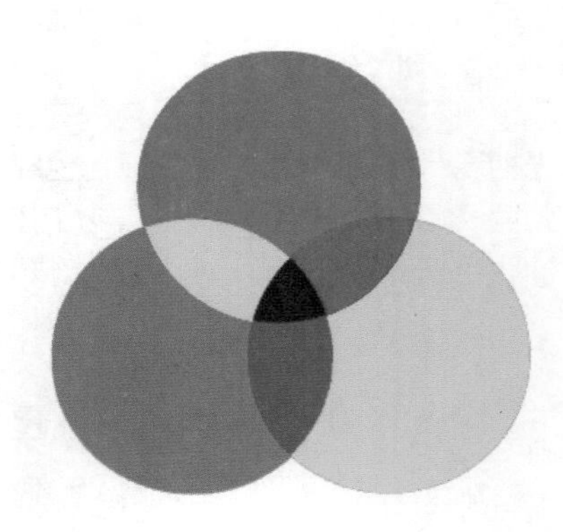

图 2-6

2.2.3 中性混合

中性混合也称视觉混合、分割混合或空间混合，两种或多种颜色在时间上迅速交互更替或在空间面积上分割并列，均可在人的视觉上产生一种新的混合色。彩色电视就是应用这个原理，实际荧幕上有许多比例不同的红、绿、蓝紫小色点，但因为过于细小，人眼不易分辨，到传到人的眼中时印象已经在空中混合了。同样胶版印刷只用品红、黄、青三色网点和黑色网点便可印出各种丰富多彩的画面，除重叠部分的网点产生的混合外，其他的都是色点的中性混合。中性混合的距离是由参见混合色点（或块）面积的大小决定的，点或块的面积越大，形成的空间混合的距离越远。

中性混合有如下的规律。

（1）凡互补色关系的色彩按一定比例的空间混合，可得到无彩色系的灰和有彩色系的灰。如：红与青绿的混合可得到灰、红灰、绿灰。

（2）非补色关系的色彩空间混合时，产生二色的中间色。如：红与青混合，可得到红紫、紫、青紫。

（3）有彩色系色与无彩色系色混合时，也产生二色的中间色，如：红与白混合时，可得到不同程度的浅红；红与灰的混合，得到不同程度的红灰。

（4）色彩在空间混合时所得到的新色，其明度相当于所混合色的中间明度。

（5）色彩并置产生中性混合是有条件的。

①混合之色应是细点或细线，同时要求密集状，点与线越密，混合的效果越明显。

②色点的大小，必须在一定的视觉距离之外，才能产生混合。一般为 1000 倍以外，否则很难达到混合效果。图 2-7 给出了中心混合的效果。

图 2-7

2.3 色彩空间

不同类型的颜色集合组成不同的色彩空间

颜色的色彩空间或称作色域的表达，来源于英语的 Color Space，实际上就是各种颜色的集合。色彩的种类越多，色彩空间越大，能够表现的色彩范围（色域）就越广。对于具体的图像设备而言，其色彩空间就是它所能表现的色彩的总和。印前设计经常用到的色彩空间主要有 RGB、CMYK、Lab 等，RGB 色彩空间又有 AdobeRGB、AppleRGB、sRGB 等几种，色彩空间的表现方法在具体的设备应用过程中有其对应的色彩模式。下面介绍几种在印刷、平面设计等领域常用的色彩空间。

Tips

将位于色相环中三等分位和四等分的位置上的颜色混合在一起，能产生一种华丽又不失平衡感的色彩。

2.3.1 RGB 色彩空间

计算机显示器显示的色彩与彩色电视机一样，都是采用 R、G、B 相加混色的原理，通过发射出 3 种不同强度的电子束，使屏幕内侧覆盖的红、绿、蓝磷光材料发光而产生色彩的。这种色彩的表示方法称为 RGB 色彩空间表示。在多媒体计算机技术中，用得最多的是 RGB 色彩空间。

根据三基色原理，用基色光单位来表示光的量，则在 RGB 色彩空间，任意色光 F 都可以用 R、G、B 三色不同分量的相加混合而成：

F=r[R]+g[G]+b[B]

可以用一个三维的立方体来描述 RGB 色空间，如图 2-8 所示。

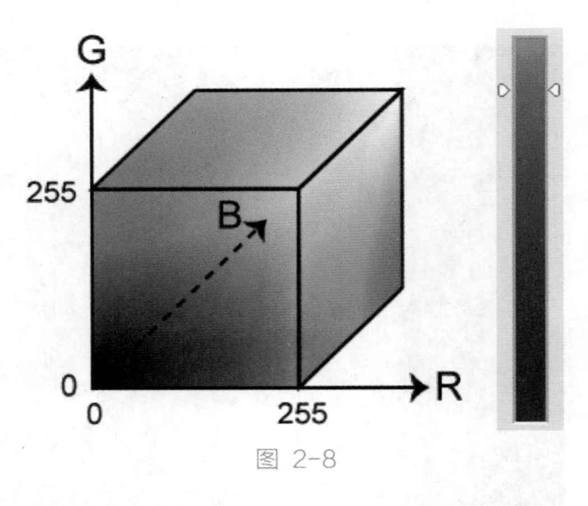

图 2-8

自然界中任何一种色光都可由 R、G、B 三基色按不同的比例相加混合而成，当三基色分量都为 0（最弱）时，混合为黑色光；当三基色分量都为 k（最强）时，混合为白色光。任一色彩 F 是这个立方体坐标中的一点，调整三色系数 R、G、B 中的任一系数，都会改变 F 的坐标值，也即改变了 F 的色值。在实际用 RGB 色空间来表示颜色的时候，使用 RGB 相对刺激量大小来表示的。如果颜色深度（即计算机表示一个颜色用几个位）为 8 位，则 R、G、B 颜色的数值范围是 0~255，即 2^8=256。数值大小表示 R、G、B 不同的刺激数值。R、G、B 分别为 255、255、255 时，代表白色；R、G、B 分别为 0、0、0 时，代表黑色。通常见到的表色方式为 RxGyBz 形式，其中 X,Y,Z 为 0~255 的整数时，如 R0H255B255 表示青色。有时当某一分量的值为 0 时，也可以表示为 RxGy 的形式。RGB 色空间所表示的颜色总数为 256×256×256=16777216 种颜色。所以 RGB 表达的色彩范围很广，通常表示灯光、显示器等的色彩。RGB 色彩空间是与设备相关的颜色空间，如依赖于显示器的色粉特性，图像处理软件 Photoshop 常用 RGB 色彩模式来表达色彩空间的颜色。

2.3.2 CMYK 色彩空间

CMY（cyan,magenta,yellow）颜色空间通过青（C）、品（M）、黄（Y）三原色油墨的不同、网点面积率的叠印来表现丰富多彩的颜色和阶调。在印刷中，一般采用青（C）、品（M）、黄（Y）、黑（BK）四色印刷，在印刷的中间调至暗调增加黑版。原理上 CMY 混合应该产生黑色，但实际中三原色的油墨不纯，故混合后往往产生深棕色，所以必须加黑色以产生纯黑。CMYK 颜色空间是用网点的大小来表示四色混合的，表色方式一般为 Cx%My%Yz%Kw%，其中 x、y、z、w 为 0~100 之间的整数，如 C19%M86%Y84%K13% 混合后是一种深红色，其中 C19% 表示 C（青），网点大小占网点空间位置的 19%。CMYK 具有多值性，也就是说对同一种具有相同绝对色度的颜色，在相同的印刷过程前提下，可以分几种 CMYK 数字组合来表示和印刷出来。这种特性给颜色管理带来了许多麻烦，同样也给控制带来了很多的灵活性。

CMYK 颜色空间是和设备或者是印刷过程相关的，如工艺方法、油墨的特性、纸张的特性等，不同的条件有不同的印刷结果。所以 CMYK 颜色空间称为与设备有关的表色空间。我们在前面的介绍中知道，CMYK 是依赖于色料的呈色方式，它所表示的颜色总数要比 RGB 色空间的小，而我们处理的色彩往往在显示器上进行时是在 RGB 色彩模式下进行的，最后要打印或印刷，则必须在 CMYK 模式下进行，这时我们要特别注意这两种模式之间的转换问题。RGB 模式转为 CMYK 模式时要减少一部分颜色，所以在处理颜色图片时，在打印或印刷之前还应再将 RGB 模式转换为 CMYK 模式。

Tips

将色调距离最远的颜色混合在一起的配色方案，是一种鲜明动感的配色组合。

2.3.3 CIEL*a*b 色彩空间

诸如 RGB、CMYK 色彩空间都是依赖于设备的，为了在色彩转换中尽量保持真实性和一致性，必须有一种既不依赖于设备、又能在色彩转换中起到中介作用的理想的内部色空间，那就是 CIEL*a*b* 色彩空间。

L* 表示亮度；a* 表示色调从绿到红的变化；b* 表示色调从黄到蓝的变化。L* 总是为正值；a* 为正值时，表示的颜色为红色，a* 为负值时，表示的颜色为绿色；b* 为正值时，表示的颜色为黄色，b* 为负值时，表示的颜色为蓝色。其中 L 的取值范围是 0~100，a* 和 b* 的取值范围均为 -120~120。

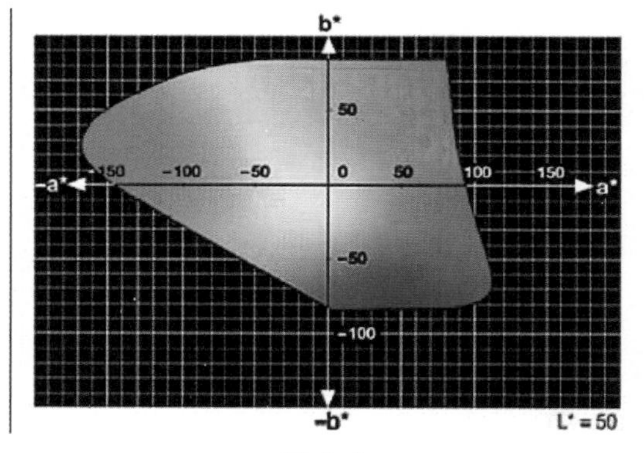

图 2-9

CIEL*a*b* 模式所包含的颜色范围最广，能够包含所有的 RGB 和 CMYK 模式中的颜色。CMYK 模式所包含的颜色最少，有些在屏幕上看到的颜色在印刷品上却无法实现。CIEL*a*b* 表示的色彩空间模型如图 2-9 所示。

2.3.4 HSB 色彩空间

这是一种基于人眼视觉的色彩空间，是用色相、饱和度、亮度 3 个颜色的属性来描述颜色的。

H 代表色相，它表示颜色在色轮图上的位置，如图 2-10 所示，用以白色为中心的角度代表各个颜色，H 从 0~360° 变化。例如某色的 M10%Y100% 的 H=356° 。

S 代表饱和度，即表示颜色的纯度和色彩的彩度，在图 2-10 色轮图上用离色轮边缘的距离来表示，其数值由 0%~100% 变化。0% 表示饱和度最低，100% 表示饱和度最高，离中心点越近，颜色饱和度越低。

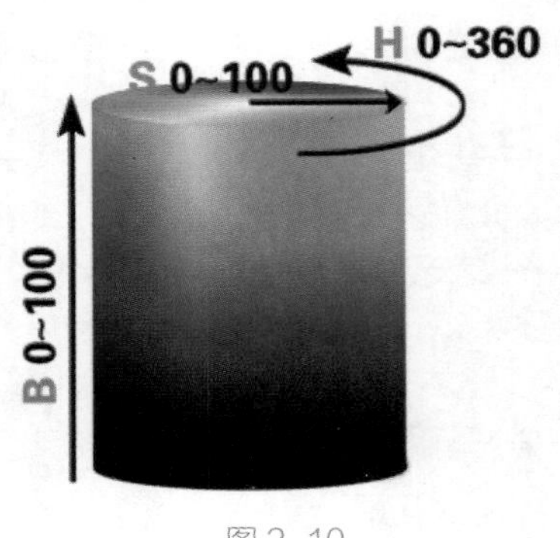

图 2-10

B 代表颜色的相对亮度。不是亮度的绝对值而是相对值，使用百分数表示的，规定 0% 代表黑色，100% 代表白色。亮度值在 0%~100% 之间变化。

2.3.5 色域

前面介绍了几种常见的色彩空间，了解到各色空间能再现的颜色范围各不相同，这个范围就是我们常说的色域。人眼所见到的颜色比任何一个颜色空间的色域都广。CIEL*a*b 色空间的色域最大，它包括 RGB 和 CMYK 色域中的所有颜色。其次是 RGB 色空间，它包含了在计算机显示器或电视机屏幕（他们发出红、绿和蓝光）上显示的颜色的子集。CMYK 色空间的色域最小，仅包含使用印刷色能够打印的颜色。当不能打印的颜色显示在屏幕上时，称其为溢色（详见 2.3.6 节），即超出 CMYK 色域范围。3 种颜色空间的色域比较如图 2-11 所示，我们就能直观地理解为什么在显示器上看到的颜色和打印出来的颜色有所差别，因为在 RGB 向 CMYK 转换时，CMYK 色域和 RGB 色域重叠的区域就能够准确地还原，而落在重叠区域外的颜色就不能准确还原，只能用近似色替代。这就是通常我们见到的屏幕上的图像颜色比较显眼，而打印出来后就比较暗的原因。

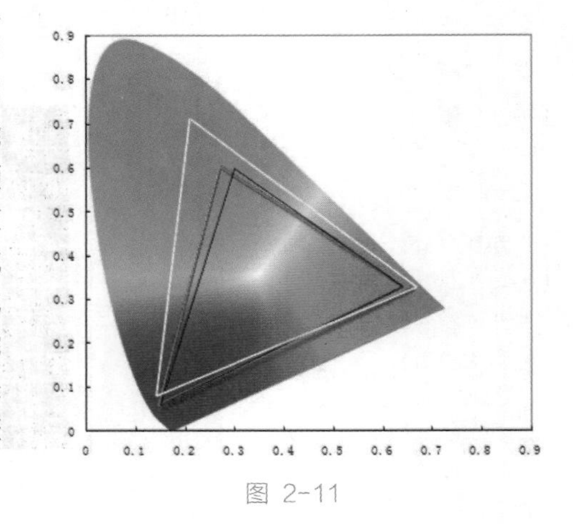

图 2-11

2.3.6 色溢

所谓色溢就是某些颜色超出了印刷颜色的色域，致使 CMYK 油墨无法通过印刷来正确表现所选定的某些颜色。我们需要知道一幅 RGB 或 Lab 模式的图片哪些部分的颜色溢色，以便在颜色处理的时候好做调整。应该先看一下在颜色“拾色器”中色溢的信息，如图 2-12 所示。

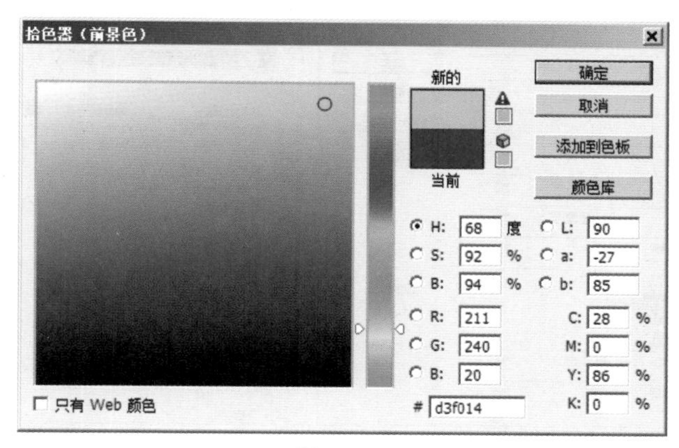

图 2-12

在拾色器中，当选择某一颜色（图中箭头所指的部分）后，假如出现符号，则表示该色超出 CMYK 色域。此时系统就会把所选择的颜色更改为 下方小方框内显示的颜色，这个颜色是系统认为最接近所选的颜色。所以，我们在拾色器选择颜色时注意尽量不要在 CMYK 色域外选择颜色。

图 2-13 是一张原图，我们可以通过菜单命令来看图像的色溢部分。执行【视图】→【色域警告】命令（或按 Ctrl+Shift+Y 键），如图 2-14 所示，可以查看到图像的色溢部分，如图 2-15 所示，其中青色覆盖的部分即为色溢的部分。

图 2-13

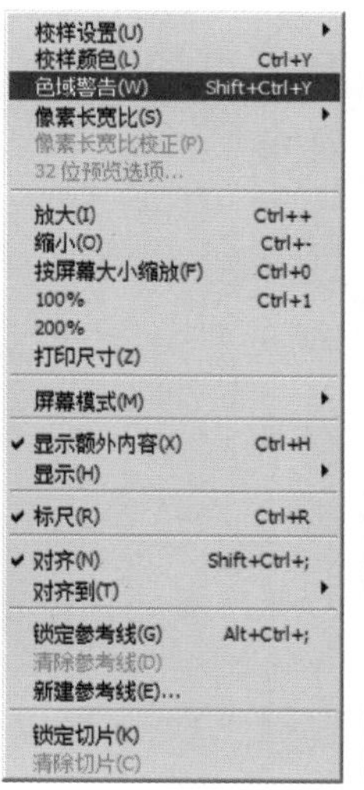

图 2-14

图 2-15

色彩模式是指图像处理软件对颜色的表达方式，前面我们学了的几种色彩空间也就对应几种色彩模式 RGB、CMYK、Lab 和 HSB。这几种色彩模式在前面有很详尽的叙述，这些色彩模式在 Photoshop 软件中都可以选择，如在“新建”文件对话框中或“图像”下拉菜单中都可以看到这些色彩模式，如图 2-16 和图 2-17 所示。

当一种色彩的模式改变时，其他的模式参数则随之改变，几种常见的色彩模式是相互关联的，如图 2-18 所示。

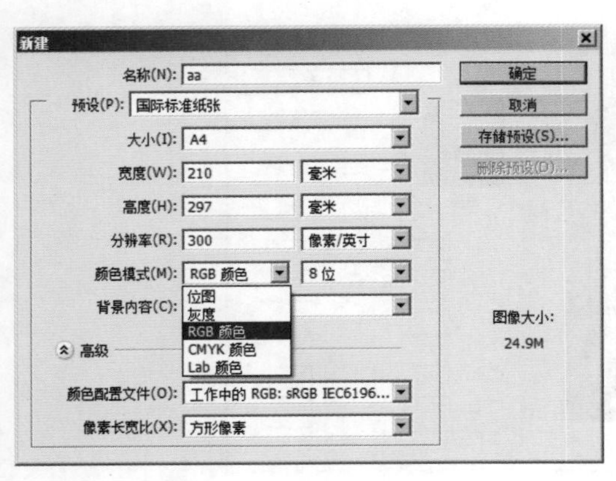

图 2-16

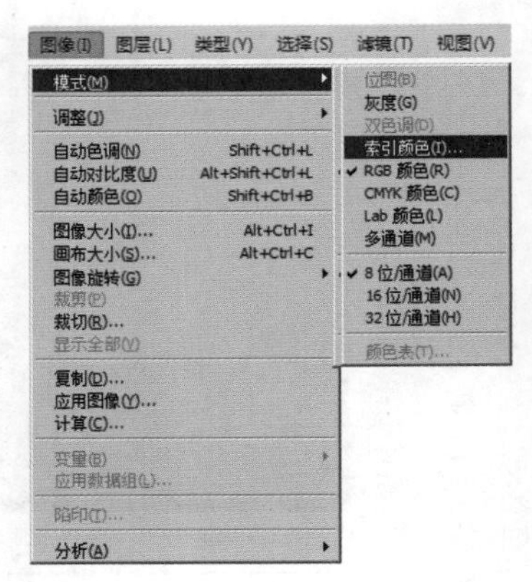

图 2-17

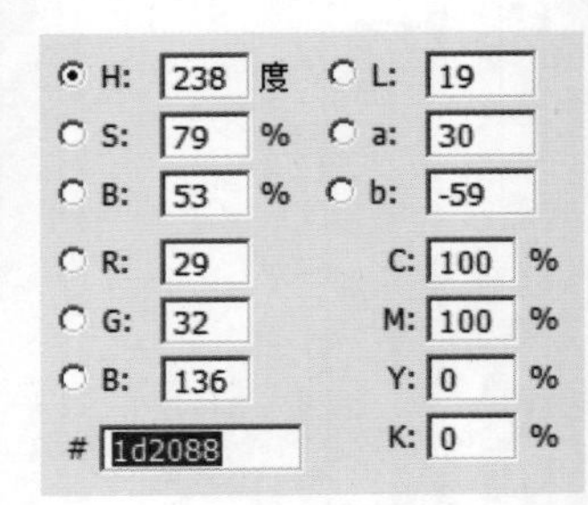

图 2-18

2.4 色彩模式

对于印刷品不同的色彩模式是必须要分清的

2.4.1 灰度模式（Gray 模式）

灰度按照习惯被称为“黑白”颜色，其实这种叫法是不准确的。“黑白”其实是位图模式，而灰度则有 0~255 总共 256 级色阶可以使用，可以表达细腻的自然状态。尽管灰度模式只有一个颜色通道，但是它能保存的文件格式和 RG 模式一样多，可以使用模式下的滤镜。任何彩色模式的颜色信息通道与 Alpha 通道，以及专色通道等，分离开后都是灰度的。在灰度模式状态下，因为没有其他颜色信息的干扰，使得色调校正变得直观，并且是唯一能转换位图和双色调模式的色彩模式。

2.4.2 位图模式（Bitmap 模式）

位图模式使用两种颜色值，黑色和白色来表示图像，因此位图模式的图像也叫黑白图像，或一位图像，因为它的位深度为 1。在图像处理软件中先将彩色图像转换为灰度模式，执行【图像】→【模式】→【灰度】命令，转换为灰度图后，再执行【图像】→【模式】→【位图】命令，即可将图像转换为位图。

可以看一下图 2-19 的一幅彩色图像在位图模式下的效果，如图 2-20 所示。

> **Tips**
>
> 如果使用均匀色，不论是哪种颜色，都会产生爽朗、鲜明的感觉。
>
> 渐变色自然而然就会让人觉得有“治愈”、“柔情”的感觉。一般人们看到的颜色大多是渐变色，可以把这种变化应用在设计当中。需要注意的是，如果使用过度，容易产生凌乱的感觉。

图 2-19

图 2-20

因为位图模式只有黑白两个值，几乎所有的滤镜、色彩、调整等都无效，所以通常情况下不建议使用该模式。但是在处理图像时，可以和通道等结合使用会产生特效的效果。

2.4.3 索引模式（Index 模式）

索引模式和灰度模式相类似，它的每个像素点也可以有 256 种颜色容量，但它可以负载彩色。索引模式的图像最多只能有 256 种颜色。当图像转换成索引模式时，系统会自动根据图像上的颜色归纳出能代表大多数彩色的 256 种颜色，就像一张颜色表，然后用这 256 种颜色来代替整个图像上所有的颜色信息。

索引的图像只支持一个图层，并且只有一个索引彩色通道，索引模式的图像就像是由一块块彩色的小瓷砖拼凑而成的，由于它最多只能有 256 种彩色，所以它所形成的文件相对其他彩色要小得多。索引模式的另一个好处是它所形成的每一种颜色都有其队里的索引标识。当这种图像在网上发布时，只要根据其索引标识将图像重新识别，它的颜色就完全还原了。索引模式的效果如图 2-21、图 2-22 所示。

图 2-21

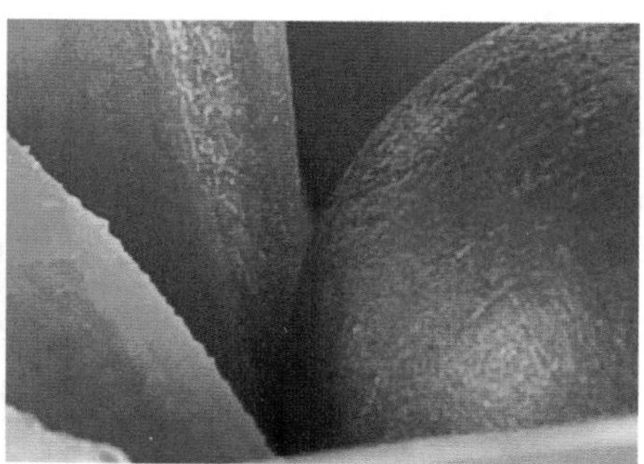

图 2-22

2.4.4 双色调模式（Duotones 模式）

双色调相当于用不同的颜色来表示灰度级别，其深浅由颜色的浓淡来实现。当它用双色、三色、四色来混合形成图像时，其表现原理就像“套印”。双色调模式能支持多个图层，但它只有一个通道。

将图像模式转为双色调模式时，应先将其转为灰度模式后，再转为双色调模式。

先执行【图像】→【模式】→【灰度】命令，将图像转为灰度模式。

然后执行【图像】→【模式】→【双色调】命令，调出“双色调选项”对话框，如图 2-23 所示。

在“类型”下拉列表中，可以设置所要混合的颜色数目，包括单色、双色、三色、四色等；在中间的颜色方框中，可以任意指定用何种颜色来混合；单击其左边的曲线框，可以在调出的“双色调曲线”对话框中调节每种颜色的浓淡，如图 2-24 所示。

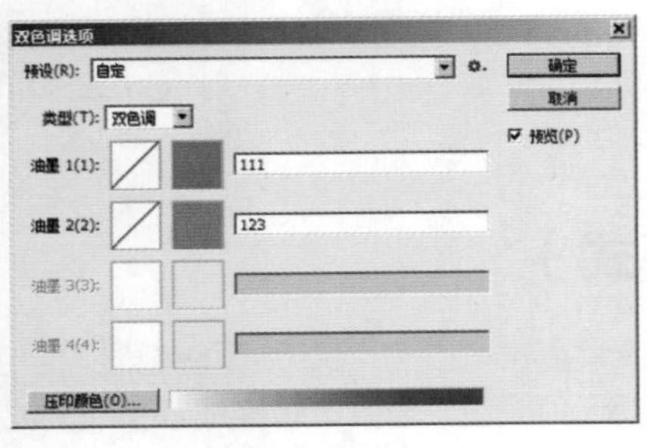

图 2-23

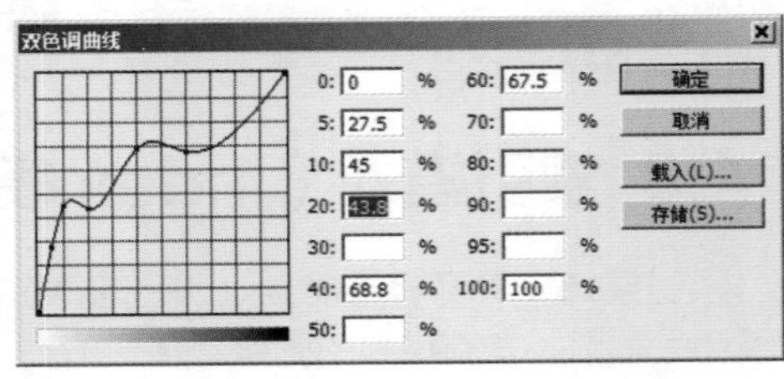

图 2-24

图 2-25 和图 2-26 是一朵黄色的花经过转换变成红色的效果图。

图 2-25

图 2-26

2.4.5 多通道模式（Multichannel）

多通道模式在各个通道中均使用 256 个灰度级。可以将一个以上通道合成的任何图像转换为多通道图像，而原来的通道则被转换为专色通道。

不能打印多通道模式中的彩色复合图像，而且大多数输出文件格式不支持多通道模式图像。但可以用“Photoshop DSC 2.0”格式输出这种文件。将彩色图像转换为多通道模式的图像时，新的灰度信息将基于每个通道中像素的颜色值，如将 CMYK 图像转换为多通道模式，可创建青、洋红、黄和黑专色通道；将 RGB 图像转换为多通道模式时，可创建红、绿和蓝专色通道。从 RGB、CMYK 或 Lab 模式的图像中删除一个通道时，图像会自动转换为多通道模式。

2.5 印刷色与专色

印刷品中的颜色是由印刷色和专色构成的

印刷色就是由不同的C、M、Y、K百分比组成的颜色，因此称为混合色更为合理。我们前面介绍过了，C、M、Y、K 也就是印刷用的三原色。在印刷时，这 4 个原色都有自己的色版。4 个色版上记录了这些颜色的网点，关于网点将在下一节进行详细介绍。这一节详细了解印刷色和专色的一些印刷特性。

2.5.1 间色、复色和补色

间色就是由两种原色混合配制的混合色，也称为二次色。

复色就是由原色与间色混合而成的，或者由两种间色混合产生的颜色，也称为三次色。实际上是三原色的混合，只不过是以一种原色为主进行的混合。

补色即为当两种色料混合后呈现黑色，则这两种颜色互补，三原色中的任何一色与其他两种原色混合所得到的颜色称为互补色。例如 C 与 R 互补、M 与 G 互补、Y 与 B 互补。如果是色光，当它们混合后产生白色，则这两种颜色也为补色，如 R 的补色为 C。

2.5.2 基本色与相反色

基本色和相反色是根据具体颜色来说的。基本色和相反色指的是一系列的颜色，并不指某一个颜色。对 C、M、Y 色版来说，不同色版其基本色和相反色是不同的，但有一点是相同的，黑色和灰色都是它们的相反色。以 Y 版来说，原稿上所有的 Y 颜色和所有含 Y 的颜色，如大红色、橘红色、绿色、黄绿色等都属于 Y 的基本色范围；而 Y 的补色 B 色周围的颜色都是 Y 的相反色。

判断基本色和相反色可以用图 2-27 所示基本色和相反色之间的关系来进行判断。

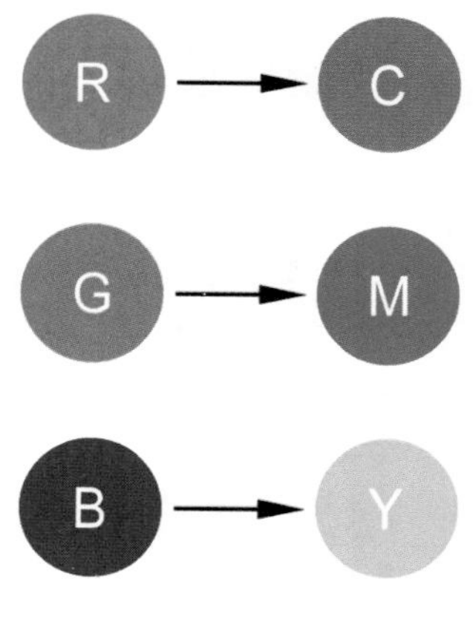

图 2-27

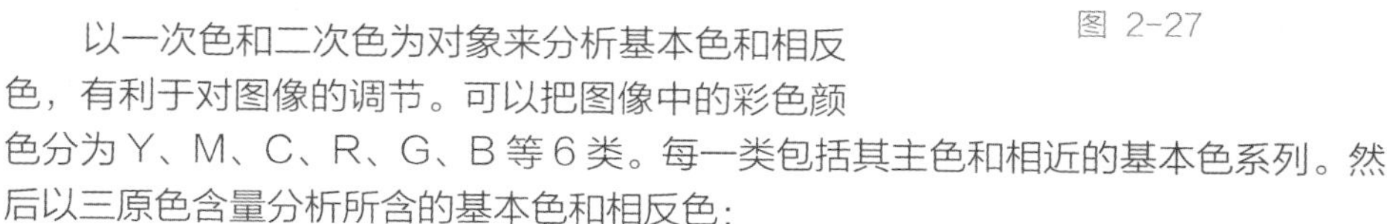

以一次色和二次色为对象来分析基本色和相反色，有利于对图像的调节。可以把图像中的彩色颜色分为 Y、M、C、R、G、B 等 6 类。每一类包括其主色和相近的基本色系列。然后以三原色含量分析所含的基本色和相反色：

Y 色系列的基本色是 Y 色；C 和 M 是其相反色。

M 色系列的基本色是 M 色；C 和 Y 是其相反色。

C 色系列的基本色是 C 色；Y 和 M 是其相反色。

R 色系列的基本色是 Y、M 色；C 是其相反色。

G 色系列的基本色是 Y、C 色；M 是其相反色。

B 色系列的基本色是 C、M 色；Y 是其相反色。

Y、M、C、R、G、B 6 类颜色中含有 K 值得是相反色。

2.5.3 专色和专色印刷

专色就是在印刷时，不是通过印刷 C、M、Y、K 四色合成这种颜色，而是专门用一种特定的油墨来印刷该颜色。如金色、银色、荧光黄色、珍珠蓝色等。专色油墨是由印刷厂预先混合好或是油墨厂生产的。对于印刷中的专色，在印刷时只用一块专色色版。

专色的主要特点如下所述。

（1）准确性。每一种专色都有其本身固定的色相，所以它能最大限度地保证印刷中颜色的准确性。

（2）实地性。专色一般用实地色定义颜色，而无论这种颜色有多浅，也可以给专色加网，以呈现专色的任意深浅色调。

（3）不透明性。专色油墨是一种覆盖性质的油墨，它是不透明的，可以进行实地的覆盖。

（4）表现色域宽。专色色库中的颜色色域很宽，甚至可以超出 RGB 的表现色域，所以有相当一部分的专色是用 CMYK 四色油墨无法表现的。

专色一般在以下 3 种情形中使用：

（1）为在印刷品上能够印出一些 CMYK 四色印刷油墨色域以外的颜色时使用，如金色或银色。CMYK 四色印刷油墨中的色域与可见光色域相比有明显的不足，而专色油墨的色域则比 CMYK 四色印刷油墨色域宽，故可以表现 CMYK 四色油墨以外的许多颜色。

（2）为了弥补印刷技术的不足而使用专色油墨印刷。由于印刷整体流程中各个环节的误差、设备性能、作业环境、人为因素等问题，在印刷大面积色块时，尤其是浅网色块，很难得到平整均匀的色块，这时候可以用同样颜色的专色实地来取代网点做印刷，就能够容易地得到平整的大面积色块。

（3）有时候为了能够清楚地表现精细的图文，如较细笔画的混合色图文或反白线条等，也常采用专色处理，以使精细线条能表现得足够实在和细腻。

须注意的是，对于设计中设定的非标准专色颜色，印刷厂不一定能够准确地调配出来，而且也无法在屏幕上看到准确的颜色，所以不是特殊的需要就不要轻易使用自己定义的专色。

Tips

红色、橙色、黄色、黄绿色、绿色等颜色被叫做暖色。在一些人、自然界、食物等洋溢着温暖感的主题中，会用到大量暖色。而正红色（M100、Y100）是除了白色和黑色以外印刷品种使用最多的一个颜色。

Tips

蓝绿色、蓝色、青色、紫色、紫红色（品红）等颜色叫做冷色，能够给人一种冰冷感的颜色。由于在自然界中比较稀少（紫色或者紫红色），比起暖色来有一种人造的感觉。

2.6 同色异谱色

同样的颜色在不同的光源下颜色也会不同

生活中能够见到很多同色异谱的例子，如晚上在同一个地方两个物体颜色都是一样的，但是换一个地方或者环境以后发现了两个物体颜色明显不同了；或者是同一个物体在甲光源和乙光源下看起来的颜色不一样。制作分类广告的人都会普遍遇到这样的问题：客户买回家的物体颜色与广告中宣传的颜色不一样。为什么会出现这种情况呢？这种现象用色度学的知识来讲就是同色异谱现象。

同色异谱就是两个颜色样品在特定光源下产生相同颜色感觉的现象，或者是同一颜色样品在不同的颜色光源下产生颜色不一致的效果。两个或一个颜色样品在一些光源下颜色一样，而在另外一些光源下颜色不一样，原因是由于颜色刺激我们的眼睛产生了相同的感受，我们已经知道，颜色的产生过程是 3 种因素的产物：光源提供各种波长的光波；物体或表面对光比产生反射；反射到眼睛里的光波刺激人眼，结果就产生了颜色感觉。颜色是由以上 3 个因素共同作用的结果，并不是哪一个因素单独作用的结果，如果光波分别来自 A、B 两个物体，并在人眼上产生了相同的刺激，于是就会得到结论——二者颜色感觉相同。

知道同色异谱现象对我们是很有必要的，例如比较看版台上样张和显示器扫描图像中的颜色，或比较一个样张与一个印张，两个颜色样品拥有同样的光谱分布一般不太可能，但由于同色异谱现象的存在，使我们可以让它们的颜色达到一致，至少在一些照明条件下是一致的。如果制作分类广告的人知道将来广告在什么环境下观察的话，就可以将颜色改在已预知的环境中进行，但实际上几乎不可能知道预期的顾客会在哪一种光照下观看，是在中午的日光下，办公室的荧光灯下，或者是在家中的白炽灯下观看。然而我们只能把同色异谱现象看作是有价值的东西加以接受，如要为一家餐厅设计一个菜单，该餐厅在大多数时间下只能在烛光下点餐——则就可以在不同的观察环境下来检验重要颜色的匹配情况。

现在的防伪技术中就利用了同色异谱现象支撑了防伪油墨，在日光的照射下，两种同色异谱油墨具有相同颜色的视觉效果，即它们具有相同的颜色特征表述值，但是，这两种油墨的光谱性质不同。同色异谱油墨即是采用颜色相同、光谱特征不同的两种颜料，生成两种颜色效果一致、而光谱特征不同的油墨，成为一对同色异谱油墨。同色异谱油墨的防伪功能主要取决于油墨中起显色作用的颜料对光不同的吸收和反射能力。根据有某对光具有的选择性吸收和反射的原理，使一对油墨通过特定的滤色片，其中的一种油墨由于滤色片的作用，导致反射光发生改变，同时，这种油墨所观察到的颜色也发生变化，显示出另外一种固定的颜色；而另一种油墨通过滤色片后，仍吸收和反射原有的光，显示的颜色也没有改变。这样，可以通过两个固定的、不同的颜色，来辨别标的物的真假。同色异谱油墨也用在钞票防伪印制中。

所以色彩学中的同色异谱现象对我们是有弊有利的，当由于同色异谱现象造成了对分辨率色的干扰时，应加以避免，例如颜色处理时，注意在显示器等的正常色温和光照情况下进行；当然同色异谱的存在使我们的颜色在动态变化中显示图案，在防伪技术中做出了巨大的贡献。

图 2-28 为同色异谱仪器。

图 2-28

2.7 颜色复制

就是色彩重新构成，并且在色相和色调上再现原色彩

印刷技术发展到今天的数字化阶段，其图像的色彩复制过程也发生了很多变化，但是为了更好地掌握颜色复制过程理论，还是把颜色复制传统的和先带的两个过程分别加以介绍。

总的来讲，颜色的复制过程可以简化为：颜色→颜色的分界→颜色的合成→颜色。

2.7.1 传统分色方式——照相分色

彩色原稿必须分色，才能在印刷中达到只有 4 种颜色的效果。将原稿拆版成红色、青色及黄色，再加上黑色使细部更细致，并增加深色部分的浓度。

四色制版法最后会做出 4 张网片，用两种或两种以上的颜色结合可以复制大多数的颜色。早期用照相机完成的基本分色过程称为照相分色。照相分色是利用色光加色与颜料减色的原理，将原稿上所有的色彩，以滤色片分解成不同形态的色光，再以互补色的颜料印刷使色彩重现的一种方式。透过红、绿、蓝三原色滤色片，将原稿中的黄、品、青分离出来。例如红色与青色为互补色对，所以红色滤色片可以将原稿中的青色分离出来；绿色与品红色为互补色对，所以绿色滤色镜可以将原稿中的品红图案分离出来；蓝色与黄色为互补色对，所以蓝色绿色镜可以将原稿的黄色图案分离出来。

但由于印刷用的 C、M、Y 油墨，多少都含有一些杂色，纯度并非理想值的百分之百，容易造成偏色。因此需要在分色时做相应的处理，这里不再详述。传统分色如图 2-29 所示。

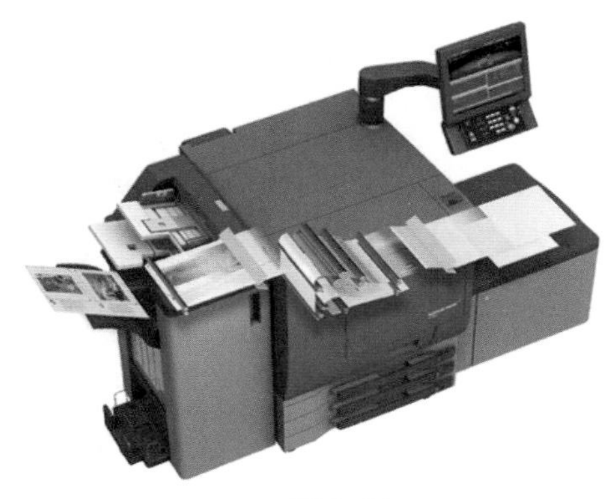

图 2-29

通过一张具体的原图像，可以更加清楚地认识传统照相分色的过程，图 2-30 为一张任务图像，分色的具体过程如图所示。

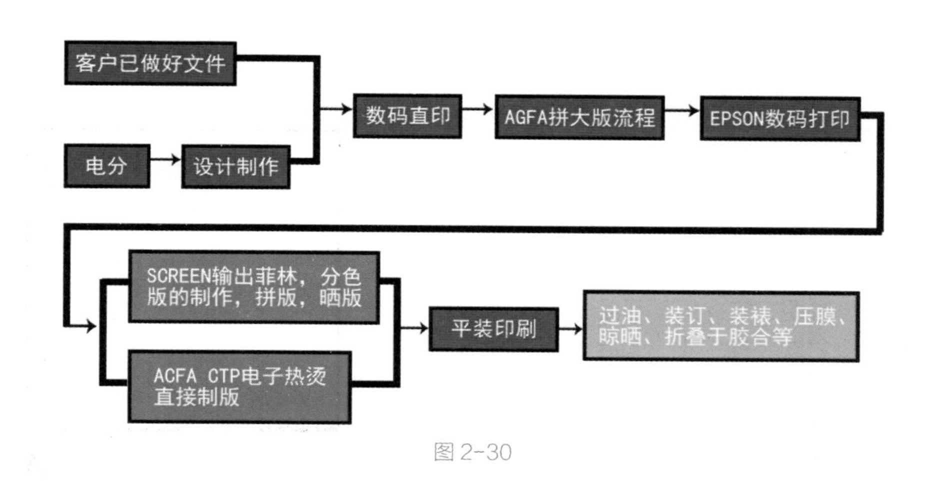

图 2-30

2.7.2 现代分色方式——电子分色

电子分色在传统意义上，就是利用电子分色机将图像扫描分界为 C、M、Y、K 四色的单色片，通常称为电分。

在实际工作中，扫描一幅彩色原稿到电脑中，并使之成为电子信息描述的包含 CMYK 色彩通道的图像的过程也称为电分。电分的概念逐步取代了传统意义上的电分，因为以前没有 DTP(桌面出版系统)，制作的时候输入（扫描分色）和输出（加网、输出）是在一起的。除了菲林（分色片）后再植字、手工拼版，所以以前理解电分就是将彩色图片扫描并分为 C、M、Y、K4 个单色菲林片。现在扫描后又经过桌面出版系统的处理，再出菲林片，把工作步骤细分化，所以电分就成了一个高精度、高清晰度扫描的代称。电子分色机将图像扫描后同时要在后端输出菲林，中间不能进行调节。因此对图像的颜色调节、层次校正、清晰度强调等工作要在正式扫描输入之前就设置好。现在一般经扫描后在 Photoshop 中进行分色，用 Photoshop 进行分色的灵活度较大，既可以对图像进行颜色校正、层次调节、清晰度强调，又可以对分色的油墨颜色、黑版等参数进行有的放矢的选择和设置，并加入许多色彩管理的内容，对印刷中的不足进行准确的预先补偿，要灵活得多。

在 Photoshop 中执行分色操作比较简单，具体操作是执行【图像】→【模式】→【CMYK 颜色】命令，这样图像的色彩就是由色料（油墨）来表示了，具有 4 个颜色的通道，图像在输出菲林时就会按照颜色的通道数据生成网点，并分成黄、品红、青、黑四张分色菲林片，如图 2-31 所示。

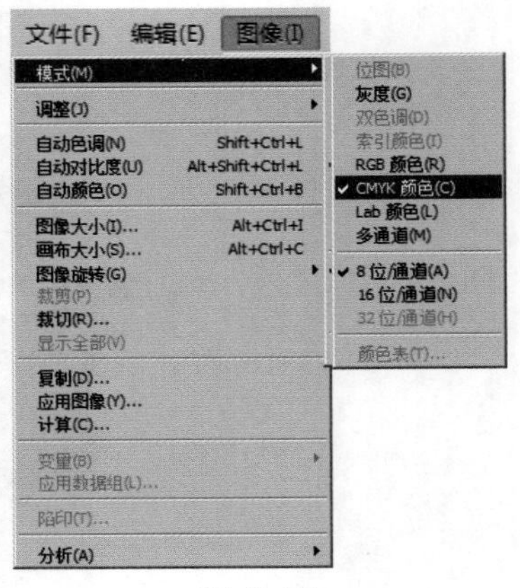

图 2-31

2.7.3 分色设置

要达到颜色和阶调的准确再现，在进行扫描或分色时都有必要对分色选项做一些适当的设置。扫描的设置将在以后的章节中讲述，这里具体看看扫描后在 Photoshop 中如何进行分色的设置。在弄清几个相关概念的同时来进行分色设置的操作。

1. 灰平衡

我们已经知道彩色图像复制是 3 个（青、品、黄）或 4 个（青、品、黄、黑）颜色的叠加，当印刷中这几个色的网点达到一定比例时，就可以印出中性灰颜色系列（从黑到灰到白颜色系列）。灰平衡能够实现，说明印刷的操作控制得较好，灰平衡如果没有实现，即灰色系列印出了彩色，说明工艺中出现了问题。因此，灰平衡是控制颜色的一种手段或标准。如灰色印成偏黄色，则印刷品所有的颜色都会偏黄色。在实际印刷操作中是用灰梯尺来检验平衡的。在照排机输出的菲林上都会有一条灰色梯尺（网点由 0%、20%···90% 到 100%）就是用来检验灰平衡的。灰平衡曲线如图 2-32 所示。横轴表示中性灰颜色的密度或网点百分比，纵轴表示要再现原稿各阶调的黄、品红、青的网点百分比。从中可以看出要实现灰色平衡，青色的网点百分比要比黄和品红的网点百分比高。

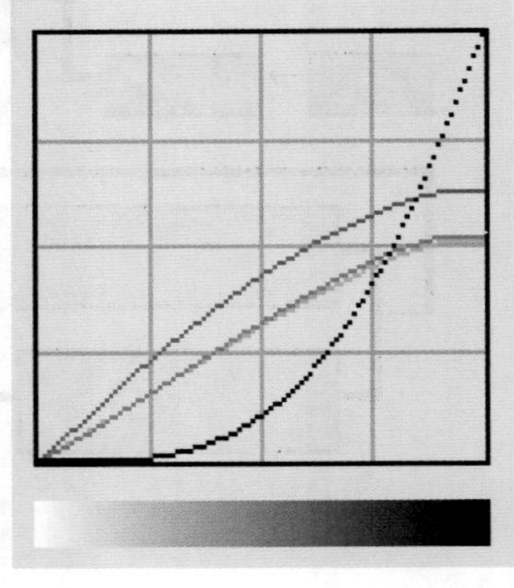

图 2-32

2. 分色主界面

下面介绍在 Photoshop 中的分色操作过程。

执行【编辑】→【颜色设置】命令，进入“颜色设置”对话框，如图 2-33 所示，在“工作空间”选项组的 CMYK 下拉列表中选择“自定 CMYK”，弹出的对话框如图 2-34 所示。在这里可以根据需要分别进行设置。

图 2-33

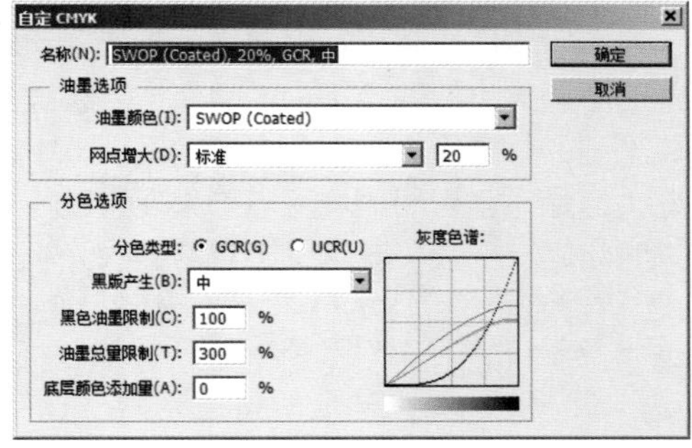

图 2-34

在“油墨选项”选项组中的“油墨颜色”类型的下拉列表中，有多种油墨类型可供选择，如图 2-35 所示。

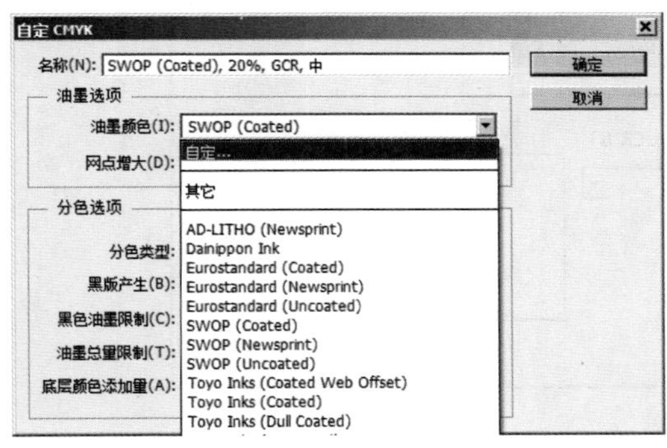

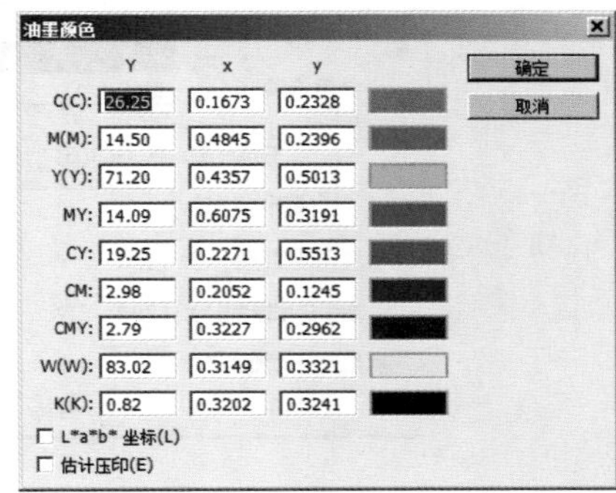

图 2-35

选项中包括 Custom（自定义）和一些普遍使用的胶印墨色标准，其中普遍使用的胶印墨色标准包括如 SKOP(Specifications for Web OffsetPublications) 在美国常用，Toyo 油墨在日本常用，Eurostandard 在欧洲常用。根据印刷纸张的不同如铜版纸（Coated）、胶版纸（Uncoated）和新闻纸（Newsprint）各有不同的标准。用户应了解自己的印刷机是否使用这些油墨或者比较接近哪种油墨，如接近即可选用。如果所使用的油墨与选项中设置的墨色标准偏离太远，就必须制定自己的墨色标准。Custom（自定义）选项即可用来制作自己的墨色标准，此选项包含了 9 个定标色块，黄、品、青、红、绿、蓝、合成黑、白、黑 [Y、M、C、MY（R）、CY（G）、CM（B）、K（CMY）、W、K]，前 6 种颜色的影响最大，它们分别代表了 CMYK 色空间的 6 个角。通常在使用铜版纸印刷时，近似使用 SWOP（Coated）或 Eurostandard（Coated），用胶版纸印刷时，可近似使用 SWOP（Uncoated）或 Eurostandard（Coated），印刷报纸近似使用 SWOP（Newsprint）或 Eurostandard（Newsprint）。国产油墨标准与国外墨色不完全一致，其墨色并没有预先加入墨色表中，而在表中又找不到相近的墨色，这时可使用自定义墨色。另一种情况是使用某种专色油墨来代替原色油墨以产生特殊效果，如某些包装印刷品用专色红代替品红油墨，比品红色看上去效果更好、更生动。

选择不同的油墨颜色，才能保证正确的粉色结果。

3. 网点扩大

印刷过程中由于印刷压力，油墨在承印物上的渗透扩散就会引起网店扩大现象。一般印刷机压力越大，网点增大越大。承印物如纸张吸收性越强，网点增大越大。对于不同大小的网点来说，网点增大越大。对于不同大小的网点来说，网点扩大值是不同的，高光、暗调网点增大值小，中间调网点增大值比较大。这里设置的网点增大值是为了对印刷中网点扩大现象进行预先补偿，即分色时将网点适当减少，印刷时将网点扩大，就可以得到希望的大小。选择不同的油墨颜色，会有相应的网点增大值。比如选择 SWOP（Uncoated）胶版纸时，网点的扩大值为 15%，一般情况选择 SWOP（Coated）铜版纸时，按默认值 20% 设置，不用改动它。选项如图 2-36 所示。

Tips

一些从事 DTP 设计的初学者，往往会随心所欲地在版式中使用很多不同种类的颜色。不过，如果颜色种类使用过多，整体的色彩平衡就不好控制，所要表现的风格也会比较模糊。从视觉上看更是一种混乱喧闹的感觉。

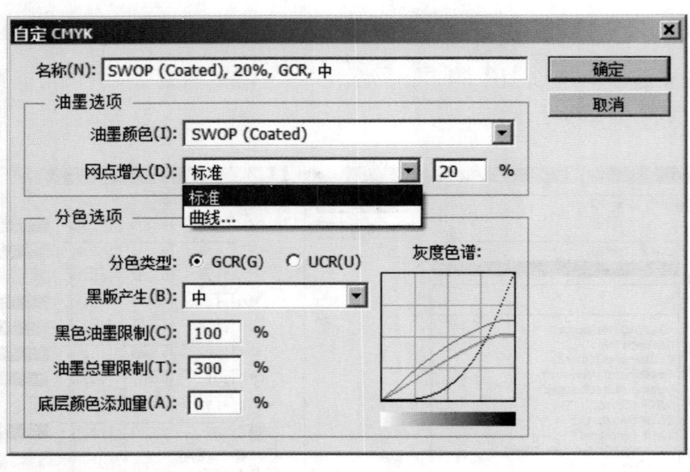

图 2-36

如果选择了曲线模式，则该模式下的设置可以用全部相同（复合通道）和 CMYK 四色通道两种方式设定网点扩大，它最多可对 13 个层次设定相应的网点扩大值，其精度比标准模式高。在选择“全部相同情况”方式时，CMYK 各个通道的扩大率被强行取值一致，实际上是标准模式的扩展，将网点扩大多数从 50% 一个点扩展到整个灰梯范围上。这种设置需要用到灰梯尺，并用密度计测出灰度尺上各级灰色梯度扩大后的网点数值，分别填入表格中。如原来灰度尺 20% 灰度处经印刷后实测网点为 30%，则在“网点增大”文本框中填入 30 即可。

如果使用 4 种颜色通道设置各自的网点扩大值（不选“全部相同”方式），它不仅能给出各色油墨的网点扩大参数，还能够对油墨的灰平衡进行补偿，这种网点扩大参数的获得，必须逐个测试所有的 CMYK 四色梯尺，并和灰梯尺一样进行测量和填表工作。

4. GCR（灰分替代）

这种方法是用黑色替代彩色成分中所有的灰色成分，图像中无论彩色或中性灰色，只要含有符合灰平衡比例关系的所有 CMY 颜色成分，都由黑色来替代。GCR 改变了原图彩色结构的成分，因此，对 GCR 的程度和范围必须按照印刷适应性的要求进行严格的控制。

5. UCR（底色去除）

这种方法是将图像中性灰部分所含有的 CMY 颜色成分用黑色来替代，保留图像中彩色部分的彩色成分不变。这样暗调部分的CMY颜色成分大部分由黑墨来替代，而其余部分保留原有的 CMY 颜色成分。

在分色设置中究竟应该选择 GCR 还是 UCR 呢？采用 GCR 易于保持灰平衡，减少印刷时的油墨叠印总量，使油墨干燥更快，提高印速，在 Photoshop 中分色一般采用 GCR。UCR 作用的对象主要是图像中黑色较深的复色，用黑色 K 代替图像中的灰色成分，UCR 作用的范围叫 GCR 小。GCR 作用的范围较广，一般从灰梯尺的 20% 的范围就可以产生作用。而 UCR 一般只作用于暗调，因此对高中调彩色较多、暗调丰富的图像，分色时可以采用 UCR。

6. 黑版

黑版专门用于 GCR 分色法，控制从哪个阶调开始进行黑色替代，并决定了黑色替代曲线。黑色替代的阶调起点称为 GCR 起始点，黑色替代的范围是从起始点到暗调的最深处。在此项目有已经设定好的替代方法、替代范围和用户自制的方法。下面将黑版中的一些选项分别加以说明，如图 2-37 所示。

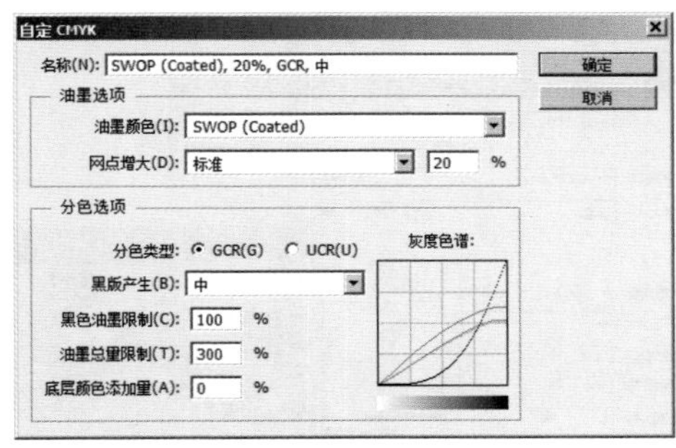

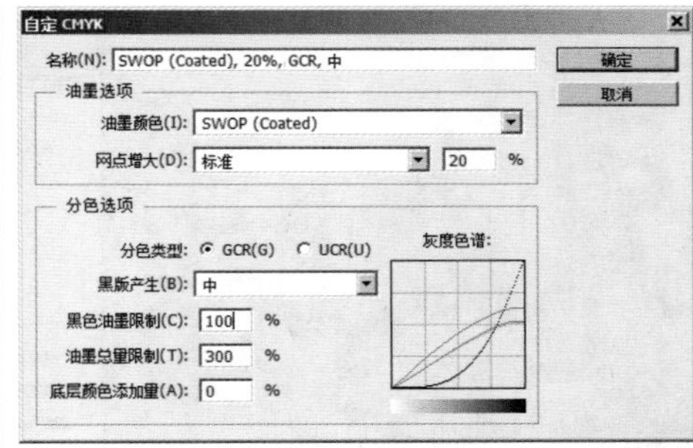

图 2-37

上图对话框中具体参数解释如下：

（1）黑版产生

无（None）——无黑色，产生 CMY 图像，只有 CMY 三块色版。

较少（Light）——40%~100% 黑替代，短调黑版。

中（Medium）——20%~100% 黑替代，中调黑版。

较多（Heavy）——10%~100% 黑替代，长调黑版。

最大值（Maximum）——全部进行黑替代，全调黑版。

“黑版产生”选择为“无”的时候，由 RGB 转 CMYK 模式后各通道（色版）的分布，黑版为空白，这种方法适于只用 CMY 三色印刷，常用于单色机以三色印刷来代替四色印刷的视觉效果。这样可以节约一块 PS 版和一色印工，但在工作中往往不提倡这么做。分色效果如图 2-38 所示。

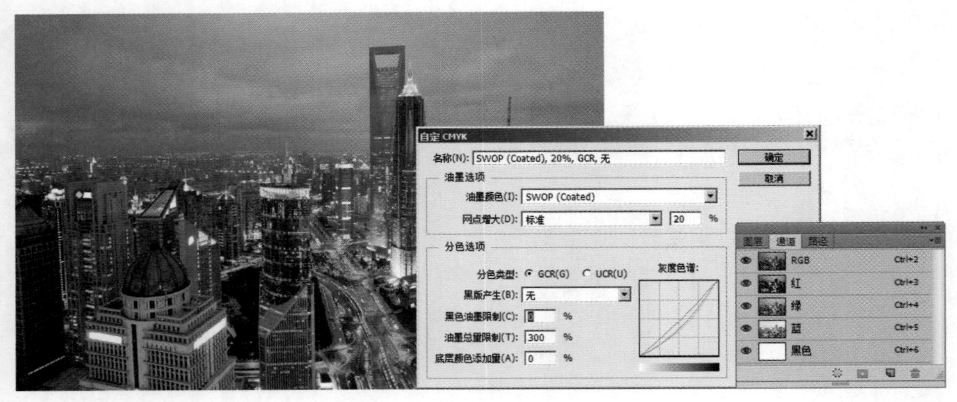

图 2-38

“黑版产生”选择“中”的状态时，由 RGB 转换 CMYK 模式后各通道色版均有分布，这是正常使用的状态；分色的选项及黑版如图 2-39 所示。

图 2-39

在“黑版产生”为“最大值”的状态下，由 RGB 转 CMYK 模式格通道均有分布，但这样会使图片的黑版产生过大，将大量的中性灰色与复合灰色由黑版来代替，一般不建议使用。

（2）黑色油墨限制

黑色油墨限制指的是分色时黑版所生成网点百分比的最大值，它是暗调部分允许的最大黑墨量。“黑版产生”选项用来建立黑色替代的阶调起始点，该选项是用来设置暗调区域黑墨用量的极点。它决定了“黑版产生”时最黑处（100% 实地的黑）是否使用 100% 黑墨来生成，或者最黑处使用 80% 的黑墨再加上其他颜色以形成 100% 和黑色效果。这个参数通常设置在 85~95%。

（3）油墨总量限制

油墨总量限制指 CMYK 四色印刷时，最大油墨叠印量，即 CMYK 网点均为 100% 的四色实地印刷时，实际叠印量的大小。油墨如果是完全叠印在先印的墨色上，其叠印率不会达到 100%，所以四色油墨的实地叠印的总量也不会达到 400%，而是在 320%~360% 之间。在实际工作中，其设置的数值也有差别，当在铜版纸上印刷时，油墨总量通常在 280%~320% 之间。在胶版纸上印刷，则设置油墨总量为 300%~340%，这与印刷介质的吸墨量（油墨扩散量）、纸张密度等都有关系，直接影响到油墨总量的大小。

对于工作空间中的灰色、专色两部分，通常按照默认值网点扩大 20%，一般的非专业人员不要轻易改动。

2.7.4 网点

网点是完成印刷品复制过程的基本组成单位，网点按照大小的不同组成了整个印刷品。由于印刷品的承印材料是纸张、塑料凳非感光材料，其色彩还原过程与彩色照片是完全不同的，无法复制出连续调的色彩，因此在印刷工艺中形成了半色调的概念。半色调是指经过特殊加工后的印刷品上的由浅到深或由淡到浓的变化，是由网点大小面积来表现的。

在观察印刷盘画面时，网点面积大，颜色就深，称为深调；网点面积小，颜色就浅，称为高调。由于网点在空间上还是有一定的距离，呈离散型分布，并且由于加网的级数总有一定的限制，在图像的层次变化上不能像连续调图像一样实现无极变化，故也称加网图像为半色调图像。如加网的阳片菲林、阴片菲林、印刷图像等都是半色调图像。图 2-40、图 2-41 就是我们看到的实物和用放大镜放大到一定程度时看到的网点效果。

图 2-40

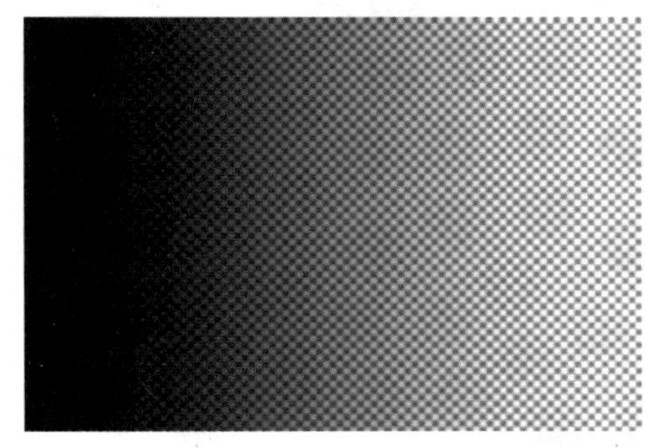

图 2-41

在彩色印刷中，除专色印刷之外，一般都是利用黄、品红、青、黑三元色版和黑色版印刷来再现各种颜色的。各种颜色的混合比例就是由各色印版的网点密度来实现的，网点的覆盖率在 1%~100%。

1. 网点类型

目前在印刷工艺中使用的网点类型主要有两个：调幅网点（AM 网点）和调频网点（FM 网点）。

调幅网点的应用最广，它是指在单位面积内网点之间的位置固定，通过调整网点的大小来表现图像深浅明暗层次；在印刷的时候，主要考虑网点大小、网点形状、网点角度、网线精度等因素。但它有一个弱点就是在四色叠印时容易出现龟纹，也就是撞网。

调频网点是 20 世纪 90 年代以来新发展起来的一种加网方式，它和调幅网点的不同之处在于：调频网点的大小可以是固定的，它是通过控制网点的密集程度来实现阶调效果的。亮调部分的网点稀疏，暗调部分的网点密集。图 2-42 和图 2-43 可以让我们更清楚地认识调幅加网和调频加网的不同。

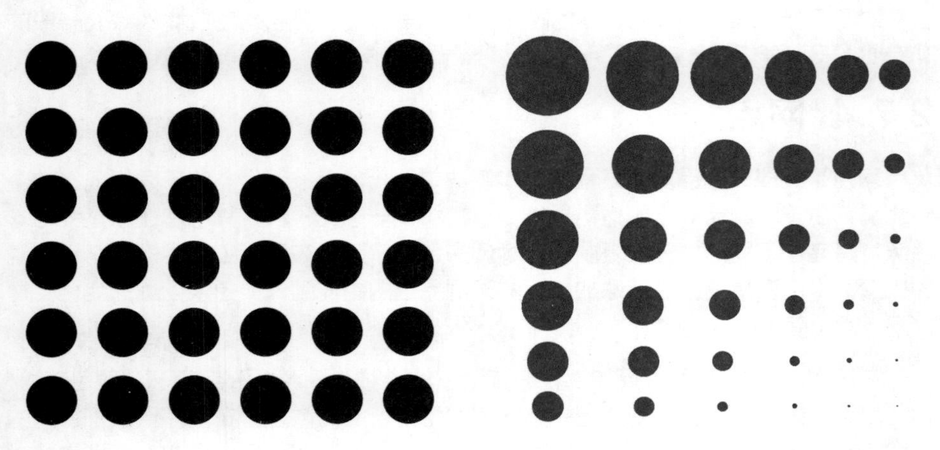

图 2-42

Tips

如果在选择颜色的时候需要较浅的，可以用 3% 或者 5% 为一个单位进行配送。如果想要设置的颜色比较淡，可以用 3% 或 5% 为一个单位，对颜色进行调整。

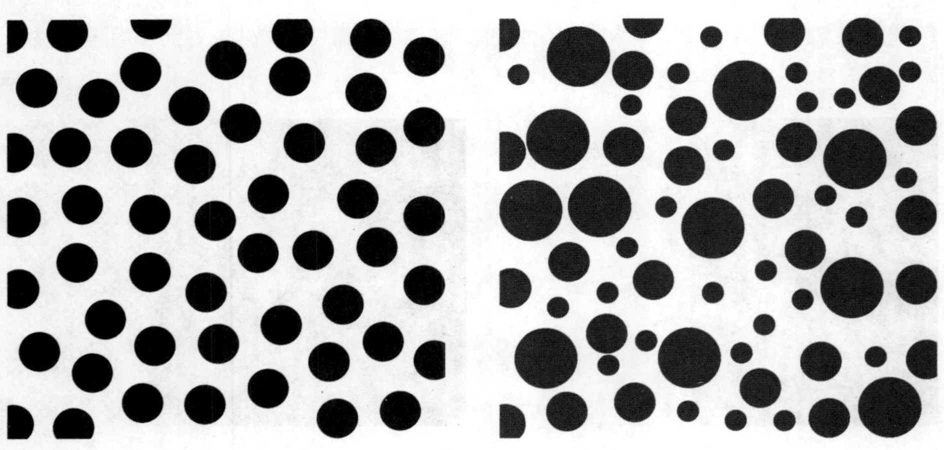

图 2-43

2. 网点形状

印刷工艺中网点的形状有圆形、方形、菱形、砖形、链形等，其中最常用的是圆形、菱形和方形网点，如图 2-44 所示。

图 2-44

圆形网点无论是在亮调还是在中间调的情况下，网点之间都是独立的，只有在暗调的情况下才有部分相连。所以图形网点、对于层次的表现能力不佳，四色印刷中很少采用。

菱形网点综合了方形网点的硬调和圆形网点的柔调特性，色彩过渡自然，适合一般图像、照片表现。

方形网点在 50% 的覆盖率下，呈棋盘状。它的颗粒比较锐利，对于层次的表现能力很强，适合线条、图形和一些强硬图像的表现。

3. 网点大小

网点大小是通过网点的覆盖率决定的，也称着墨率。一般习惯用“成”作为衡量单位，比如 10% 覆盖率的网点就称为“一成网点”，覆盖率 20% 的网点称为“二成网点”，另外，覆盖率 0% 的网点称为“绝网”，覆盖率 100% 的网点称为“实地”。

印刷品的阶调一般划分为 3 个层次：亮调、中间调和暗调。亮调部分的网点覆盖率为 10%~30% 左右；中间部分的网点覆盖率为 40%~60% 左右；暗调部分的网点覆盖率则为 70%~90%。绝网和实地部分是另外划分的，可以通过图 2-45 来认识网点的大小。

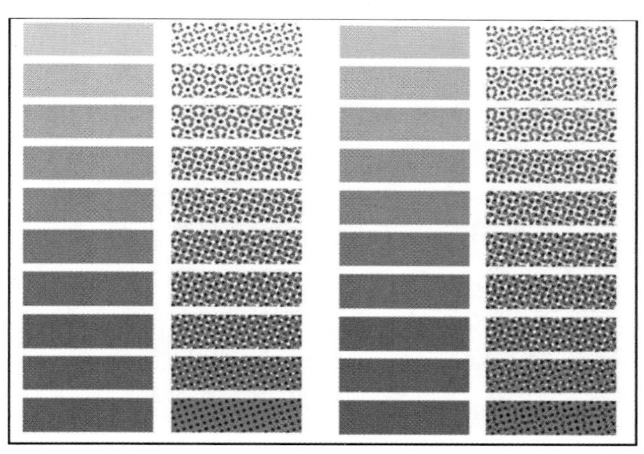

图 2-45

4. 加网线数

加网线数又称为网目线数或网点频率，表示单位长度内网点的数目，如长度单位为英寸时，加网线数的计量单位为 LPI（Lines Per Inch），即线数 / 英寸。也有线数 / 厘米，即 L/cm 等。在调幅加网中，加网线数决定了每个网点占有的固定空间的大小。

一般说来，加网线数越高，在网点百分比相同的情况下，网点越小，表现的层次越细致，越能使印刷品画面阶调细腻、柔和，越能充分表达画面形象和细微层次。但网点越小，印刷过程中网点扩大也越严重；加网线数越低，网点百分比相同的情况下，网点越大，表现图像细微层次的能力越差。但是粗网线的远距离视觉效果好，画面层次容易拉开。常见的线数应用如下所述。

10~120 线：低品质印刷，适用于远距离观看的海报、招贴等面积比较大的印刷品，一般使用新闻纸、胶版纸来印刷，有时也使用低克数的亚粉纸和铜版纸。

150 线：普通四色印刷一般都采用此精度，各类纸张都可用。

175~200 线：适用于精美画册、画报等，多数使用铜版纸印刷。

250~300 线：适用于最高要求的画册等，多数用高级铜版纸和特种纸印刷。

5. 网点角度

印刷制版中，网点角度的选择有着至关重要的作用。选择错误的网点角度，两种或两种以上颜色的网点套印在一起，会互相干涉，图像中就会出现干涉条纹，俗称“龟纹”。

根据龟纹产生的原因，适当地调整网线间的夹角，可以减轻龟纹影响。常见的网点角度有 90°、15°、45°、75° 几种。网线间的夹角为 30° 或 45° 时网点表现最佳，稳定而又不显得呆板；15° 和 75° 的角度稳定性要差一些，不过视觉效果也不呆板；90° 的角度是最稳定的，但是视觉效果太呆板，失去了美感。

四色印刷中，经过长期的使用实践，总结出了一套最佳的加网角度组合，即黄版 0°（90°）、青版 15°、黑版 45°、品红版 75°，这是目前最常用的加网角度组合。其中青、品红、黑三色版网线之间的夹角为 30° 时，可以最大限度地避免龟纹的影响。黄色使用 0° 或 90° 的网线角度，介于品红和青之间，但黄色是一种淡色，其显色能力最弱，黄、品红、青 3 个色版相互叠加产生的龟纹并不十分明显。

6. 网点的叠合

网点的叠合出现在彩色印刷品的暗调部分。黄、品、青、黑各块印版的暗调部位网点覆盖率都比较大，网点密集，所以印刷品暗调部分的网点大都处于叠合状态。

当品红的网点叠合在黄网点上时，白光先照射到品红网点上，白光中的绿光被吸收，红光、蓝光投射到黄网点上，蓝光被黄网点吸收。所以透过品红网点照射到白纸，再从纸面上反射回来的只有红光（人眼见到的红色）。依据同样的道理，可以知道其他网点叠合时的呈色情况。

网点叠合再现颜色的方式受到油墨透明度的影响，透明度低的油墨呈色效果最强，因此，完全不透明的油墨一般作为第一色印刷。

2.8 光与色

不同的光展现出不同的色彩效果

光是使人们感觉所有物体形态和颜色的唯一物质。

色是由物体的化学结构所决定的一种光学特性，是光作用于人眼引起的除形象以外的视觉特性，有了视觉器官，必须在光的作用下，人们才能感受到颜色，这也就是人们常说的有光才有色。

下面介绍通过调整命令改变照片的色调，并了解光与色在不同的调整状态下呈现出的不同效果。

1. 调整色彩平衡

执行【图像】→【调整】→【色彩平衡】命令，弹出“色彩平衡”对话框，如图 2-46 所示。

Tips

设置 CMYK 颜色的数值时，要以 10% 为一个单位。不是说不能以 1% 为一个单位进行递增递减，而是在实际印刷的时候这么小的变化幅度在印刷效果上是表现不出来的。另外，如果设置的数值过于琐碎，出现的错误的可能性比较高。

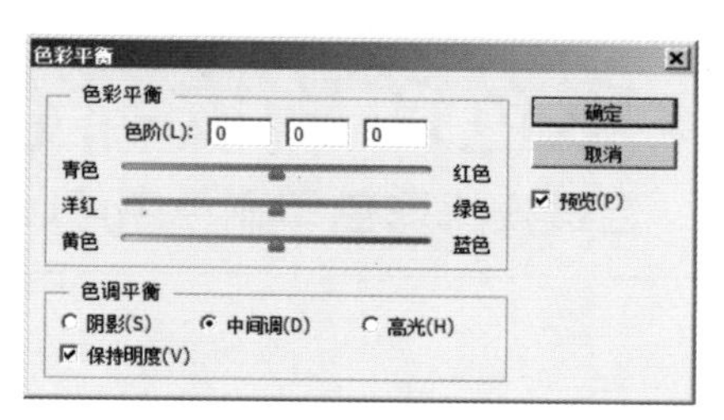

图 2-46

色彩平衡主要是平衡图像中的补色。使用色彩平衡时，一定要确保图像处于复合通道中，然后选择所要更改的色调范围，同时选中“保持亮度”复选框，防止图像的亮度值随颜色的改变而改变，如图 2-47、图 2-48、图 2-49 所示。

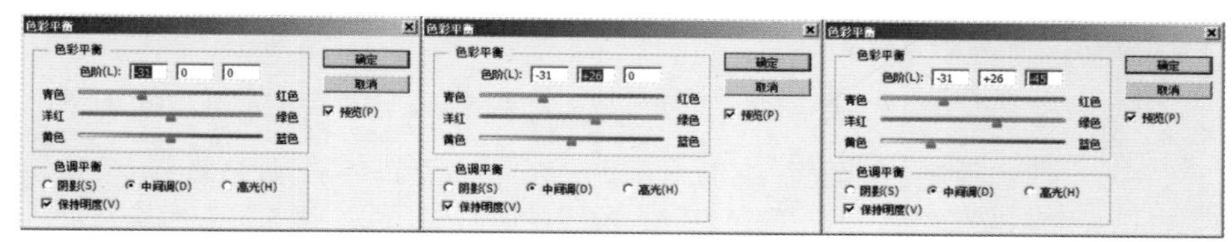

图 2-47　　图 2-48　　图 2-49

2. 变化调整

用该命令调整颜色时不够细腻，一般用于不需要精确调整颜色时采用的命令。可以调整“暗调”“中间调”“饱和度”。但该命令不可以用于调整索引颜色的图像，如图 2-50 所示。

注释：拖动“精细与粗糙”滑块可以确定每次调整的值。移动滑块一格相当于双倍调整图像对应的选项效果。每次单击其中某个缩览图时，其他缩览图都会出现相应变化。

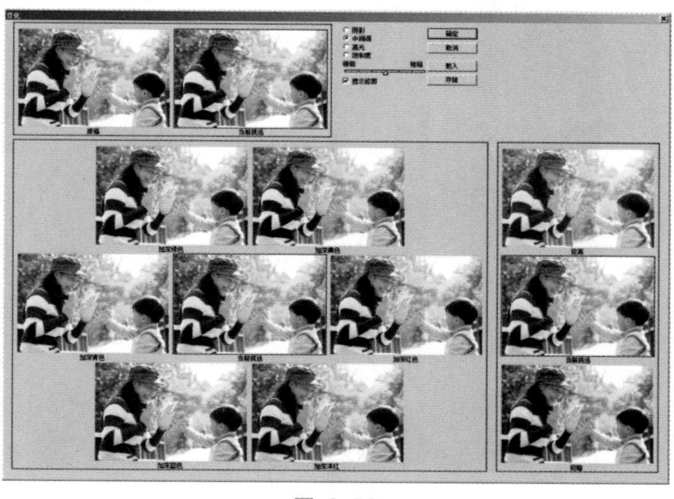

图 2-50

2.9 彩色印刷安排色序的方法

合理安排彩色印刷色序可以达到最好的颜色效果

（1）根据画面的色调安排印色顺序。由于油墨具有遮盖性的原因，一般以暖调为主的先印黑、青，后印品红、黄；以冷色为主的先印品红，后印青色。画面气氛需要加强的颜色，可以放在最后印。

（2）按油墨的透明度来安排色序。透明度好的油墨，两色相叠印后，下面墨层的色光能透过上面的墨层，达到较好的间色混合，显示出正确的新色彩。一般来讲，透明度差的油墨先印，透明度好的油墨后印。

（3）从利于套印来安排色序。由于纸张变形收缩的缺陷，把套印要求比较高的印刷品的主要色彩安排在相邻的两个色组印刷，大面积地实地安排后印；粘度大的油墨先印，黏度小的油墨后印。

（4）考虑纸张性质安排色序。质量差的纸张，其白度和平滑度低，纤维松散，吸墨性差，易掉粉掉毛，可以先印黄墨打底，以弥补其缺陷。夜间印刷时，明度低的弱色墨不宜安排在第一色印刷。

（5）考虑制版等工序因素。在印刷时相邻两组的网线角度相差至少 30，有利于防止色偏和龟纹等弊病。

（6）根据成本考虑色序排列。便宜的黑、青墨先印，价格高的品红、黄墨后印。

注释：冷色调为主的画面，如江湖风光，以黑一品红一青一黄为色序，安排黑色先印，用来勾勒轮廓，便于各色套印；透明黄最后印，可以用来调整整个画面的明亮度，形成光泽鲜亮的效果，如下图所示。

暖色调为主的画面，采用黑一青一品红一黄色序，透明度差的油墨先印，不会遮盖其他颜色，品红、黄后印，使画面色彩丰富，效果逼真。安排印刷色序既要考虑技术因素，也不能忽视艺术的需要，如图 2-51 所示。

图 2-51

第 3 章

数字图形图像处理基础

“数字”在如今的印刷行业是使用频率比较高的一个词。的确，伴随着计算机的诞生及各种软硬件功能的不断升级，印刷领域的许多作业形式逐渐被数字化的作业生产所替代。如今，文件的准备与数据的复制都是在计算机中完成。只是在应用上有所不同。数字化可应用的范围主要包括设计、照相、分色、拼版、制版、印刷、装订等。在本书中，读者能够系统化地接触数字化的印刷和设计作业，尤其是在印前读者处理的技巧上更有详细论述。

3.1 像素

位图图像的基本单位

在平面软件 Photoshop 和 Painter 中经常会和“像素”打交道。像素就是位图图像的基本单位，它是一个个有颜色的小方块。计算机中的位图图像就是由许多像素以行和列的方式排列而成的，像素都有一个明确的位置和颜色值，即这些小方块的颜色和位置决定了一幅图像所呈现出来的状态。如果一个图像文件所包含的像素越多，则该文件所含的信息也越多，文件就越大，图像的颜色和清晰度等品质也就越好。

在图 3-1 中，将图中红圈内的图像放大 1600 倍，可以看到很多小方块，而且在不同的颜色区域之间（图中黄色和灰色背景的交界线处），像素的分布并不是只有黄色和灰色，中间还有一 个过渡的部分，如图 3-2 所示。

一般说来设计像素在 300 就够了，实际上在印刷的时候，300 像素出来的印刷品，文字可能会有毛边，所以印刷最好是像素设定在 350 像素以上，或者使用 CDR 等矢量软件做文件排版，这样文字印刷出来就不会有毛边。

图 3-1

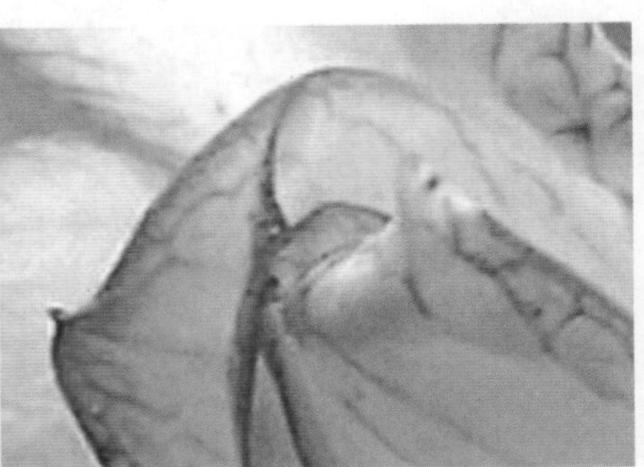

图 3-2

3.2 色深度

用来表示颜色信息的多少

色深度（Color Depth）又叫位深度（Bit Depth），色深度越多表示颜色信息也越多，如每个像素的色深度为 1 位，则只有两种颜色，非黑即白。若每个像素为 8 位， 则有 2^8=256 种可能出现的颜色。每个像素色深度为 24 位，则具有 2^{24}=16 777 216 种可能出现的颜色。如果图像为 RGB 颜色模式，每通道为 8 位，则共有 3X8=24 位色深度；如果色彩模式为 C、M、Y、K， 每通道为 8 位，则有 4 X 8=32 位色深度。

3.3 分辨率

用于度量位图图像内数据量多少的一个参数

分辨率通常表示成 PPi 每英寸像素数 Pixel Perinch 和 dpi（每英寸点数）。它包含的数据越多，图形文件就越大，也更能表现丰富的细节。但越大的文件，也需要耗用越多的计算机资源，占用更多的内存和更大的硬盘空间等等。另一方面假如图像包含的数据不够充分（图形分辨率较低）图像就会显得相当粗糙，特别是把图像放大为较大尺寸观看的时候，就更为明显。所以在图片创建期间，必须根据图像最终的用途选择合适的分辨率。这里的技巧是要首先保证图像包含足够多的数据，能满足最终输出的需要，同时也要尽量少占用一些计算机的资源，通常“分辨率”被表示成每一个方向上的像素数量，比如 640X480 等。而在纵向与横向像素密度相等的情况下，它也可以表示成“每英寸像素”（PPi）。PPi 和 dpi（每英寸点数）经常会出现混用现象。从技术角度说“像素”（P）只存在于计算机屏幕显示领域，而“点”（d）只出现于打印或印刷画面领域，请注意分辨。

分辨率和图像的像素有直接的关系，一张分辨率为 640X480 的图片，其分辨率可达到 307 200 像素，也就是 30 万像素，而一张分辨率为 1600X1200 的图片，它的分辨率就是 200 万像素。这样，我们就知道，分辨率的两个数字表示的是图片在单位长度和宽度上拥有的点数。下面来详细讲解分辨率的类型。

3.3.1 图像分辨率

图像分辨率指图像中每单位面积所含的点 (dots) 或像素的多少，如 1 英寸 x1 英寸，且分辨率为 96dpi 的图像包含有 9216 个像素（96 像素 / 英寸（宽）X 96 像素 / 英寸（高）=9216 像素 / 英寸^2。

图像的尺寸、图像的分辨率和图像文件的大小 3 者之间有着密切的关系。图像的尺寸越大，图像的分辨率越高，图像文件也越大。如图 3-3 和图 3-4 所示，将图像都放大相同的比例，会发现分辨率越高的图像越清晰。

图 3-3

图 3-4

3.3.2 显示器分辨率

我们通常看到的 CRT 显示器分辨率都是以两数的乘积形式表示的，比如 1024 X768，其中 1024 和 768 分别表示屏幕上水平方向和垂直方向显示的点数。显示器的分辨率就是指单位长宽的画面由多少像素构成，数值越大，图像也就越清晰。显示器的分辨率与显示区域的大小、显像管点距（屏幕上两个相邻同色荧光点之间的距离）、视频带宽等因素有关，可以通过 ppi 或 dpi 值显示区域的宽或高 / 点距。

PC 显示器的常用分辨率约为 96dpi，MAC 显示器的常用分辨率为 72dpi。理解显示器分辨率的概念有助于理解屏幕上图像的显示大小与其打印尺寸不同的原因。

在 Photoshop 中，图像像素可以被直接转换成显示器像素，当图像分辨率高于显示器分辨率时， 图像在屏幕上的显示要比实际尺寸大。例如，当分辨率为 72dpi 的图像在 72dpi 显示器上显示时，其显示范围为 1 英寸 X 1 英寸，当图像的分辨率为 216dpi 时，其在屏幕上的显示范围将为 3 英寸 X 3 I 英寸。因为屏幕上只能显示 72 像素 / 英寸，所以需要 3 英寸才能显示 216 像素的图像。

一般按使用的介质，以及用途来确定分辨率，其实就是根据“输出”效果来确定。

比如网页用 72dpi，因为电脑显示输出基本够清晰了，而且上网的话图片太大影响显示速度。

如果是纸张上印刷，一般要 350dpi，通常做到 300 也可以，这样看上去才够细腻，当然可以更高点，这个要结合制版设备和印刷设备的实际情况。

当然纸张也分好坏，像用新闻纸印刷分辨率 150dpi 左右就够了。广告牌也一样，灯片上 100dpi，灯布上 80dpi 等。

3.3.3 输出分辨率

输出分辨率通常为照排机或激光打印机等输出设备在输出图像时每英寸所产生的油墨点数 (dpi)。为了获得最佳的输出效果，应使用与打印机分辨率成正比（但不相同）的图像分辨率。大多数激光打印机的输出分辨率为 300dpi 或 600dpi。当图像分辨率为 74~150dpi，其打印效果较好 。高档照排机能够以 1200dpi 或更高精度打印，此时 150~350dpi 的图像容易获得较佳的输出效果。

3.3.4 网屏分辨率

网屏分辨率又称网屏频率，指的是打印灰度级图形或分色图像所用的网屏上每英寸的点数。这种分辨率通过每英寸的行数（LPI）来标定。

3.3.5 扫描分辨率

扫描分辨率指在扫描一幅图形之前所确定的分辨率，它将影响生成图形文件的质量和使用性能，它决定图形将以何种方式显示或打印。如果扫描图形用于 640 X 480 像素的屏幕显示，则扫描分辨率不必大于一般显示的设备分辨率，即一般不超过 120dpi。但大多数情况下，扫描图形是为以后在高分辨率的设备中输出而准备的。如果图形扫描分辨率过低，图形处理软件可能会用单个像素的色值去创造一些半色调的点，这样会导致输出的效果变差。

反之，如果扫描分辨率过高，则数字图形中会产生超过打印所需要的信息，不但减慢打印速度，而且在打印输出时，就会使图形色调的细微过渡丢失。一般情况下，应使用打印输出的网屏分辨率、 扫描和输出图形尺寸来计算正确的扫描分辨率。用输出图形的最大尺寸乘以网点分辨率再乘 以网线数比率（一般为 2 ： 1），得到该图形所需像素总数。用像素总数除以扫描图形的最大尺寸即（得到最优扫描分辨率，即图形扫描分辨率 =（输出图形最大尺寸 X 网屏分辨率 X 网线数比率）/ 扫描图形最大尺寸。

3.4 图像的尺寸
用于衡量图像打印和印刷出来的大小

前面已经讲述了图像的分辨率、图像的尺寸和图像文件的大小三者之间的密切关系，本节重点学习这三者之间到底是一个什么样的关系，以及在实际应用时涉及到的一些关于尺寸的问题。

3.4.1 调置图像尺寸

在 Photoshop 中新建文件时，我们要考虑好最终的成品及图像分辨率问题。无论文件中有多少素材和内容，成品尺寸预先要大概设置好，不同的要求、用途决定了最终成品尺寸和分辨率的不同。

在 Photoshop 中执行【文件】→【新建】命令，打开“新建”对话框，如图 3-5 所示。

“名称”栏用来区别不同的文件名，这里可以在开始的时候输入，也可以在保存文件的时候进行更改，与我们平常所用软件差不多。

图像大小参数包括以下几个方面的设置。

1. 预设

预设大小是 Photoshop 为用户设置好的一些尺寸，可以将预设尺寸列表完全展开，如图 3-6 所示。这里有很多选项，用户可以根据自己的不同需要来设置。

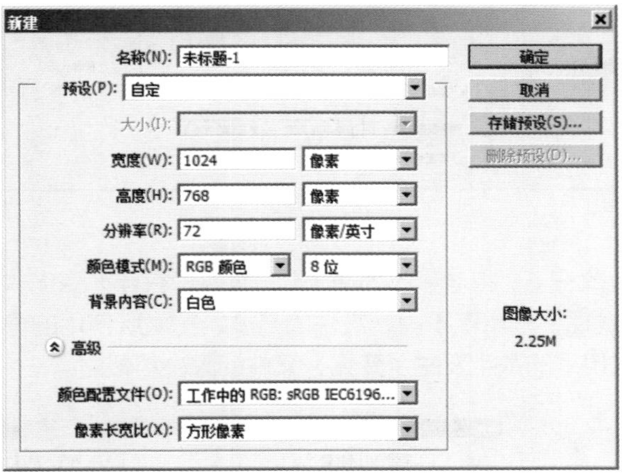

图 3-5

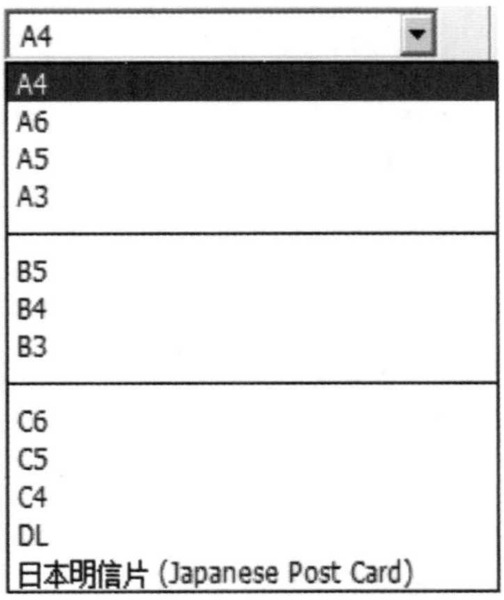

图 3-6

自定：完全不受预设大小的影响，通过自定的形式来设置需要的大小。

Letter：信纸大小，实际大小为 8.5 英寸 X 11 英寸，分辨率为 300PPi。

Tabloid：小型副报，实际大小为 11 英寸 X 17 英寸，分辨率为 300PPi。

2 X 3-8 X 10：不同规格的照片尺寸，分辨率为 300PPi。

640 X 480 -1024 X 768：不同显示屏幕范围区域的大小，常运用于网页、视频，分辨率为 72ppi。

A4-B3：分辨率均为默认的 300dpi。这是我们平常比较熟悉的尺寸，如平时买的打印机、打印纸，都是以这样的标准来进行设计的。但是这些尺寸仅仅是纸张的大小，并不符合印刷的要求。以 A4 大小为例，A4 的实际尺寸是 210mmX297mm，而印刷用大度 16 开净尺寸一般为 210mmX285mm， 含出血边的尺寸为 216mm X 291mm，因此实际在制作的时候，一般都是用自定义的尺寸，而很少用 Photoshop 预设尺寸。

2.高度、宽度、分辨率

高度、宽度，顾名思义即实际需要的画面尺寸，单位可以用像素、英寸、厘米、毫米、点、派卡、列来表示。

像素的概念在前面已经介绍了，文件以多少像素为单位量，图像文件占用磁盘空间的大小（兆数）是不会因为分辨率的变化而改变的，除非我们要重新设置图像的尺寸（将在下一小节讲解）。来看一个例子，打开“新建”对话框，如图 3-7 所示，这里宽度为 800 个像素点，高度为 600 个像素点，分辨率为 72dpi，色彩模式为 RGB，图像大小为 1.37MB。

现在将分辨率改为 300dpi，可以发现宽度、高度及文件大小不会发生任何变化，如图 3-8 所示。

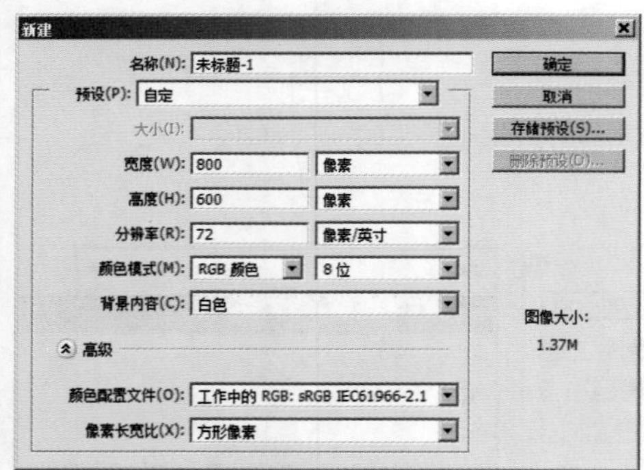

图 3-7

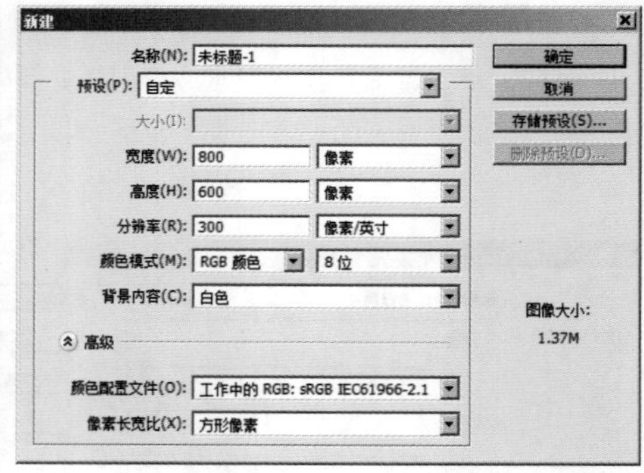

图 3-8

如果我们将设置中所用的单位改一下，将像素改为厘米，看看有没有什么变化，如图 3-9 和图 3-10 所示。可以发现，分辨率不同，文件的高度、宽度所使用的像素点没有发生变化时，但实际表达尺寸的数字发生了变化，文件的大小却相同。

图 3-9

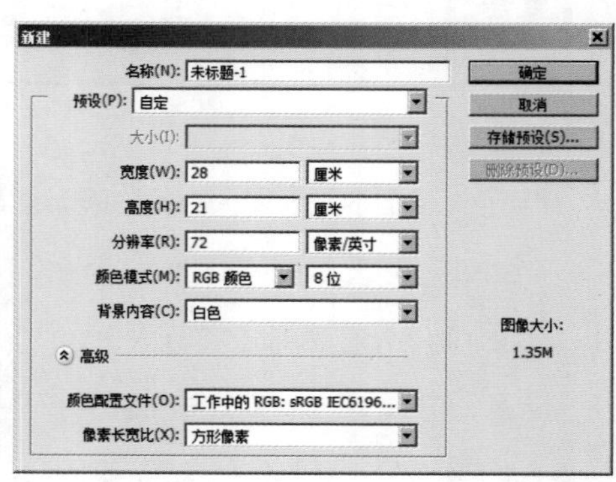

图 3-10

分辨率为 72 像素 / 英寸的时候，表示 1 英寸有 72 个点 ,1 英寸 =4.54 厘米，则每个像素点的大小为 4.54 厘米 ÷72 ≈ 0.0353 厘米 / 点，800 点 X 0.0353 厘米 / 点≈ 28.24 厘米，同样的计算方法，当分辨率为 300 像素 / 英寸的时候，像素点的大小就是 4.54 厘米 ÷300 点 ≈ 0.0085 厘米 / 点，那么 800 点 X 0.0085 厘米≈ 6.77 厘米。

所以尽管宽和高上的像素点个数相同，但因为分辨率的不同，实际的文件尺寸（打印尺寸）是不一样的。而 Photoshop 计算文件的大小是按照像素点来计算的，因此文件大小仍旧相同。

3.4.2 改变图像尺寸

Tips

不同的版心尺寸产生不同的风格。版心是指除去页面四周留白部分后，用于布置文字、图片的矩形范围。版心的尺寸是根据正文的字距与行数的多少计算出来的。

在 Photoshop 中，要改变图像的尺寸 . 可以执行【 图像 】→【 图像大小 】命令 . 也可以在当前图像文件标题栏上单击鼠标右键，在弹出的快捷菜单中选择“图像大小”命令，两种操作都会弹出图 3-11 所示的对话框。

图 3-11

在“像素大小”选项组中，其参数主要显示图像像素的尺寸。默认状态下，宽度和高度相互关联，即只要改变其中一个文本框中的数值，另外一个也会随着发生改变。

“文档大小”选项组中的参数用于显示文档大小，与像素大小不同的是，文档大小包含图像的尺寸和分辨率，故可以在此改变图像的分辨率。

默认状态下 . 在“文档大小”选项组中改变文档的宽度、高度值，“像素大小”选项组中的宽度、高度值同时得到改变。

图 3-12 为原图和“图像大小”对话框设置，在“文档大小”选项组中将“宽度”设为 14.22 厘米后，图像的高度及像素大小区域的变化如图 3-13 所示。

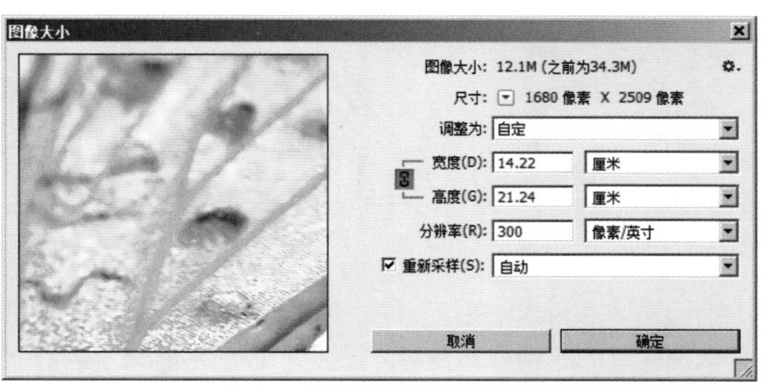

图 3-12

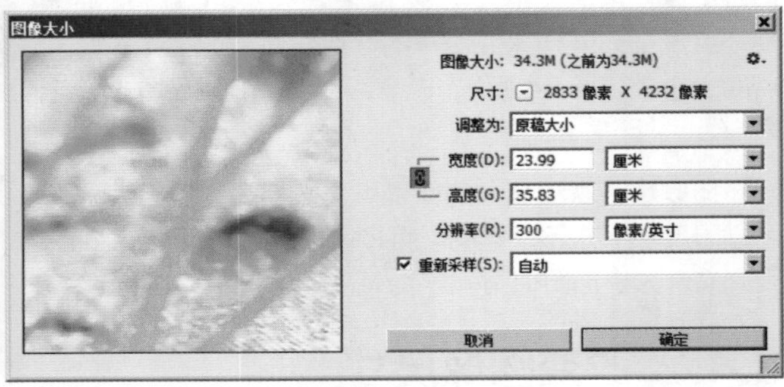

图 3-13

在对话框的下部有一个“约束比例”选项，在默认状态下是被选中的。现在将它前面的选定取消，则取消了选择约束比例。可以看到宽度及高度文本框右侧的链接符号被取消，此时改变宽度值只有对应的宽度值发生变化，改变高度值也只有对应的高度值发生变化。改变分辨率值在像素大小区域对应的宽度、高度值不会发生变化。

取消对“重定图像像素”复选项的选择，“像素大小”选项组中的数值不可改变。“文档大小”选项组中的 3 个值变为了链接状态，改变其中的一个值，其他的两个均发生改变。由于此时图像总的像素数不变，因此尽管图像的尺寸及分辨率发生了变化，但图像仍然不会发生插值。在取消“重定图像像素”复选项的选择后，将“文档大小”选项组中的“宽度”改为 71.98 时，图像的高度及“像素大小”选项组中的变化如图 3 -14 所示。

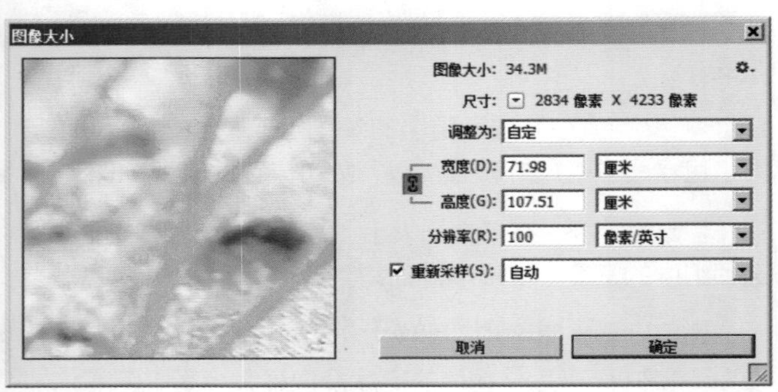

图 3-14

3.5 数字图像的种类

不同种类的图像有着不同的作用

一般情况下，数字方式记录、处理和存储的图像文件可以分两大类：位图图像(Bitmapl　mages)和矢量图像。矢量图像也称为向量图像（Vector　Graphics）。平常在实际的应用中，要对位图图像进行处理，也要绘制图形，所以这两种图像一般是交替使用的。

3.5.1 位图图像（Bitmap Images）

位图图像是由许多的点单元所组成，这些小单元就是前面讲到的像素。Photoshop 和其他绘画及图像编辑软件基本上都产生位图图像，但 Photoshop CC 版本重新定义了桌面图像处理软件的内涵，扩大了用户的创作空间。

位图图像与分辨率有关系，也就是说，如果在屏幕上以较大的倍数显示，或者以过低的分辨率打印，位图图像会出现锯齿状的边缘，丢失细节，图 3-15 所示为原图像 100%显示的状态，图 3-16 展示了分别将其放大 400%和 1 200%的显示状态。

图 3-15

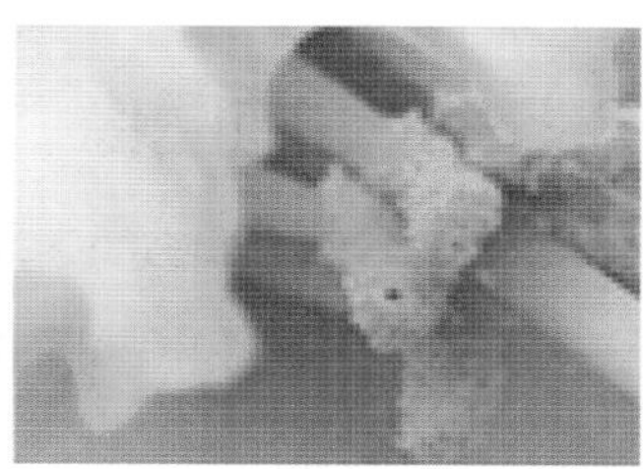

图 3-16

3.5.2 矢量图像

矢量图像是以数字的向量方式来记录图像的，属于描述性，以线段和计算公式作为记录的对象，内容以线条和色块为主。

矢量图像与分辨率无关，将它放大至任意大小，都会保持很高的清晰度，更不会出现锯齿状的边缘现象。它在任何分辨率下都可以正常显示或打印，而不会损失图像细节。因此，矢量图片在标志设计、插图设计及工程绘图上有很大的优势。图 3-17 为原始图像效果，将其放大后的效果如图 3-18 所示。

图 3-17

图 3-18

3.5.3 图像尺寸的调整

图像尺寸的调整在实际工作中有着非常重要的意义。因为不可能每个图形都是恰好适合印刷使用，有些尺寸或大或小，有些分辨率或大或小，这些与尺寸有关的内容必须搞清楚，否则在印前印中必然增添不少麻烦。

一个优秀的设计人员在设计一件作品时，第一时间要考虑的是这件作品的用途，是仅仅给客户看的小样或是用于展览，还是将来要用于印刷、喷绘、写真等，因为这些用途决定了尺寸与分辨率的正确设置。

通常新建文件的时候就能够设置文件的尺寸和分辨率。

在 Photoshop 软件中，选择【文件】→【新建】命令，弹出“新建”对话框。

（1）“名称”文本框：用于区别不同的文件名，将文件进行分类存储，便于将来查找。

（2）“预设”下拉列表框：该栏是 Photoshop 已经设置好的一些常规尺寸和自定义设置。

3.5.4 印前图像调整

1. 影响图像调节的因素

图像调节主要是调节图像的层次、色彩、清晰度和反差。

（1）层次调节就是调节图像的高调、中间调、暗调之间的关系，使图像层次清晰。

（2）色调调节主要是纠正图像的偏色，使颜色与原稿保持一致，或追求特殊设计效果对色彩的调节。

（3）清晰度调节主要是调节图像的细节，以使图像在视觉上更清晰。

（4）反差调节就是调节图像的对比度。

2. 图像调节的方法

色阶是图像阶调调节工具，它主要用于调节图像的主通道，以及各分色通道阶调层次分布，对改变图像的层次效果明显，对图像的亮调、中间调和暗调的调节有较强的功能，但不容易具体控制某一网点百分比附近的阶调变化，如图3-19、图3-20所示。

Tips

排版分栏的设置。一般情况下，文字行的长度设置上要求从行首看到行尾，所需要的视线动作越少越好。当一个文字行内的字数超过 50 个字时，由于行首到行尾的距离过远，会造成阅读完一行后不容易找到下一行行首的问题，因此，将篇幅较长的文章分成若干分栏就比较方便阅读了。

图 3-19

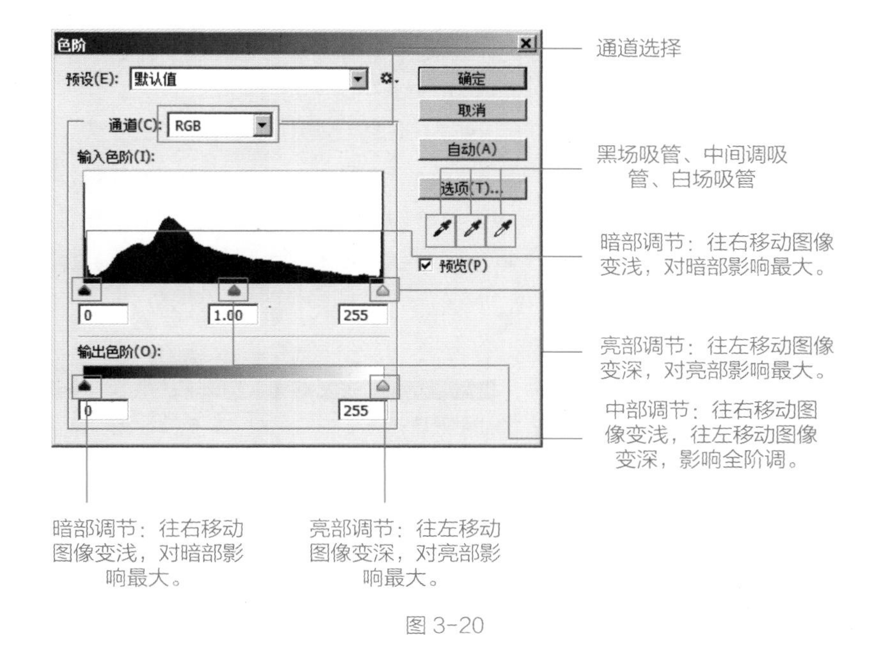

图 3-20

（1）确定图像黑、白场。图像的黑、白场是指图像中最亮和最暗的地方，通过黑、白场控制图像的深浅和阶调。确定的方法就是将“色阶”对话框中黑、白场吸管放到图像中最亮和最暗的位置。

白场的确定应该选择图像中较亮或最亮的点，如反光点、灯光、白色的物体等。白场的确定值 C、M、Y、K 的色值应在 5% 以下，以避免图像中的阶调有太大的变化，如图 3-21 所示。

图 3-21

黑场的确定应该选择图像中的黑色位置，且选择的点应该有足够的密度。正常的原稿，所选黑场点的 K 值应在 95% 左右。如果图像原稿暗部较亮，则黑场可选择较暗的点，将图像的色阶加深；如果暗调不足，则选择相对较暗的位置设置黑场。

中间调的吸管一般很少用到，因为中间调是很难确定的。对一些阶调较平的图像或很难找到亮点和黑点的图像，不一定非要确定黑、白场。

（2）通过滑块调节图像色调。通道部分的选择包含 RGB 或 CMYK 混合通道，或单一通道的色彩信息通道，色阶工具可以对图像的混合通道和单一通道的颜色与层次分别进行调节。

在“色阶”对话框中，可以看出在“输入色阶”文本框中包含色阶值输入框，其分别对应着黑色、灰色、白色三角形滑块，依次表示图像的亮调、中间调、暗调，如图 3-22 所示。

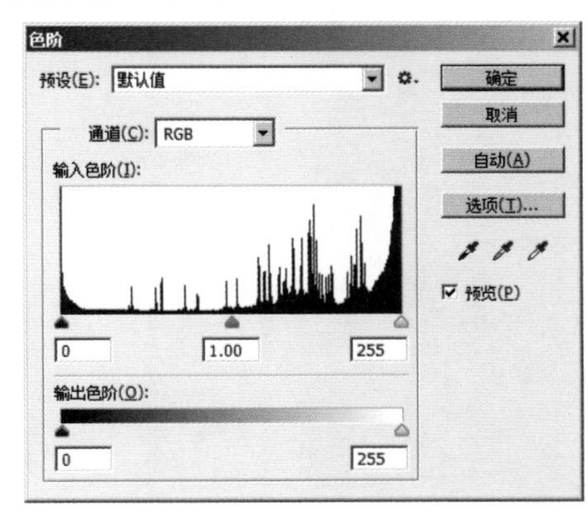

图 3-22

经过调整后，不难看出图像的暗部变得更暗，而亮部同样变得更亮。

（3）单一通道的调整。在实际应用中，色阶工具一般是对图像的明暗层次进行改变和调整。虽然具备纠正颜色的偏色功能，但其在调整过程中的效率有时并不高。

“曲线”命令与“色阶”命令类似，但曲线调节与色阶相比，曲线调节允许调整图像整个色调范围，并且其调节色调层次比色阶功能更强、更直观，调节图像偏色比色阶更方便。在选择两种工具对图像进行调节时，如果仅仅涉及高光及暗调的色调，或调整图像的黑白场时采用“色阶”命令，细致调节时使用“曲线”命令，如图 3-23 所示。

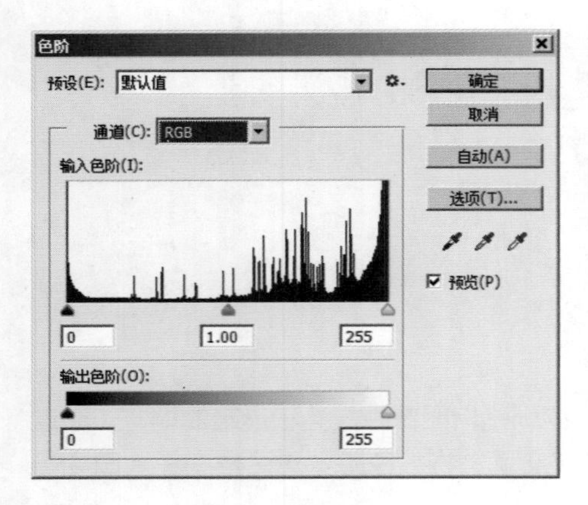

色阶 -RGB

色阶 - 红

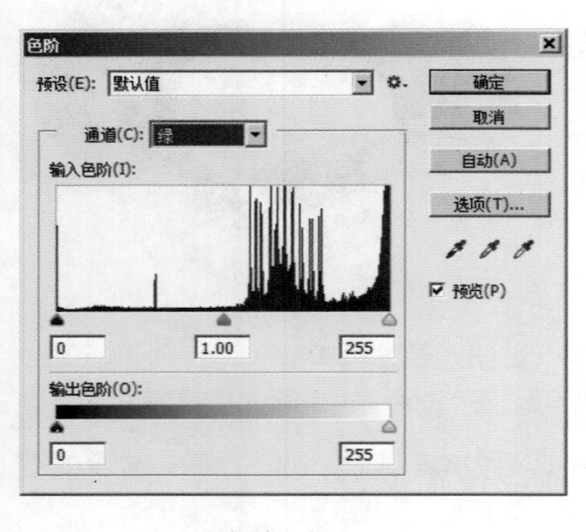

色阶 - 绿

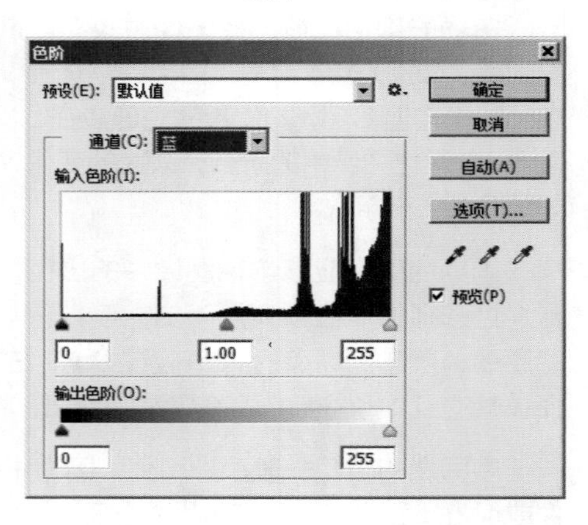

色阶 - 蓝

图 3-23

3.6 图像的文件格式

相同的图像可以用不同的文件格式进行记录

基于位图和矢量的图形图像软件在实际的应用中都会有自己支持的数字文件格式，数字文件格式有很多，这里将一些常用的数字文件格式加以具体介绍。

1. PSD(*.PSD) 格式

PSD 格式是 Adobe Photoshop 软件自带的格式，这种格式可以保存 Photoshop 中所有的图层通道、参考线、注释和颜色模式等信息。在保存图像时，若图像中有分层，则一般都会用 Photoshop（PSD）格式保存。若要将具有图层的 PSD 格式图像保存成其他格式的图像，系统会提醒用户在保存时，系统将合并图层，即合并后的图像不具备任何图层。

PSD 格式在保存时会压缩文件以减少磁盘空间的占用，但 PSD 格式所包含的图像数据信息较多（如图层、通道、剪辑路径、参考线等），因此相对其他的图像格式而言还是要大得多。因为 PSD 文件保留了所有原图像数据信息，因而修改起来较方便，这就是它的最大优点。所以，在编辑过程中，最好还是使用 PSD 格式存储文件。但是，由于大多数排版软件不支持 PSD 格式的文件，所以在图像处理完以后，还须将它转换为其他占用空间小而且存储质量好的文件格式。

Tips

不论是用横版还是竖版排版书籍，利用分栏阅读都是很有利的。不过在横开本的多页印刷品中，上下距离比左右距离要短。所以，如果是横排版面的话，分 4 段也是可以的。

2. BMP(*.BMP)

BMP 是一种 Window 或 sos2 标准的位图图像文件格式，它支持 RGB 索引颜色，灰度和位图颜色模式，但不支持 Alpha 通道。该格式还可以支持 1~24bit 的格式，其中对于 4 ~ 8bit 的图像，使用 Run Length Encoding(RLE, 运行长度编码）压缩方案，这种压缩方案不会损失数据，是一种非常稳定的图像格式。BMP 格式不支持 CMYK 模式的图像。

3. TIFF(*.TIF)

Tiff 的文件全名是 Tagged Lmaged File Flrmat（标记文件格式）。 它是一种无损压缩的格式。

Tiff 格式便于应用在程序之间进行图像数据转换。因此，它是一种应用非常广泛的图像格式，可以在许多图像软件和平台之间进行交换。Tiff 格式支持 RGNB、CMYK Lab Indexed Color（索引颜色）、Bitmap （位图）和 Grayscale（灰度）颜色模式，并且它在 RGB、CMYK 和灰度 3 种颜色模式中还支持使用通道（Channel）、图层（Layer）和路径（Path），可以将图中路径以外的部分在置入到排版软件中（如 PageMake）时变为透明。

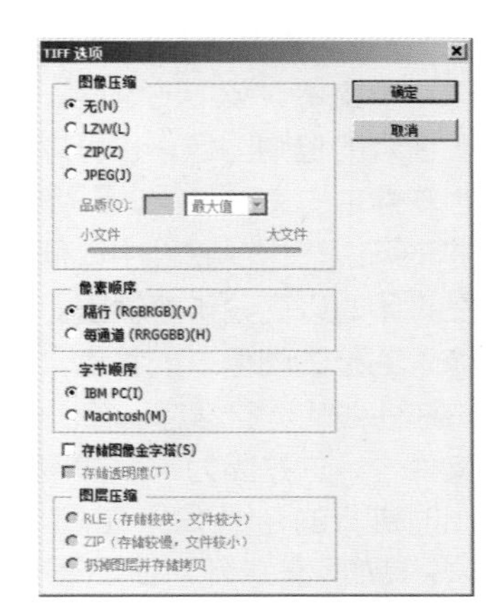

图 3-24

在 Photoshop 中另存为 Basic Tiff 文件格式时会出现一个对话框，从中可以选择 PS 机或 MAC 苹果机的格式，并且在保存时可以选择使用 LZW 方式压缩保存的图像文件，如图 3-24 所示。

须说明的是，LZW 压缩方式对图像信息没有损失，能够产生一定的压缩比，可以对文件大小进行不同程度的压缩。其压缩比例大小要视图像中像素的颜色而定。如果画面相同像素较多，则压缩率很高，如果画面颜色变化比较大，则压缩率不大。所以在图 3-25 中，可以在“图像压缩”选项组中选择 LZW、 ZIP 或 JPEG 压缩的方式，以减少文件所占的磁盘空间，但会增加打开文件和存储文件的时间。也可以在“字节顺序”选项组中选择 PS 机或 Mac 苹果机的格式。

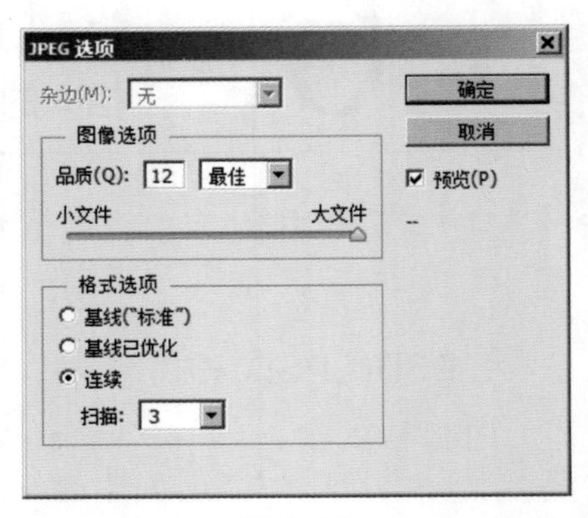

图 3-25

4. JPEG(*.JPG) 格式

JPEG 的英文全名是 Joint Photographic Expert Group（联合图像专家组），它是一种有损压缩格式。此格式的图像通常用于图像预览和一些超文本文档（HTML 文档）中。JPEG 文件格式的最大特色就是文件比较小，可以进行高倍率压缩，是目前所有格式中压缩率最高的格式之一。但是 JPEG 格式在压缩保存的过程中会以失真最小的方式丢掉一些肉眼不易觉察的数据，因而保存后的图像与原图像有差别，没有原来图像的质量好，因此印刷品最好不要用 JPEG 图像格式。

JPEG 格式支持 RGB、CMYK 和灰度颜色模式，但不支持 Alpha 通道。当一个图像另存为 JPEG 图像格式时，会启动 “JPEG 选项”对话框，从中可以选择图像的品质和压缩的比例，通常情况下选择“最大（Maximum）”选项来压缩图像，所产生的图像品质与原来没有经过压缩的差别不大，但文件会减小很多。图 3-25 为“JPEG 选项 " 对话框。

5. EPS(*.EPS) 格式

EPS 是（Encapsulated Postscript）的缩写，即封装的描述文件格式，是为在 Postscript 打印机上输出图像开发的格式。它比 TIFF 更通用，TIFF 只用于图像，而 EPS 这种文件格式既可用于图像，也可以用于文本、图形的编码。即它可以用于基于像素的位图图像，也可以用于图形类、排版软件中的矢量对象。EPS 格式的最大优点在于可以在排版软件中以低分辨率预览，而在打印时以高分辨率输出。 EPS 用于基于像素的位图图像，能够包含挂网信息和色调传递曲线的调整信息。它们一起保存在 EPS 文件中，这是因为一般加网是在后端照排输出时进行的，EPS 则在 Photoshop 中就加网。其加网信息包含在 EPS 文件之中，是一种前端加网方式。图 3-26 所示为“EPS 选项”对话框。

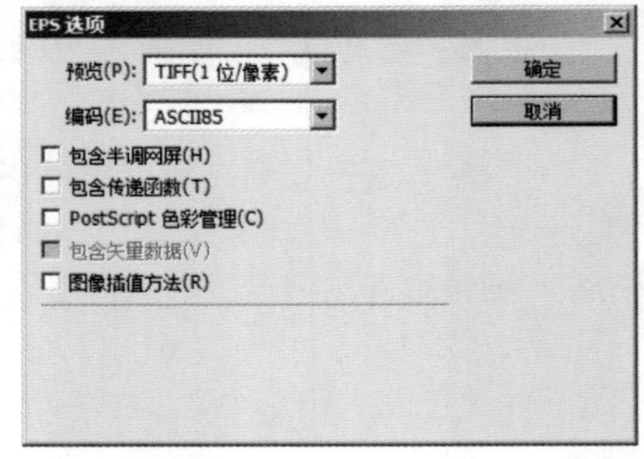

图 3-26

6. GIF(*.GIF) 格式

GIF 是 Graphics Interchange Format 的缩写。它是用 HTML 语言通过互联网显示的一种图像文件格式。GIF 通过 LZW 压缩，保证文件占有较少空间，即在网上传递用较少的时间。GIF 不支持通道，只有 RGB 和 Indexed Color 色彩模式的图像可以存储为 GIF 格式。

GIF 采用两种保存格式，一种为 CompuServe 格式，可以保存 Interlaced(交错的) 格式，让图像在网络上以由模糊逐渐转为清晰的方式显示；另外一种格式为 GIF 89a Export，除了支持 Interlaced 特性外，还可以支持透明背景及动画格式，此外，它只支持一个 Alpha 通道的图信息。

7. PCX(*.PCX) 格式

PCX 图像格式最早是 ZSOFT 公司的 Paintbrush 图形软件所支持的图像格式。PCX 格式与 BMP 一样支持 1-24Bits 的图像，并可以用 RLE 的压缩方式保存文件。PCX 还可以支持 RGB、索引颜色、灰度和位图颜色模式，但不支持 Alpha 通道。

8. Film Strip(*.FLM)

该格式的扩展名为 FLM, 它是 Adobe Premiere 动画软件使用的格式，这种格式的图像可以在 Photoshop 中打开、修改并保存。但若在 Photoshop 中更改了 FLM1 格式图像的尺寸和分辨率，则该保存后的图像就不能够重新插入到 Adobe Premiere 软件中了。

9. PICT(*.PIC) 格式

PICT 文件格式的特点是能够对具有大块相同颜色的图像进行非常有效的压缩。将一个 RGB 颜色模式的图像保存为 PICT 格式的图像时，屏幕上会弹出对话框，提示选择 16Bits 或是 32Bits 分辨率保存图像。如果选择 32Bits，则包含的图像文件中可以包含通道。PICT 格式支持 RGB、索引颜色、灰度和位图颜色模式，其中在 RGB 模式下还支持 Alpha 通道。

10. PNG(*.PNG) 格式

PNG 是由 Netscape 公司开发出来的格式，可以用于网络图像，与 GIF 图像不同的是，它可以保存 24Bits 的真彩色图像，并且具有支持透明背景和消除锯齿边缘的功能，可以在不失真的情况下压缩保存图像。但由于并不是所有的浏览器都支持 PNG 格式，所以该格式在网页中的使用要远比 GIF 和 JPEG 格式少得多。相信在不久的将来，随着网络的发展和因特网传输速度的改善，PNG 格式将是网页中使用的一种标准的图像格式。

PNG 格式文件在 RGB 和灰度模式下支持 Alpha 通道，但在索引颜色和位图模式下不支持 Alpha 通道。在保存 PNG 格式的图像时，屏幕上会弹出对话框，如果在对话框中选中 Interlaced9(交错的) 按钮，那么在浏览器中看该图片时，图片就会以由模糊逐渐转为清晰的效果进行显示。

11. PDF(*.PDF) 格式

PDF 是由 Adobe 公司开发的，用于 Windows、Mac OS 、Unix 和 DOS 系统的一种电子出版软件的文档格式，适用于不同的平台。该格式基于 PostScript

Leve12 语言，因此可以覆盖矢量图像和位图图像，并且支持超链接。

PDF 文件是由 Adobe Acrobat 软件生成的文件格式，该格式文件可以存储多页信息，其中包含图像和文件的查找和导航功能。因此使用该软件无需排版或使用图像软件，即可获得图文混排的版面。由于该格式支持超文本链接，因此是网络下载经常使用的文件格式。PDF 格式除支持 RGB、Lab、CMYK、索引颜色、灰度、位图颜色模式外，还支持通道、图层等数据信息。

PDF 文件的独特结构使其在印前领域对文字、图形、图像等的描述与处理表现出众多的优越性，它已成为可进行电子传输并在远距离阅读或打印的排版文件标准，其主要特性如下所述。

（1）设备无关性：PDF 文件格式以向量方式描述页面中的元素。它定义了多种坐标系统，并通过当前变换矩阵完成从用户空间到设备空间的转换，从而使得 PDF 文件独立于各种设备，适应不同条件的用户要求。

（2）可压缩性：① PDF 支持不同标准的压缩过滤器 JPG、LZW、CCITT 等，这使 PS 文件转为 PDF 文件时，文件长度明显缩小。

（3）字体独立性：在进行文件交换时，尤其是跨平台的文件转换时，字体的管理一直是印前处理中的难点问题。如在 Mac 机上某种软件中生成的排版文件，如需在 PC 机上正确读出，且要保证 PC 机上的显示效果与 MAC 机上一致，则在 PC 机的操作系统上必须装有该排版文件中所用到的相同字体。通常的做法是将所缺的文字进行替换，这样便会造成所替换字体与原字体的字符特征不同而导致的不可预见的或不希望出现的结果。目前解决此问题的方法之一是将所用字体包含在所用的文件中，但会增加文件的大小。另一种方法是将每页文件转换为固定分辨率的图像，但是采用这种方法处理，即使经过压缩，文件依然庞大。此外，因为所有文字均变换为图像信息，必然给图像的管理带来极大的困难，更不利于文件的查找和修改。

（4）文件独立性：PDF 文件中运用先生成 PDF 文件的对象，再在文件尾部生成有关此文件的总体描述信息方式，来实现对单向通过性的支持。这样便能在文件的最后设置如文件大小、文件总页数等信息。单向通过性有效提高了处理 PDF 文件的效率。

（5）页面独立性：普通的 PS 文件、文档页面的查找必须从文件的起始处开始。但 PDF 不同，每个 PDF 文件都包含有交叉引用表，能用来直接获取页面或其他对象，从而使得对任一页面的获取与文档的总页数和位置无关。

（6）增量更新：PDF 文件具有可进行增量更新的文件结构，需要更新时只要将所做更改项附在文件后面，而无需重写整个文件，使文件更新速度大大提高，尤其有利于大文件的印前作业。此外，文件更新还保留文件的历史记录，能随时取消所做的修改，使印前作业过程更加简便。

（7）平台中立：通过相关软件的支持，用户可以在 Mac OS、Windows、Unix 环境下方便地建立或打开 PDF 文件，同一 PDF 可以在多种操作系统进行交互操作。正如用户所期望，PDF 已成为独立于各种软件、硬件及操作系统之上的，便于用户交换与浏览的印前电子文件格式。

Photoshop 可以打开由 Photoshop 存储的 PDF 格式文件，但对其他软件生成存储的 PDF 格式文件不一定能打开。

以上是典型的电脑设计软件 Photoshop 中用到的文件格式，Photoshop 共支持 20 多种格式的图像文件，并可对不同格式的图像进行编辑和保存，也可以根据需要将其另存为其他格式的图像。Photoshop 不但可以导入，同时还可以导出多种图像格式。因此，我们可以根据工作环境的不同选用相应的图像文件格式，以便获得最理想的效果。

下面还有两种用得较多的针对矢量图像的文件格式，也做一些介绍。

12. SVG(*.SVG) 格式

SVG 是可缩放的矢量图形格式。它是一种开放标准的矢量图形语言，可任意放大图形显示，边缘异常清晰，文字在 SVG 图像中保留可编辑和可搜寻的状态，没有字体的限制，生成的文件很小，下载很快，十分适用于设计高分辨率的 Web 图形页面。

13. CDR (*.CDR) 格式

CDR 格式是著名绘图软件 CorelDRAW 的专用图形文件格式。由于 CorelDRAW 是矢量图形绘制 软件，所以 CDR 可以记录文件的属性、位置和分页等。但它在兼容度上比较差，所有 CorelDRAW 应用程序中均能够使用，但其他图像编辑软件打不开此类文件。

14. DCS (*.DCS) 格式

DCS 的全名是“Desktop Color Separation ”，属于 EPS 格式的一种扩展，在 Photoshop 中文件可以存储为这种格式。图像文件存储为这种格式后，将有 5 个文件出现，包括有 CMYK 各版以及用于预览的 72dpi 图像文件，即 Master File。

这种格式最大的优点是输出比较快，因为图像文件已经分成四色的文件，在输出分色菲林时，图像输出时间最高可缩短 75%，所以适用于大图像的分色输出。

DCS 的另一个优点是制作速度比较快，其实 DCS 是 OPI (Open Prepress Interface) 工作流程概念的一个重要部分，OPI 是指制作时会置入低分辨率的图像，到输出时才连接高分辨率的图像，这样便可以使制作的速度加快，这种流程工作概念尤其适合一些图像较多的书刊或大尺寸的包装盒的制作，所以 DCS 格式也只是与 OPI 概念相似，将低分辨率图像置入文档，到输出时，输出设备便会连接高分辨率图像。

其实所有的常用软件都支持 DCS 格式。由于 5 个文件才合成一个图像，所以要注意 5 个文件的名称一定要一致，只是在原名称之后加 C、M、R、K 标记，而不能改动任何一个名称。

3.7 不同格式文件的交流

为达到不同的目的要对图像的格式进行转换

在上一节介绍了常见的印前处理的文件格式，知道各种格式都有自己特别的用途和所对应的软件，并不是任何格式都可以用于所有的软件。并且，随着科学的不断发展和技术进步，专业出版的软件越来越多，其功能也日趋多样化，为了能够充分发挥软件的功能，提高工作效率，经常需要综合利用不同的软件来完成一项任务。例如：Photoshop 图像处理功能很强大，但在文字页面处理方面就不如 Word 和 InDesign；Illustrator 能够完成复杂路径图形的处理，但它的排版功能就不及 InDesign。当面对各种各样的文件格式时，怎样有效地在不同的格式之间进行转换呢？其实，要做到这一点是不难的。

Tips

铅笔或钢笔手绘的文字或线条，如果用 Photoshop 调整为灰度或双色调的色彩模式后保存起来，就可以在排版软件中改变颜色了。也就是说，无需在原图上添加颜色，仅通过排版软件便可以改变该图像的颜色。

3.7.1 文件格式的跨平台转换

由于电脑设计系统采用的是开放式的结构，依据设计的实际情况对设备的选择也会有所不同。

有的人喜欢用 PC 机操作，有的人却喜欢用 Mac 机。因此在工作过程中往往会遇到须在 Mac 平台和 PC 平台之间进行交换的情况，或者有时客户送来的电子文件并不是自己所用系统的软件制作的文件等。所以，需要对文件进行跨平台的交换。

（1）一般情况下，特定图形、排版格式文件要传递和转换的方法会有所不同。要注意的是 Mac 上保留的文件一般没有扩展名，而 PC 机上的文件一般都有扩展名，所以在 Mac 机上的文件要转换到 PC 机上时，要把所有格式的扩展名加上，以便 PC 机能够正确阅读。

（2）PC 机上的文件名字符要求较严格，一般字符不能太长，在 Mac 机上为 PC 机做准备时，应把文件名控制在 8 个字符以内，而且名字字符之间不要有空格及“”符号。

（3）另外，如果 Mac 机上名字取为中文时，应把中文名换为英文字符为佳。

以上情况如果在 Mac 机上没有先做好，则应该在 PC 机上更名，否则软件会打不开相应的文件。

3.7.2 文字和符号的交流

两个平台之间文字交流最好用纯文本格式。InDesign 可输出多种格式文本，但到另一个软件之后，并不一定能完全生成相同的排版格式，而且由于 Mac 和 PC 字体的差异，还要重新确定字体，进行替换。为了避免文字格式、位置段落的变动，最好用纯文本进行交流。这样虽然排版格式被完全打乱，要重新排版，但是文字不会出错。另外，InDesign 文件可以直接在 PC 机和 Mac 机之间进行交流，即 PC 机上的 InDesign 文件可以在 Mac 上直接打开；Mac 机上的 InDesign 也可以在 PC 机上直接打开。

3.7.3 图形图像文件的交流

一般来说，为方便数据交换的需要，用户只要了解几种最常用的格式即可。对于任何一种图形图像软件，File（文件）菜单中的 Save As（另存为）选项都是常见的文件格式转换命令；此外，在软件 Paint Shop 中，File 选项的 Batch Conversion（批量转换）也是一个非常有实际用途的文件格式转换命令。

在 Photoshop 中，打开一个扩展名为 .tif 格式的文件，执行【文件】→【存储为】命令，可将它转换为扩展名为 LPG 的文件格式，很方便地解决图形文件格式转换的问题，如图 3-27 所示。

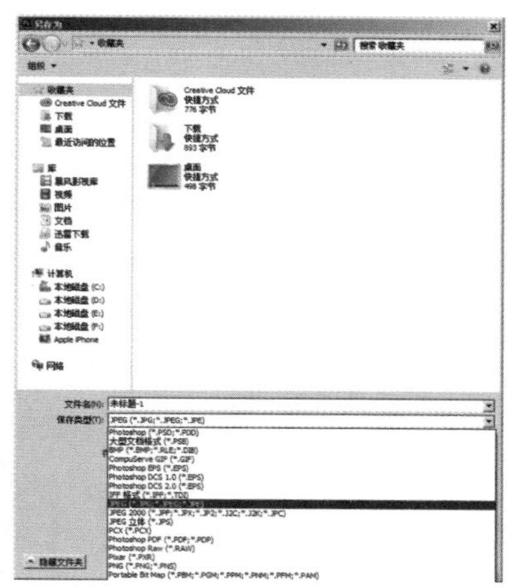

图 3-27

观察不同软件的文件管理系统，可以发现，几乎所有的图形图像处理软件都支持 EPS 格式。

Photoshop 可以把图像文件直接存储为格式，可以把路径图形输出为 Illustrator 的 *.AI 格式，再通过 Illustrator 的进一步加工，生成矢量化的 EPS 图形；Illustrator、CorelDRAW 可以把页面文件直接存储为 EPS 格式的文件；InDesign CS 可以置入文件，也可以输出矢量化的 EPS 格式。因此，用户可以把格式作为不同软件间沟通的桥梁，用它来传递或转换页面文件。

以上的方法是比较普遍性的方法，同时也是我们在进行文字、图形图像文件处理时要注重的地方。

除了在文字、图形图像软件中进行文件格式的转换外，现在出现的格式转换软件也可以很灵活地实现各种格式的转换。只要能够合理选择，灵活使用，一定能提高工作效率。

3.8 数字文件的获取

获取数字图像可以采用很多种方法

各种印刷品的图像原稿，例如水墨画、水彩画、素描、建筑外观、油画、插画、商品设计图等，因为作品面积太大，远远超过普通扫描仪所能扫描的范围。出版用的高阶扫描仪，是以滚筒扫描仪为主流的，而滚筒扫描仪以透射原稿表现最佳。所以，水墨画、水彩画、素描、油画、插画、建筑外观等原稿，都必须反拍成彩色正片或黑白底片。若是小面积的图像原稿，当然直接扫描是数字化的最好方式了。我们将要数字化的原稿分类如下所述。

3.8.1 文字

客户提供的文字原稿可能是已经在电脑上录入并存盘的。这样就比较简单，可以直接使用。但是有的文字原稿可能是手写的，或是打印的，这样就要将其转为数字信息数据。

对于文字手稿，一种方法是在接到客户提供的稿件以后，印刷设计制作人员通过键盘将其录入到电脑中。现在一般文字输入常用软件之一是微软公司的 Word，使用这个软件收集并存储到数据载体上的文字信息可以毫无问题地在印刷企业内继续加工处理。通行的文字处理软件有 Word Perfect Macintosh Word。软件 TEX 特别适宜对科技论文的公式和特殊符号的排版。

在连续的文字手稿中，应加入与文字版式相关的排版指令，标示出标题和段落；如果有图片插入文字，则给定其位置；以及所要求新页面的起始点（必要时，对从右向左排版进行标注）。

另一种方法就是光学字符识别（OCR:OPtical Character Recognition 光学字符识别）输入，借助 于 OCR 技术，可以将印刷或打字机文字转换成编码形式传送，以此方便地进行文字处理。在首先进行的“成像过程”中，纸页文档通过光电扫描系统采集成位图图像。在随后的OCR过程中打印文字的位图图像被转换成文字编码，成为计算机可读的文字信息。

3.8.2 反射稿

反射稿指不透光的稿件，通常有以下几种类型。

（1）彩色照片：当使用彩色照片作原稿时，宜选用色彩鲜艳、层次丰富的光面相纸，若是照片颜色太平淡、色调偏差、焦距失真，或是用雾面相纸所冲洗的照片，将不利于色彩的重现，然后将彩色照片进行扫描进行数字化，再进行一系列的设计和排版等操作。

（2）黑白照片：当使用的原稿为黑白照片时，宜选用颜色分明、色调层次丰富的光面相片，若是照片呈灰黑色调时则不宜采用。若是使用彩色照片扫描成灰阶图像，也是很可取的方法。同样是通过扫描来获取黑白照片的数字化文件信息，图 3-28 为两种典型的反射稿。

图 3-28

当同一个图像需要用多个颜色表示出来的时候，用 Photoshop 调整色彩模式，无需预备多个颜色图像，这样做可以减少文件容量。

（3）半色调印刷图片：若无法使用图像原稿、彩色照片、黑白照片等原稿的话，有时也只好勉强使用已经印成印刷品的图片。注意此类图像千万不要放大，否则会使图像模糊、有杂点，而且网点颗粒也会很明显。此类图片在扫描时，可略微缩小处理，所得效果较佳。而通过电脑影像处理软件，能将印刷图片原稿的网点进行柔化，可提高复制效果。

（4）画作原稿：当使用国画、水彩画、素描、油画、插画等原稿时，若是作品面积太大，无法上机分色或扫描分色，就必须反拍成投射稿。

3.8.3 透射稿

前面讲过面积太大的作品，由于不易在电分机上或扫描仪上直接分色，就必须翻拍成透射稿。 还有一些立体作品，例如产品包装设计、珠宝饰物、家电产品、工艺制品、文物礼品和服饰等，最好先将作品拍摄成彩色正片或负片。一般强调彩色正片最好，为什么呢？我们还是要首先把彩色正片和负片的区别弄清楚。

正片：彩色正片也称为彩色反转片或幻灯片。可以用幻灯机直接投射到屏幕上或在观片灯箱上观赏，也可以直接冲洗照片。正常规格有 135 毫米、120 毫米、4 英寸 X5 英寸、8 英寸 X10 英寸几种。彩色正片是最佳印刷原稿，经由滚筒式扫描机可达到 95% 以上的色彩重现。为了使印刷成品的色彩浓度较高些，在拍摄时可以使曝光量适当降低于正常值；若主体的色调较暗时，则应选择正常的曝光正片。

负片：彩色负片是提供印放彩色照片用的感光片。在拍摄并经过冲洗之后，可获得明暗与被拍摄物相反，色彩与被摄体互为补色的带有橙色色罩的彩色底片。平时扫描的照片一般都是经过负片冲洗出来的。而有不少非专业人士用傻瓜照相机来拍摄，这就给实际工作带来不少麻烦，包括颜色偏差、图片质量和层次不好等问题，所以若希望拍摄的图片最终能在印刷品上完美地表现， 最好请专业的摄影师用专业的照相设备（必要的时候还要有摄影棚和辅助设备）来拍摄。负片规格一般为 120 毫米和 135 毫米等。

彩色负片的英文品牌的字尾是 Color（色彩），而正片的字尾是 Chrome（克罗姆），在英文标示的胶片盒上，可以根据以上两个字尾来区别正片和负片，正片和负片的效果如图 3-29 所示。

图 3-29

将透射稿扫描分色完成，即成数码影像，通过电脑影像处理软件，能够对数码影像做更多的效果处理，例如清晰度、亮度与对比度、色彩平衡与色调分离等，以补充摄影不足的地方。

3.8.4 光盘图库

光盘图库大致有两种，一种为向量图库，多半作为插图使用；一种是摄影图库，这一类影像的应用范围较广，可作为背景底纹、插图等使用。

摄影图库的种类很多，平面设计中最常用到的是材质图库与风景图库。材质图库分为石材、金属、纸布花纹、天空云彩、油彩、水火光、花朵等；风景图库又分为城市风光、名胜古迹、名山大川、自然风光等。

向量图库的种类也很多，平面设计中最常用到的是漫画、插图百科、造型图案等。

光盘图库的优点是可以重复使用，而不必另外付费，和早期出租正片公司比较起来是很划算的。市面上可以买到很多种类的光盘图库，从影像的拍摄、分色到光盘图片的制作都有严格的监控，可直接应用于印前作业，而向量图像图库一般不会有品质问题，只是图像美观的程度不同而已。

我们在选购光盘图库时，还是要注意一些问题，才能更好地做到物有所用。

（1）先从光盘图库的目录上选择合适的题材。

（2）最好可以在电脑上试看一下光盘图库的内容。

（3）查看图像的分辨率以及图像的尺寸大小。

假如图像的分辨率达到 300dpi, 但图像的尺寸却太小，则图像在放大的倍率上就会有所限制。 标准的高分辨率图像，分辨率应该是 300dpi ，图像的尺寸最少要有 A5 大小。图 3-30 为打开位图图库和矢量图库的画面。

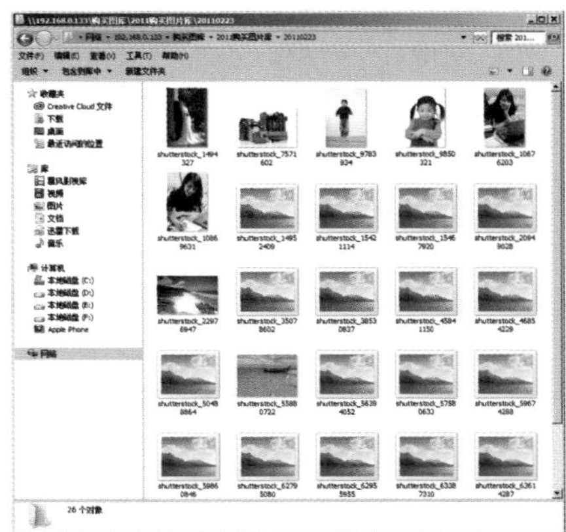

图 3-30

长久以来，人们使用底片捕捉镜头下的影像，留下了一幅幅精美的摄影作品。随着数字技术的发展，使用底片的情况开始有了变化，使用电子光电感光晶片的数码相机，逐渐在功能上、 成本上及方便性等方面，取代了传统的胶片相机。

数码相机在一般情况下拍摄的照片，不用扫描，只要将 RGB 格式转换为

CMYK 格式，就能够编辑输出，在方便性上占有很大的优势，而且可以预览拍摄的效果，这是一般的感光底片所不能够做到的。

数码相机所拍摄的数字图像，每单元面积的数据量是根据分辨率决定的，因此当放大使用的时候，便会在没有像素的地方加入新的像素，这样越放大图像，清晰度便会越差。所以，在决定最终拍摄效果之前，要将拍摄前的分辨率提前算好。

相对于传统相机，数码相机当然有着不可替代的优点，但缺点也是很显然的，那就是数码相机非常耗电。有的相机用不到半个小时电池就没有电了，目前好一点的数码相机多半使用专用充电锂电池，电容量较大，缺点是没电了不好买，所以平时最好备一块。

对于直接由数码相机拍摄的数码照片，将其下载到电脑里以后，一般都会经过软件处理后再加以利用。特别是在数字印前设计中，经常要执行处理数字图像的任务。Photoshop 算是最专业的图像处理软件了，它在数码照片处理方面的能力比起其他的软件效果更好一些，但它不像专业的数码照片处理软件那样，有许多可以套用的模板效果，所以用 Photoshop 处理照片更多的是在照片的效果上。和专业数码照片后期处理的软件比较起来，Photoshop 操作相对复杂一些，它适合有一定美术技术和电脑设计技术的人士使用。但是 Photoshop 强大的图像处理功能使得它的地位不可忽视，而且越来越被人们所认同。

Photoshop 可以修改尺寸很大的照片、修复人物的肤色、消除红眼、处理曝光过度和曝光不足等问题，使拍摄的照片看起来更完美、效果更好。

Illustrator、CorelDRAW、FreeHand 是目前最流行的美工绘图软件，都有 Mac 与 PC 版本，功能上也各有特色，分别具有相当多的使用人群。在 MAC 系统中 Illustrator、CorelDRAW、FreeHand 都有中文版，三者功能也相差不多，文件间可以互相传递。但是 Illustrator 和 Photoshop 同样为 Adobe 公司的产品，两者之间的相互兼容性最高，因为有 Photoshop 的高支持度，所以绝大多数的 Mac 使用者一般以 Illustrator 为美工绘图的最佳选择。

Illustrator 是出版、多媒体和在线图形图像工业标准插画绘图软件。它提供绘制各种图形所需工具，可以使我们获得专业性的图形质量效果。无论是生产印刷、出版线稿的设计者或专业插画作家、生产多媒体图像的艺术家，还是万维网或其内容的制作者，都认为 Illustrator 不仅只是一个艺术产品工具，这个软件包可以为我们的线稿提供无与伦比的精度和控制的工业行业标准，适合生产任何小型设计到大型的复杂项目。它的优势在于处理矢量图形方面，能够非常精确地控制矢量图形的位置、大小，是工业界标准的绘图软件。另外，它在文字处理和图表方面也有着独特的优势，尤其是它将矢量图形、字体和图表有机地结合起来，非常适合于制作海报、网页、广告等宣传资料。

文字处理功能是 Illustrator 最强大的功能之一，我们可以利用 Illustrator 方便快捷地更改文本的尺寸、形状及比例，将文本精确地排入任何形状的对象中。此外，还可以将文本沿着不同形状的路径横向或纵向排列。如果需要美化图案文字的设计，还可以使用颜色和图案来绘制文本，或者将文本完全转换为新的图形形状。它的功能强大之处不在于对文本的排列、段落的控制方面，而是在于它能够具体地处理某一个单独的文字，包括单一文字在段落中位置的调整，并且能够使文字轮廓化，这样文字对象就变成了图形对象，可以对它进行各种变形、变换、填充图案等操作，来制作各种艺术字体。

Illustrator 提供了丰富的图表类型和强大的图表功能，并且是 CorelDRAW 和 FreeHand 所不具有的独特功能。Illustrator 可以将图表与图形、文字对象结合起来，使它成为制作某些报表、计划、海报的强有力的工具。Illustrator 中的图表工具允许创建 9 种不同类型的图表（这些图表由数轴和输入的数据组成）。其中柱状图表是默认的图表类型，使用其长度与数值成比例的矩形来比较一组或多组数值。叠加柱状图表与柱状图表类似，但矩形条是堆放的，而不是并排放置的。这种图表可用来反映部分与整体的关系。条状图表与柱状图表类似，但矩形是水平放置的，而不是垂直放置的。叠加条状图表是将横条按水平方向而不是垂直方向堆积。折线图表是用点来表示一组或多组数值，用不同的折线连接每组的所有点。区域图表是强调整体在数值上的变化。散点图表是根据一组成对的 X 和 Y 轴坐标来绘制数据点，用于反映数据的模式或变化趋势。饼状图表是一个圆形图表，其中的楔形图反映了所比较的数值对应的百分比。雷达形图表也称为网状图，在时间或某种特定分类的给定点上比较各组数值，并且以一种环行方式显示，其图表类型如图 3-31 所示。

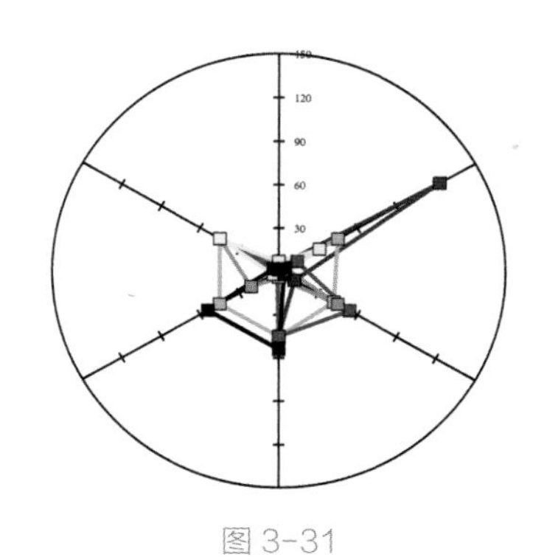

图 3-31

FreeHand 是插图及排版设计工具，从面市开始，就被公认为最佳的平面印刷排版工具。而今，更可覆盖从插图设计、手册制作、排版印刷、站点地图直至动画制作，以及网上出版的所有领域，并且迅速在不同载体上实现同样的创意与设计。我们可通过 FreeHand 独特的设计和结构环境制作引人注目的插图、图标、Macromedia Flash 图形、站点剧本板和精心设计的各种文件，它是专业印刷和网络设计所应用的优秀软件之一。

FreeHand 是在二维绘图环境中表现三维媒体的最佳方法。新的视角格线功能可以在数秒钟内将艺术品放在适当的视角中。可设置一、二或三点视角。可建立拥有无限可调的灭点或水平线的背景视角格线向导，从而能在相似的插图环境中获得三维效果。还能将对象结合至格线，将任何矢量对象格线对齐，创建准确的视角图像。对象在向灭点移动时可以自动缩放，在格线上上下移动时可以改变视角。格线可即时控制和更新。一旦将对象结合至格线，我们就可以改变格线的平面布置和视角，自动更新格线上的对象以配合新的视角。 即时打包功能使我们能直接在页面上弯曲或扭曲图形打包工具，对于文本效果特别有用，能够缩短艺术创作的时间。我们可在剪切板上使用新的打包工具直接弯曲和扭曲图形，从预先设定的包中获取大量扭曲格式，可将从所画路径中创建的定制包帧保存在 FreeHand 中，为准确控制效果添加和删除点，可利用 FreeHand 中神奇的图形搜索和替换功能在某一文件中寻找包，能即时和可编辑性地对所包文本进行更新，打开 Show Map 选项能获得包的更准确的图像。

FreeHand 提供了基于对象的转换手柄，以对图形进行直接和互动操作，同时无需为每个转换选择不同工具。选择一项菜单命令或双击任何对象，或用指向工具选择多个对象时，会在对象周围出现互动转换手柄。当鼠标在对象周围移动时将会产生一些变化，以表示不同的转换控制选择。我们就可以轻松地通过拉动深色空心圆来改变转换图形的中心点，按住 Shift 键再单击图标中心，将使圆点对齐至对象中心。

CorelDRAW

CorelDRAW 是目前最为强大的一个图形绘制与图像处理软件，是一个基于矢量的绘图程序，是绘图与图像编辑组合式的软件，其增强的易用性、交互性和创造力，可用来轻而易举地创作专业级美术作品，新颖的交互式工具让我们能直接修改图像并加插不同效果，而易于使用的画面控制，让我们即时看到修改结果。对象制作与编辑过程精简化，可使我们用任何选定的创建工具进行基本节点编辑或对象变形。新的点阵图显示功能使对象的放置和显示更精确顺畅。无论是简单的公司标识还是复杂的技术图例都不在话下。CorelDRAW 的加强性文字处理功能和写作工具亦不同凡响，使我们在编排大量文字版面时，比以往任何时候更加轻松自如，这套矢量绘图软件极其强大的功能，可使我们创作出多种富于动感的特殊效果及点阵图像，令我们在设计和出版一切图形作品时如虎添翼。

CorelDRAW 为我们提供了“彩色输出中心向导”功能，这一向导可以指导我们进行专业化输出而在输出中心准备和收集文件的所有步骤，可简化从使用者到输出中心的文件传输进程，并且允许每个彩色输出中心创建一个自定义配制文件，其中包括有关所需文件和适当打印设置的信息。配置程序允许彩色输出中心配置其客户的打印机设置，这既减轻了客户调整打印机设置的任务，也保证了彩色输出中心接收到其所需的优化设置文件，其中包括很多应当从 CorelDRAW 应用程序打印时可访问的一些控件。

另外 CorelDRAW 的调色板编辑器，可用来创建自定义调色板和修改现有的调色板，“添加”“删除”“编辑”等所有操作都可在一个对话框中完成；选择颜色的精度更高，选中调色板中的某个颜色后，按住鼠标不放，会弹出一个包含了所有相邻色的小调色板，从而能轻易找到理想的颜色：色彩调和器上同时显示当前选中色、补色及调和色，使兼容色和补色的选取更加方便，增强了 BMP 图的色彩模式转换到调色板的命令，即用调色板的色彩取代图形中的相近色。转换时可使用一个或多个调色板中的色彩，还可设置色彩范围敏感度；色彩校正使用新的透明色阶警告，可以看到超过打印机色阶能力的颜色。

第 4 章 扫描输入图像

在印前设计中，数字图像的来源有很多种，例如扫描输入、网络下载、数码相机捕获图像、电脑屏幕抓图等。众多方法中，采用扫描输入和数码相机捕获的方法为最多。

扫描图像的实质就是数字化图像，是数字图像输入过程中的一种方法。这个过程就是把模拟的图像转换成数字图像，即把原稿分解成一个个的像素，并且把颜色信息用数字表示。

4.1 扫描仪

作为印前工作最重要的工具之一

扫描仪作为印前主要的设备之一，在目前的应用中按照不同的标准划分为不同的类别。按照扫描仪的结构可以分为：滚筒扫描仪（又分为水平滚筒和垂直滚筒）和平台扫描仪。按照扫描仪扫描图像的种类可以分为：彩色和黑白扫描仪、反射和透射扫描仪、网点拷贝扫描仪等。

Tips

孟赛尔色彩体系，通常可以分为3大类，一类为无色彩，如白色、灰色、黑色等；一类为有彩色，如红色、绿色、蓝色等；最后一类为特殊色，如金色、银色等。区分这么多色彩的重要根据就是每种色彩的3个基本属性。

1. 滚筒扫描仪

滚筒扫描仪属于专业高端扫描仪，具有扫描精度高、动态范围大、层次丰富的特点，但它价格也比较昂贵。图4-1为一款专业滚筒扫描仪。

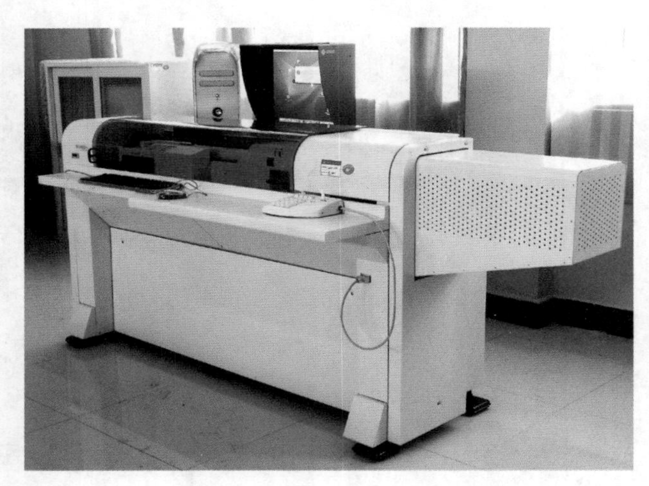

图4-1

滚筒扫描仪采用氙和或卤钨灯作为光源，以高敏光电倍增管（PMT）作为光电转换设备。将从原稿反射或透射回的高纯度白光分解成红、绿、蓝3束光，进入光学系统，经光电转换和模数转换以后，转变成计算机能够识别的数字信号。滚筒扫描仪的成像原理如图4-2所示。

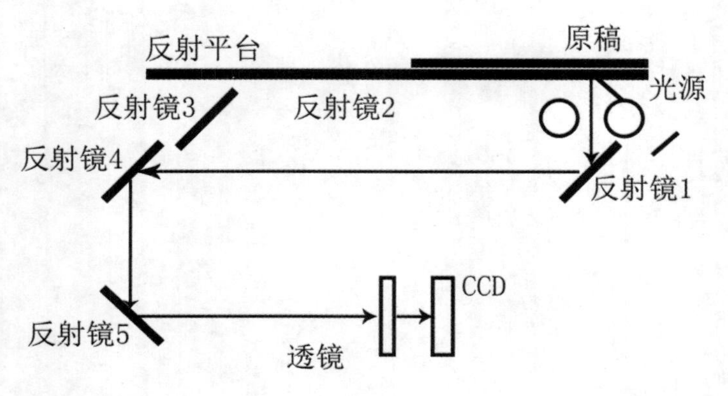

图4-2

尽管滚筒扫描仪有扫描质量高的优点，但是也具有一定的局限性。因为只有质地柔软的原稿才能够被包在透明的滚筒上，而对于一些较厚或者是较硬的原稿，则不适合采用滚筒扫描仪进行扫描。

滚筒扫描仪可以处理的原稿类型有负片、正片、透射稿和反射稿、彩色片、黑白片连续调和线条稿。扫描透明原稿时使用的是滚筒内部的光源。

平台扫描仪与滚筒扫描仪相比，平台扫描仪的分辨率和密度值远远不足，尤其是难以表现透射原稿暗调区的色彩差别。但随着技术的不断进步，一些平台扫描仪也有了较高的扫描质量，而且它的价格远比滚筒扫描仪低，已经越来越被广泛地使用。图 4-3 所示为一款平台扫描仪。

图 4-3

平台扫描仪采用的是电荷耦合装置（CCD），几千个 CCD 元件排列在一个芯片上，如果每个颜色通道有 8000 个 CCD 元器件，性能好坏和数量的多少决定了扫描仪的档次和扫描质量的好坏。

平台扫描仪采用的是荧光灯或者卤素灯作为光源，要扫描的原稿被放在复制玻璃上，透射稿的光源位于原稿的上部，反射稿的光源则位于原稿的下部。平台扫描仪的成像原理如图 4-4 所示。

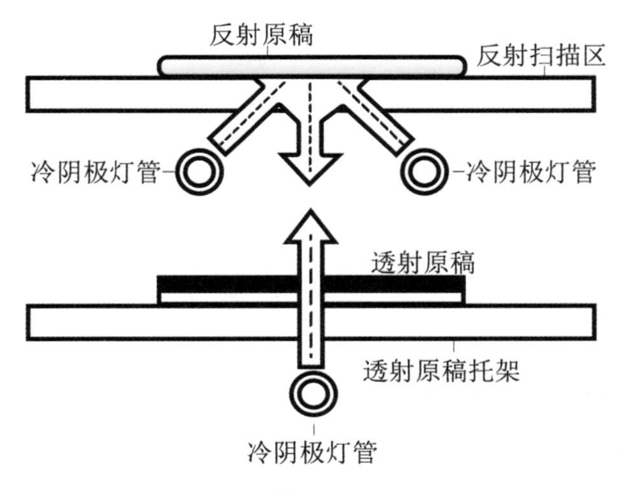

图 4-4

平台扫描仪在目前的应用中还是很受欢迎的。主要是因为它可以扫描任何硬度和厚度的原稿，例如书刊和附在纸板上的页面等，这些是滚筒扫描仪所无法完成的。

具体来说，平台扫描仪和滚筒扫描仪的区别在于以下几点。

（1）原稿的尺寸不同：滚筒扫描仪的滚筒大，可以扫描大一些的原稿，一般的平台扫描仪只能够扫描 A3 以下尺寸的原稿。由于滚筒扫描仪的结构特征，它可以用来扫描透射原稿，现在市场上一般的低档平台扫描仪只能够扫描反射原稿。

（2）可以扫描的最大密度范围不同：滚筒扫描仪的扫描最大密度可以达到 5.8D，但是一般中低档的平台扫描仪只有 5.0D 左右。所以滚筒扫描仪扫出的图像对比度要好一些，而且对图像的细节反映也较好。

（3）图像的清晰度不同：滚筒扫描仪有 4 个光电倍增管，其中 3 个是用于分色（红、绿和蓝色），另外有一个是虚光蒙版，可以提高图像的清晰度。但是基于器件来完成扫描工作的平台扫描仪就没有虚光蒙版的功能。

（4）放大倍率不同：一般情况下滚筒扫描仪的光学分辨率比平台扫描仪的光学分辨率高，所以它的放大倍数就大一些。

（5）工作效率不同：一般来说，滚筒扫描仪的效率高一些，而且扫描的速度也快些。如果有大量的原稿需要扫描，选择滚筒扫描仪更适合。

2. 网点拷贝扫描仪

在数字化印前工艺中，网点扫描仪是很重要的一种扫描仪，是对普通扫描仪的辅助和补充。网点拷贝就是对加网胶片进行数字化的操作，通过设置恰当的分辨率对加网胶片进行扫描。

网点拷贝扫描仪经济实用，它可以快速地将彩色分色片转换为数字模式，以便用于数字印前的集成。而且在 CTP 的工作流程中，网点拷贝扫描仪便能将加网胶片进行数字化，以便于再次使用，它可以非常轻松地将外来胶片存档胶片，以及反射稿融入到全数字化的工作借助于网点拷贝扫描，可以实现自动拼版，保证单页和整版精确地套准，节省了人力，缩短了印刷准备时间，投资的回报率更高。大多数的网点拷贝扫描仪由 3 个部分组成：用于套准、编辑位图的应用软件；用于设置和控制扫描过程的操作面板；扫描设备和处理器。

4.2 扫描仪的性能和参数

印前准备工作少不了扫描仪

如果要很好地保证扫描仪在扫描图像时的质量，有必要对扫描仪的一些性能和参数进行比较深入的认识，以便对常规的设置有很好的把握。

4.2.1 扫描仪的信噪比

信噪比就是指有用信号和干扰噪声的比例关系，信噪比越高，扫描仪对有用信号的提取就越准确和清晰。目前的平台扫描仪中影响 CCD 信号采集的最大问题就是信噪比问题。特别是当扫描仪扫描的信号较弱的时候，就几乎全部淹没在噪声之中了。这就造成了平台扫描仪在暗处层次模糊不清，或者还会出现花斑。

4.2.2 分辨率

对图像进行扫描时，首先要解决的问题就是以什么样的分辨率来扫描图像比较合适。扫描分辨率指的是扫描仪扫描时的输入分辨率，指在单位长度上扫描仪采集信息量的多少。一般用每英寸多少点来表示（dot per inch, 缩写是 dpi），缩写是 #0。扫描仪的扫描分辨率是由最终的输出分辨率、原稿放大尺寸、扫描光学分辨率等因素决定的。

在印刷出版领域，扫描分辨率可以由下面的公式计算得到。

扫描分辨率 = 放大倍数 X 加网系数（也称为质量系数）X 加网线数放大倍数 = 输出图像尺寸 / 原稿尺寸，加网线数用 IPi 表示，指的是印刷品上每英寸的网点数，通常由几个扫描像素点组成一个网点的信息。扫描分辨率与加网线数之间的数量关系由加网系数决定，加网系数一般在 1.5 ~ 2.0 之间。能够有效地避免由于加网角度不同而带来的质量下降。

对于加网系数没有严格的规定，通常是根据文件大小扫描时间和图像质量几个因素共同决定的。大多数情况下选择 1.5，对于一些有较高输出要求的扫描，可以选择 2.0。

若是调频加网输出、打印输出的原稿或者是线条稿图像的扫描，加网线数选择为 1.0，也能够获得比较好的输出质量。

如果是边缘比较柔和、色彩过渡比较平缓的图像，通常选择 1.3 的加网系数，印刷效果会很好。相反，对于边缘比较清晰，层次细节比较丰富的图像，则应该选择较高的分辨率。 实际在设置扫描仪的扫描分辨率时，应该注意以下几点。

（1）不是将扫描分辨率设置得越高越好，应该视原稿而定。扫描分辨率设置得不合适，不但浪费处理的时间，占用过多的存储空间，传输图像比较难，而且在图像的质量方面没有什么大的提高。

（2）选择放大倍数要注意。从上面的公式中可以看出，太大的放大倍数会造成扫描仪的分辨率增高，要维持一定的扫描分辨率就不得不降低加网系数，从而使输出的质量大大降低。

（3）不要用高于设备光学分辨率的输入分辨率进行扫描。若是用高于设备光学分辨率的输入分辨率进行扫描，会使扫描仪自动进行内插值的算法，从而会降低图像的清晰度和反差。应该用能够被设备的最大光学分辨率整除的分辨率进行扫描，如果一台最高光学分辨率为 600dpi 的扫描仪，在实际扫描时最好选择 600dpi、300dpi、200dpi、150dpi、100dpi 和 75dpi 的扫描分辨率。

1. 光学分辨率

光学分辨率指的是扫描设备光学系统可以采集的单位长度上的实际信息量的多少。平台扫描仪的光学分辨率是由 CCD 器件阵列的分布密度决定的；滚筒扫描仪是由滚筒旋转速度、光源、步进电机、镜头尺寸等组合因素决定的。光学分辨率在扫描仪的分辨率中起着决定性的作用，光学分辨率越高，扫描仪的图像质量越好，而且它还决定了能够取样的最小点的大小及能够放大原稿的倍数。

2. 插值分辨率

其实这种分辨率应该说是一种伪分辨率。它是由光学分辨率通过软件的方法插值计算得来的。 虽然用数学的方法插值分辩率增加了像素，但是插值计算不会增加细节，所以图像的精细程度也不会提高。

4.2.3 图像的缩放

图像的缩放比例与分辨率成反比，图像放大的比例越大，分辨率越低。

原稿的尺寸指的是一个扫描仪能够放置的原稿尺寸的大小。通常扫描的原稿尺寸为 A4 或 A3， 根据扫描的需要，可以选择不同的原稿尺寸。例如有一个原稿的尺寸为 5 英寸 X4 英寸，而希望输出的尺寸为 10 英寸 X9 英寸，打印机的分辨率为 720dpi，扫描仪的输出分辨率为 300dpi，则图像的缩放比例应该这样的确定：长度方向的缩放倍数为 10/5=200%，宽度方向的缩放倍率为 9/ 4=2.25=225%。根据长宽上的缩放倍率不同而取小的原则，正确的缩放比例应改为 200%, 这样可以保证图像在打印时不超过打印机的最大面积。

同时应该配合插值分辨率来进行缩放。如果使用最大光学分辨率为 300dpi 的扫描仪扫描尺寸为 2 英寸 X3 英寸的图片 , 希望将图像放大一倍而又不丢失细节，则可以将扫描分辨率设置为 300dpi，而将缩放比例设置为 200%，这样就相当于用 600dpi 的插值分辨率进行扫描图像放大后的图像细节和清晰度依然很好。

4.2.4 动态范围和密度范围

1. 动态范围

在扫描仪的性能参数中，了解动态密度范围是很有必要的。假设投射到原稿上的某一点的光强为 10，透射（或反射）为 1，光则透射（或反射率）为 1/10，定义密度为 D，则密度为透射（或反射）倒数的对数。即 D=1g(1/10）之根据公式可以从原稿上看出越黑的地方密度越大。密度表示了对透射稿图像的光阴能力和对反射稿图像的光吸收能力。理论上认为，最大的密度范围是 0 ~ 4.0，4.0 是炭黑的理论密度，0 是纯光。彩色印刷品的密度大约在 1.6 ~ 2.0 之间，彩色照片大约为 2.5，彩色正片能够达到 5.0 ~ 5.3。原稿的密度范围越大，则层次越好，色域的表现范围也大，特别是对暗调的表现越好。

扫描仪的动态密度范围是指扫描仪所能够探测到的最浅颜色和最深颜色之间的密度差值。也就是一个相对的密度区间，这个区间越宽，说明设备再现色调细微变化的能力或者说是区间相近颜色之间细微差别的能力就越强，可以捕获的可视细节也就越多，颜色最深的面积中的表现更加明显。也可以将动态密度范围简单地说成能够扫描的原始图像的最大密度值。

2. 密度范围

范围有的时候也被称为密度范围，因为它们实际上都表示了扫描仪的扫描密度的工作区间， 所以有的时候被混为一谈。但如果需要严格区分的活，它们还是有区别的。动态范围是指扫描仪器件级的能够扫描的密度区间的最大值，它主要是由扫描仪所使用的光学采集器件的性能决定的一种能力指标。普通的密度范围概念往往指的是我们在扫描工艺参数的设置中从最大密度 0 到最小密度 Dmin 之间的工作密度范围。它是一种工艺上的参数，通过对 Dmax/Dmin 范围的调整，并结合扫描仪的光量的调整、黑白场设置等工艺操作，就可以充分利用扫描仪动态密度范围之中最有效的和线性度最好的感应区间来接受原稿的信息，以便获得更多的更加真实、丰富的层次和色调信息。

4.2.5 位深度和色深度

位深度指的是扫描设备可以在它扫描的像素上检测到的最大颜色和灰度级，即每个像素存储信息量的多少。一个 8 位灰度的扫描仪从理论上说可以检测到黑白之间的灰度级为 256。 一个 24 位的彩色扫描仪可以采样 3 个颜色通道中每个通道内的像素，总数应该为 256 X 256 X 256=16777216 种可能的颜色。 V 位深度增加，扫描仪可以捕获到的图像细节也会增加。24 位 RGB 真彩色已经成为扫描和图像编辑的一种标准。当然在进行扫描设备的比较时，并不是每一位都是等价的。采用 CCD 的设备时， 一般该颜色深度的低二位没有用处，也就是只有前六位是可靠的。主要的原因也就是 CCD 内部噪声产生的结果。针对这一问题，生产厂家一开始使用位深度更高的 CCD(10、12、14 或者 16 位）。 例如如果某种型号的扫描仪是 36 位的活，那么它使用的就是位深度为 12 的 CCD。这样，那些无用的数位就可以被舍弃掉，使得最终数字图像中每个颜色通道保持 256 种明确的颜色。

4.2.6 图像的清晰度

一个图像清晰与否的差别可以表现在以下方面。

（1）图像层次的质感的细微精细程度，例如表现皮肤的细微纹路是模糊还是清晰，其本质就是明暗层次过渡区细节之间的反差大小。

（2）图像颜色过渡轮廓边界处的虚实程度，也称为锐度，其实就是边界颜色渐变的宽度。这种渐变宽度越小，清晰度越高。

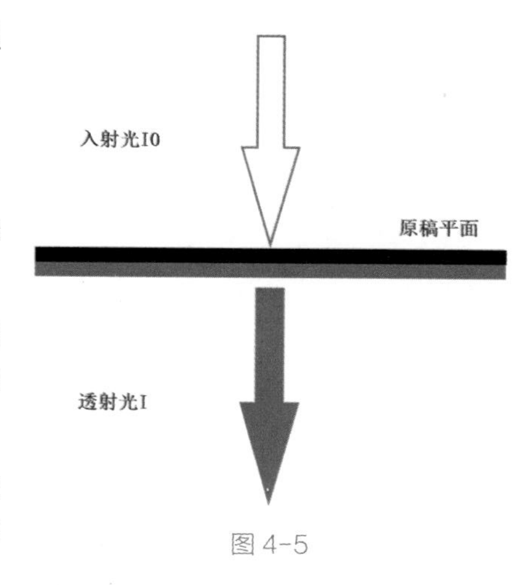

图 4-5

扫描仪的清晰度性能是扫描系统综合性能的一个宏观现象。从清晰度的概念简单地看分辨率和采样位数越高，图像应该越清晰。实际情况是清晰度不仅和这两者有关，还和光电采集器 CCD 器件的信噪比以及使用的光学系统的聚焦能力及镜头的分辨率有关系。清晰度较高的扫描仪扫描数据的效果当然更加锐利。图 4-5 表示了相同分辨率的情况下不同清晰度的视觉情况。

预扫描后，需对图像的色彩、层次、清晰度进行调整，图 4-6 所示使得扫描出来的图像能够更忠实于原稿，并且能够对原稿上的不足进行弥补。在设置好控制参数以后，要检查一下是否有足够的磁盘空间来存放这些图像，再选择合适的文件格式。

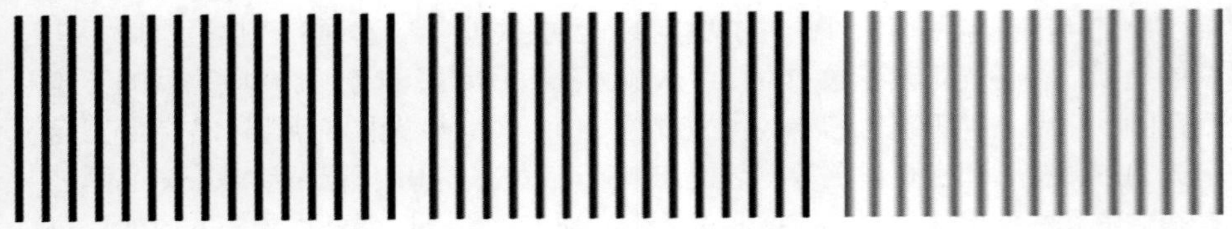

图 4-6

4.3 扫描的具体设置

图像质量的好坏关键在于扫描仪的参数设置

在进行具体的扫描过程中，我们需要为扫描的设置进行调试，扫描的设置直接影响扫描的质量，是关系到扫描后图像质量好坏的关键。

4.3.1 设置扫描模式

设置扫描模式是指生成的颜色文件属于哪一种颜色空间，不同档次的扫描仪可以设置的颜色空间是不一样的。一般的扫描仪只能够生成 RGB 色空间的扫描文件，而高档的扫描仪具有所谓的分色功能，也就是能够直接生成 CMYK 色空间的扫描文件，也还有一些扫描仪可以直接输出等色度空间的扫描文件。值得注意的是，平台扫描仪的原始物理信息都是 RGB 色空间信息， 如果它能够输出 CMYK 甚至是 Lab 色空间的信息，其实是由扫描软件本身的颜色空间的转换功能来实现的。而对于使用光电倍增管的滚筒扫描仪，有些是能够直接生成物理级的 CMYK 原始色彩的扫描文件的，由于它继承了电分机的光学系统特征，是直接将透射和反射光线分解成为 CMYK 光线进行采集的。

具体在扫描的时候选择哪种扫描模式，与最终图像的输出方式有直接关系。扫描彩色图像时，有时候需要在 RGB、CMYK、Lab 颜色模式之间进行选择。实际的操作过程中大多数是先用 RGB 方式扫描原图，再根据实际需求转换为其他模式，如 CMYK 模式。如果确定最终的输出图像是用于印刷的，还可以获得相应的参数，如印刷机、纸张、油墨的类型，以及期望的色调范围、黑版生成和色平衡条件：就可以直接用 CMYK 模式进行扫描。

随着色彩管理技术在印前复制流程中的日益完善，越来越多的专业人士在扫描的时候将图像存储为模式，这样就可以保证最大的色域空间，对图像进行色调调整和处理后，再将其转换为 RGB 或 CMYK 模式，以免损失色彩信息，确保复制的准确性。

4.3.2 设置扫描仪的黑场和白场

预扫描以后有时要对图像的色彩和层次进行调节。在扫描过程中色彩和层次的校正一般包括：黑白场定标、反差系数 (Gamma 值) 的确定、色彩校正、图像的清晰度强调，以及印刷品的去网设置。

黑场和白场是印刷技术人员在处理印刷图像时所使用的术语。白场是图像上最亮的地方，黑场是图像上最暗的地方。可以通过调整黑场和白场来控制整幅图像的明暗和阶调。黑白场的定标也可以称为高光和暗调。原稿的种类很多，只有黑白场的设置正确了，才能够获得理想的阶调层次，达到复制的要求。设置黑白场有两种方法：一种是通过扫描软件进行前端设置；另一种方法是通过图像处理软件进行后端设置，这两种方法其实是很相似的。

图像的输出类型及所采用的工艺方法决定了怎样对黑白场进行定标。对于印刷和打印输出的图像而言，尽管原稿为 0%~100% 的全色调，但是一般情况下还是要求将图像的层次压缩到小于全色调的范围后再输出。因为用于印刷的图像一般在 3%~5% 的高亮区域印刷不出来，即在这个区域的灰色变成了 0% 的“白色”（也就是纸张的颜色），这样图像高亮区域的细节就会丢失。相反的是，在 90% 以上的暗调区域就会被印刷成 100% 的黑色，这样暗部细节就会丢失。为了补偿这种现象，就必须对印刷用的图像进行层次压缩。

通常情况下，在白纸上进行印刷的时候，最常用的 CMYK 高光极点值是 5、3、3、0、8；RGB 等量值为 244、244、244；灰度等量值为 4% 的点。而暗调极点常用的 CMYK 值为 75、65、65、90；RGB 等量的值为 10、 10、 10；灰度等量的值为 96% 的点。

上述的黑白定标设置是压缩层次的过程。相反的情况下，如果扫描原稿的层次局限在某一范围内，也可以通过定标设置将图像的层次拉开到最大的范围。

下面来分析一下黑白场定标的具体情况。

白场定标对印刷品质量的影响。白场定标对于原稿高光点的设置非常重要，选择不当，就会使高光的细微层次损失，甚至绝网。正确的高光点应该选择在原稿中有细微层次变化的最亮点，该点也就是能够印刷出的最小网点。如果将高光点设置过高，则印刷品中有的区域会出现绝网现象，原稿上应该有细微层次的地方；因绝网而损失了层次；若是高光点设置过低，则印刷品的高光变暗，整幅图像的反差变小，会使得整幅图像给人以沉闷的感觉。

黑场定标对印刷品质量的影响。通常，人眼对暗调区域的层次细节比对亮调区域的层次细节更加敏感，所以，暗调区域的细节层次的复制对于图像的整体质量更加重要。黑场设置可以改变暗调反差和层次，纠正色偏。选定点的正确与否，直接影响到暗调、中间调的层次再现和图像的反差。

如果暗调点设置正确，则可以印刷出所有的暗调层次，获得理想的反差。如果暗调点设置过高，则暗调印刷出的最大网点过小，暗调变浅，印刷品的明暗反差变小。如果暗调点的设置过低， 则暗调印刷出的最大网点过大，暗调变深，印刷品的明暗反差变大，有层次的地方会变成实底，使得暗调的层次损失。

1. 黑白场定标在图像调节中的应用

（1）图像曝光不足

如果曝光不足，图像整体偏暗，无法很好地表现图像中的画面层次，这时候可以用图像的白场定标来使图像的亮度变大。将图像中相对较亮的灰度点定位于白场的高光点，可以将图像的层次扩展到整个色调范围，使图像的层次细节拉开。图 4-7 所示为使用白场调节图像的效果对比。

图4-7

（2）图像曝光过度

如果一幅图像曝光过度，则图像的整体会偏亮，层次就会主要集中在亮调部分，而会丢失暗调部分的一些层次。这时候可以通过黑场的定标来增强图像的对比度。选取图像的暗调处，并将它重新映射到黑场暗调点，实现拉开图像的层次，增强图像的对比度。利用黑场的定标要注意黑场的选择，有的时候黑场不一定好选，黑场点定得太深，则图像的颜色变化不明显；黑场点定得太浅，则图像的整体变化会太深。最好选择图中黑色位置具有足够密度点的地方。图4-8的（a）图所示。就是一幅曝光过度的图像，利用黑场定标来处理以后的效果如图4-8中（b）图所示。

（a）

（b）

图4-8

2. 黑白场的定标应该综合考虑的因素

黑白场的定标一般不容易把握，除了应该有很好的色彩学方面的知识外，还应该多在实际应用中摸索。另外根据实际使用经验，应该对一些综合因素加以考虑。

阶调定标应该尽量把原稿密度范围对应调定在分色片的最大记录网麻反差上，从而拉开各色版的层次，局部最深的地方应该为100%，极高光的地方应该绝网，充分发挥扫描仪的最大阶调定标范围，逼真地再现原稿的层次。高光和暗调的定标是扫描分色图像的第一步，也是至关重要的一步，决定着图像的质量。但是在实际的操作过程中，很多人不能够把握好阶调的定标，特别是黑场和白场的定标是一个系统的过程，要综合考虑多项因素。

（1）尽量在保全高光调的层次基础上，兼顾画面的最佳明度，高光调层次曲线的形态和走向趋于平滑。当不能够兼顾的时候，就要根据图片的内容权衡高光调的层次和图像的亮度之间哪一个更重要。

（2）要把图像的颜色层次的高光调和极高光拉开距离，既要突出极高光，让极高光绝网，又要保证高光调的层次。

（3）对于高光调的白色部分，一般都要用一定三原色的比例来组成，以确保层次。但是并非所有的白色，网点组成比例都是相同的，高光调的颜色层次变化也是丰富多彩的，不能够在某些时候将拍摄者所追求的特殊颜色当作色偏加以校正，对于具体的原稿应该具体地分析。在实际调整的候，例如早上的朝霞或傍晚的夕阳画面，主色调会是红、黄的，就不能认为是色偏而加以纠正了。

在一些画面中，如暗调区域颜色变化非常丰富的国画、油画等艺术作品，暗调区域的定标做得要深，但是不能漆黑一团而失去层次，深指的是三原色要用足量，网点的叠印总量要达到 340 左右，常用的定标数据为：C95%、 M85%、Y85%、K75% 。有层次就是要充分利用黑版来拉开暗调的层次，加深最暗一级的层次，使得中间调、次暗调和深暗调能够明显地区分开来，其中短阶调黑版用得比较普遍，这种黑版的起始点设置在 25%~30% 之间，高反差（起 始点为 50%）和全阶调（起始点为 0% 黑版不常用，高反差黑版使用不当，容易引起黑版过分集中、颜色的脱节现象。

4.3.3 设置 Gamma 值调节图像的反差

设定 Gamma 值可以修正扫描图像的灰平衡，增强图像中间调的反差和细节，可以补偿原稿某些方面的不足。例如由于曙光不足或者是曝光过度造成一个区域比另一个区域亮或者暗的情况。利用 Gamma 值，可以非线性地调整图像的亮度曲线，但它并不是对整个图像亮度和反差做出改变，而是仅仅对中间调的区域进行修正，这比较符合人们的观察习惯。

Gamma 值的设置既可以直接输入数值，也可以调整 Gamma 值曲线。当输入数值的时候，如果 Gamma 值超过 1.0，会加亮中间调；当 Gamma 值在 1.0 以下时，会使中间调变暗。通常，对于具有平均色调的图像，设置 Gamma 值为 1.5~1.6，对于以暗调为主和曝光不足的原稿设定 Gamma 值 为 1.8~1.9；对于以亮调为主和曝光过度的图像，设定 Gamma 值为 1.2~1.3。

同阶调曲线一样，Gamma 曲线也表示原图与处理结果之间的亮度关系变化，曲线的斜率为 Gamma 值，调整曲线，Gamma 值也相应地发生一定的变化，但是这个过程需要有一定的经验才能够调整精确。

对于大多数扫描仪，都有各自默认的适合大多数图片的 Gamma 经验值，不同型号的扫描仪，其 Gamma 经验值也各不相同。图 4-9 为 Gamma 值调节的应用实例。

4.3.4 校正扫描图像的色彩和阶调

扫描图像可以进行图像的色彩、层次和清晰度的校正。扫描仪内的色彩校正工具根据扫描仪的档次不同而大不相同，但基本的校正内容是一样的。

1. 色相调节

色相是一种颜色区别于另一种颜色的色彩表现形式。当原稿中出现色偏现象时，应该使用色调工具调整色相，使图像看起来更加自然。

图 4-9

2. 饱和度调节

饱和度是用与色调成一定比例的灰度数量表示的，其值从 0%（灰）到 100%(最饱和)，正确地选择饱和度会加强所有的色调。如果扫描的图像用于广告宣传，它必须有很强的感染力，通常就要求色彩鲜艳、明亮，并且要尽可能饱和，此时应该增强原稿的饱和度。饱和度命令也是利用色环来调整，是在直径的方向上移动的。中性灰的饱和度为 0，因此调整饱和度的时候对中性灰是不起作用的。校正饱和度的时候，它会对图像的所有色彩同时校正，一般情况下有两种饱和度的调整方法。一种是直接输入数字，其值从一 100~ 十 100，“正”表示饱和度加大，“负”表示饱和度降低，这种数字控制的方式对图像各部分的作用是相等的，从高光到暗调所有的彩色部分同时增加或降低相等量的饱和度。另一种则稍微有一些不同，它是用曲线来控制的，可以在饱和度曲线上加很多点有效地控制中间调、暗调部分的饱和度，使各自饱和度的增减量不相等。对于图像的暗调，一般情况下降低它的饱和度，有利于消除暗调的偏色和中性灰的还原。当饱和度的曲线降低到与水平轴重合时，饱和度为 0，实际扫描选择哪一种方法，要根据设计人员对不同方法掌握的程度进行。两种方法在本质上没有什么区别。

3. 分通道调节

扫描彩色图像时需选择不同的扫描模式，色彩模式是和颜色通道相对应的。RGB 色彩模式的通道就有红通道、绿通道和蓝通道。如果想要改变其中一个颜色通道的明亮度、对比度和 Gamma，就可以通过色阶选择器选择需要修改的颜色通道，分别进行调整，直到满意为止。若要同时修改红、绿、蓝 3 个通道，可以选择“主色阶（Master)”来改变主通道的分布比例。

分通道是针对不能够实现扫描色平衡的情况进行的。确定是否需要进行分通道调节时，可以先利用灰梯尺和色标进行实验。首先设置扫描仪的各个参数，然后将梯尺放入扫描仪中进行扫描，检查灰梯尺，将扫描的结果和标准数据进行对比，如果梯尺上的 R、G、B 数值之间相差很大，说明灰平衡失真（也就是扫描仪有色偏），这时候就应该分通道校正各色数据，使各梯级上的 R、G、B 值基本相同。

前面讲了色彩校正的方法有色相、饱和度和分通道调节的方法。一般对图像校色时也通常先用整体校色，来校正图像中不正确的色彩。如用确定黑、白场的方法，用 CMYK 颜色曲线调整的方法等。但是整体校色并不是对所有图像中所有的颜色都能够校正到位，而是经常要与局部校色结合起来使用，来对图像中的纯色或复合色进行色偏校正。局部校色的方法也有很多，主要有选择性校正、点校正、细域校正等。

（1）选择性校正

选择性校色又称为专色校色，它是对原稿中某一类颜色做单独的校正。图 5-15 所示为 AGFA 扫描仪选择性校正的对活框。

（2）点校正

在图像上的点要校正颜色，则要校正的颜色值就会出现在 CMYK 颜色框中，可以在颜色框中输入校正的数值来校正。点校正的优点就是可以对多个点的色相、明度、饱和度单独进行校正而互不干扰。

4.4 扫描技巧

在扫描的过程中，由于光学系统中的一些干扰因素，使图像的清晰度下降。所以在适当的时候，要调整图像的清晰度，调节清晰度是通过增加图像边界处的相邻像素点的灰度差值，或者图像临界颜色的对比度来突出图像细节的，可以分别对高光、中间调及暗调处的图像进行清晰度校正。在扫描和后续图像处理软件中都是通过锐化技术来实现清晰度调整的。要想熟练地使用扫描仪进行扫描，在扫描的过程中，我们可以针对不同的扫描对象进行设置。

使用不同技巧来使扫描的质量达到最佳，这些都需在实际扫描过程中慢慢积累经验和技巧。

4.4.1 扫描印刷品的去网处理

有时候，印刷品上的图像经常被作为原稿来使用。印刷品的特点是反差小、清晰度差而且有四色网点，扫描时如果不进行去网处理，就会在扫出来的图像中出现龟纹，所以应该在扫描印刷稿时去网，同时还要尽可能保持原稿的清晰度，这就对扫描仪的软硬件都提出了要求。不同的扫描仪在去网时采用的方法和原理各不相同，有的采用纯硬件的形式，如电子分色机；有的则采用纯软件的形式，如一些低档的扫描仪，它的聚焦功能很弱，主要采用纯数学的计算方式来实现去网和锐化；也有的采用软、硬件两者相结合的方式。纯软件方式去网，是根据原稿印刷时所用的线数来选择去网的线数，而且一般略低于原稿的线数。如扫描原稿是用 1750pi 印刷的，扫描选择去网就可以用 1500pi，这样可以保证网点去得干净，又能够保持原稿的清晰度，去网的效果属于正常；如果选得太高，如 2000pi，则扫描的效果算是中等效果。去网的最佳效果是在图像上能够看见小面积若有若无的网点痕迹，但是又不明显；若去得太干净，图像看上去很平滑，清晰度就会损失得太多。

4.4.2 人物肤色的扫描

在扫描人物的时候，既要保持肤色柔和，又不能够模糊不清；既要保持清晰、细腻，又不能因为清晰度强调过头而使皮肤粗糙，同时也要保持人物以外区域的质感和清晰度。所以一般情况下，这两者是不好控制的。但是在扫描的时候如果正常设置好参数，就可以几方面兼顾。

所有扫描仪的 USM 原理都差不多，只不过是在各种不同的扫描仪中的命名不同罢了。

（1）Sharpening 就是锐化度，它主要是控制扫描仪光学部分的扫描光孔，光孔的孔径越小，就会越清晰。

（2）黑、白边功能是使图像有密度或层次清晰度的地方产生波峰和波谷，使白边更白，黑边更黑，在视觉上产生一种清晰度效果，以弥补原稿清晰度的损失，但是将黑白边调得太大，就会产生不自然的感觉。

（3）颗粒度。它能够有效地控制清晰度作用的范围。当相邻像素的亮度差大于设定值时，清晰度就施加在这些像素上，当相邻两者之间的亮度差很小时，USM 将对该区域的像素不起作用。正是利用这一点，可以使肤色柔和而背景清晰，因为肤色区域的像素之间的亮度差别比较小（因为颜色组成接近），而背景像素之间的亮度差一般都比较大。这样，只要颗粒度 (Thresold 或 Startpoint) 选取合适的值，调整得当，就可以使肤色部分 USM 作用较少，或者不发生作用，使肤色保持柔和，在背景区域产生较强的颗粒感，保持高清晰度和立体感。如 Linotype-Hell 系列扫描仪的起始点 (Start point) 从 0 ~ 10 共有 11 个档次，一般设置为 7；AGFA 系列扫描仪一般设置为 70。图 4-10 为设置不同的 USM 数值时扫描的效果。

图 4-10

4.4.3 彩色图像的扫描

一般在印前设计中扫描彩色图像应用最多，彩色图像在扫描的过程中出现的问题也会最多。前面讲述了很多扫描校正彩色图像的方法，在实际中多操作，无论是偏色或是偏亮和偏暗的图像，均可以进行调整。图 4-11 所示为直接扫描的结果和经过一系列调节后扫描的结果，可以进行一下比较。

图 4-11

线条稿由于没有连续的层次变化，只有黑和白两种状态，即要么是实底要么空白，因此也叫做二值图。如现在的一些商标、文字、标志、线条等。在很多扫描仪中，英文一般都以 Line art 命名，只需考虑每个像素的黑色和白色信息即可。扫描的时候要特别注意阈值 (Threshold) 的确定，即把原稿的哪些内容扫描成黑色，哪些内容扫描成白色。图 4- 12 是阈值 (Threshold) 取不同值的结果，一般以 Threshold=128 为标准值。

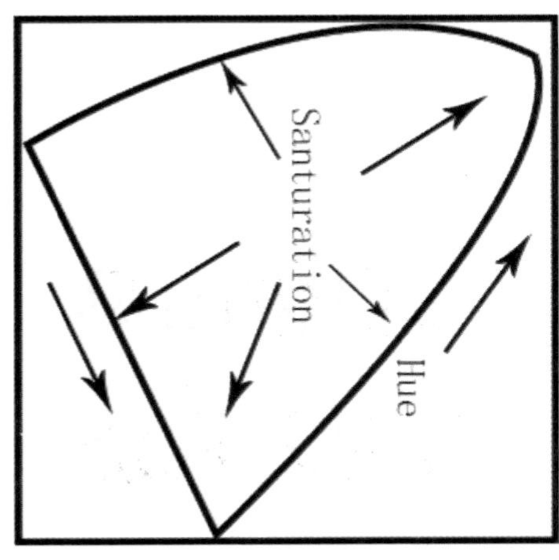

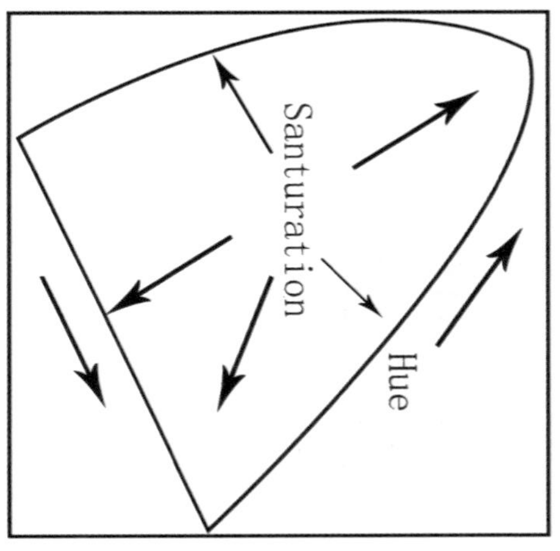

图 4-12

另外要注意扫描分辨率，线条稿的扫描分辨率应该高于连续调图像的扫描分辨率。理想的扫描线数应该在 1400dpi 以上，否则就会出现阶梯状的锯齿。

4.4.4 灰度图的扫描

灰度图一般都是 256 级的，扫描的模式可以选择为单色模式。和彩色图像扫描不同的是，灰度图像扫描主要的问题是要注意图像中的层次，既不要损失，也不能压缩。图像的中间调、高调和暗调都要兼顾。要特别注意的是图像的高调，因为它只有一个通道，不像彩色图像，纵然是损失了一个通道，也还有一定的层次，图 4-13 中（a）图像的高调有 3% 到 4% 的网点，看起来层次完整，视觉效果也很好。图 4-13（b）中高调的网点为 0%，显然是“绝网”了，看起来太白，没有层次感。

（a）　　　　(b)

图 4-13

对于某些线条的文字，也可以用 256 级灰度扫描。这样所扫描的图像相对于用 Line 扫描的光滑，如图 4-14 所示。可以发现用 256 Shades of Gray 扫描的文字比用 Line art 扫描的文字笔画要细腻一些，这就是灵活调节的结果。

白日依山尽 黄河入海流	白日依山尽 黄河入海流

图 4-14

另外一种情况是，如果原稿为彩色，要想得到它的灰度图像，而且图像要有比较好的层次感，最好使用彩色方式扫描，再在 Photoshop 中将模式转换为 Gray 模式，转换时可以用某一个通道的信息进行。这样可以保留更多的图像细节，因为彩色图像扫描的饱和度高，层次丰富，如果直接用 256 Shades of Gray 模式进行扫描，就会丢失一些细节，图像的层次不及在 Photoshop 中将 RGB 模式转换为 Gray 模式后的细节多。如图 4-15 所示，两幅图的效果明显不一样。

图 4-15

4.4.5 进行扫描

当前面的各项工作都完成以后，便可以对图像进行最终的扫描了。扫描后要先在显示器上进行检查，暂时不要挪动原稿，以便必要的时候重新进行扫描。正式扫描的图像用 50% 的大小去观察时， 应与印刷时候的效果基本相同。因此，如果显示器在扫描之前是经过色彩校正的，便可以在这时候模拟观察图片的印刷效果。

4.4.6 对图像进行后期处理

图像扫描完成以后，如果得到的图像还存在着某些不足，就可以通过图像处理软件进行处理。包括对文档在图像处理软件中的整体色彩、层次和清晰度的调整；对图像的尺寸和分辨率的调整；另外若需要一些特殊的效果，还可以在 Photoshop 中进行一些创意设计。

4.5 扫描原稿参数设置

原稿参数在扫描过程中非常重要

4.5.1 原稿类型

（1）反射稿：指照片、印刷品、画稿等在原稿扫描时，灯光从原稿表面反射到成像系统上。

（2）透射稿：指摄影底片（包括正片和负片）在扫描时需要专业的适配器和底片架，扫描灯光穿过胶片到达成像系统。

4.5.2 色彩模式

（1）线条模式：扫描后只有黑、纯白两种颜色，无中间色，适用于扫描工程图、线描的黑白画、文字等。

（2）灰度模式：扫描图以黑色深浅变化构成画面，通常适用于连续调黑白图像。另外，有些标志、图案经常要在绘图中绘制的，可不必扫描成彩色，也以灰度模式扫描。

（3）RGB 模式：扫描图以红、绿、蓝三原色记录颜色。平版扫描仪通常用这种模式来扫描彩色稿，扫描后在 Photoshop 中转换成印前需要的 CMYK 模式。因为平版扫描仪的分色功能通常没有 Photoshop 完善，所以在 CMYK 下控制灰平衡还有一定的难度。

（4）CMYK 模式：扫描图以四色印刷的青、品红、黄、黑油墨色温百分比来记录颜色。对于高品质的原稿，在高端平版扫描仪或滚筒扫描仪上扫描，常常使用 CMYK 模式。

（5）半色调模式：适用于半色调图像的扫描。不同的图像采用不同的矩阵来扫描，可以得到较好的扫描效果。现在的扫描仪大都取消了这项设置，对于印刷原稿采用去网设置即可得到满意的效果，如图 4-16 所示。

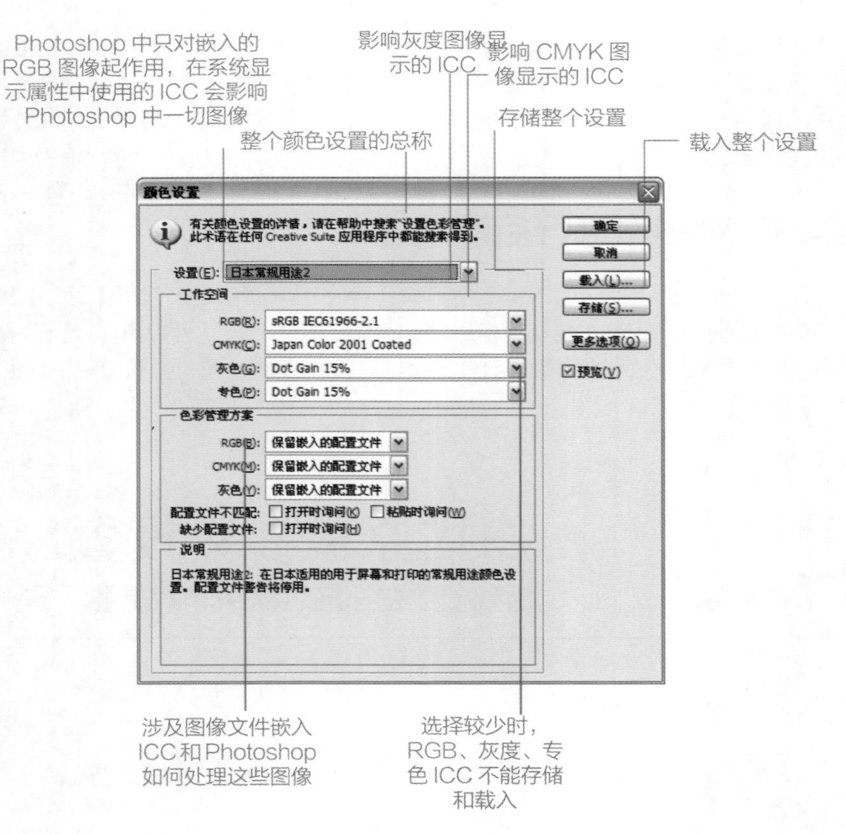

图 4-16

4.5.3 Photoshop 中校准 CMYK 模式的图层颜色

在 Photoshop 中打开一些 CMYK 模式的图，在旁边的标准光源下放置它们的打样。

（1）选择【编辑】→【颜色设置】命令，弹出“颜色设置”对话框，其各种功能的介绍如图 4-17 所示。

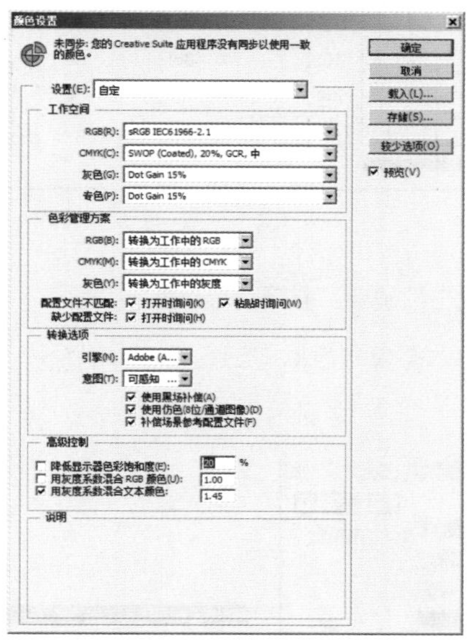

图 4-17

（2）在“工作空间”选项组中选择各种 ICC，直至找到一个最接近打样的 ICC，整个 ICC 就是校色的起点。

（3）单击 CMYK 下拉列表框后面的下拉按钮，选择“自定 CMYK”选项，弹出“自定 CMYK”对话框，设置其属性。

（4）在弹出的“自定 CMYK”对话框中，单击“油墨颜色”下拉列表框后面的下拉按钮，从中选择“自定”选项，弹出“油墨颜色”对话框，在其中改变 YXY 数值，使这些色块尽量接近打样的控制条色块，如图 4-18 所示。

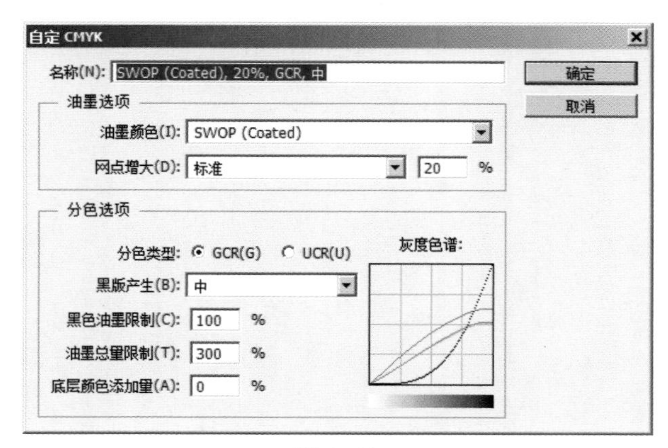

图 4-18

（5）校正网点扩大曲线。单击“网点增大”下拉列表框后面的下拉的按钮，选择“曲线”选项，弹出“网点增大曲线”对话框，输入数值或拉曲线上的点，和打样稿相比较，直到二者颜色一致，如图 4-19 所示。

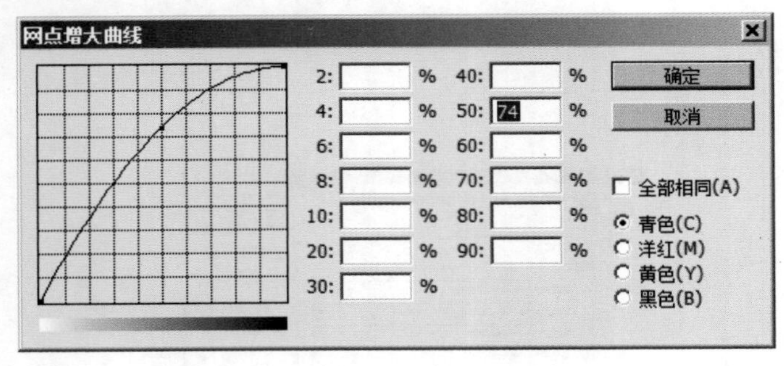

图 4-19

（6）设置完毕后单击“确定”按钮。

（7）选择“CMYK”下拉列表框中的“存储 CMYK”选项，然后单击“确定”按钮，如图 4-20 所示。

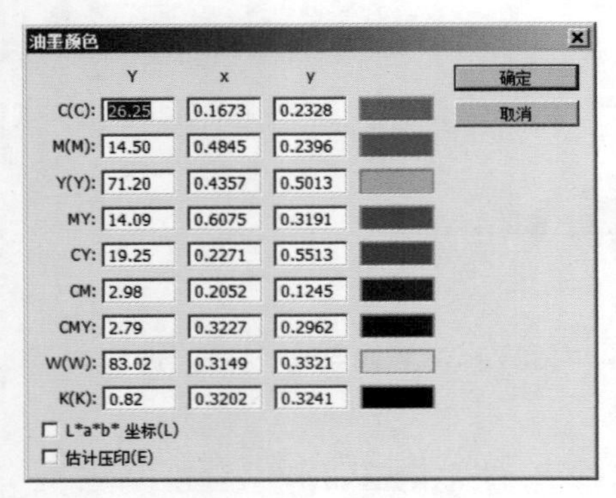

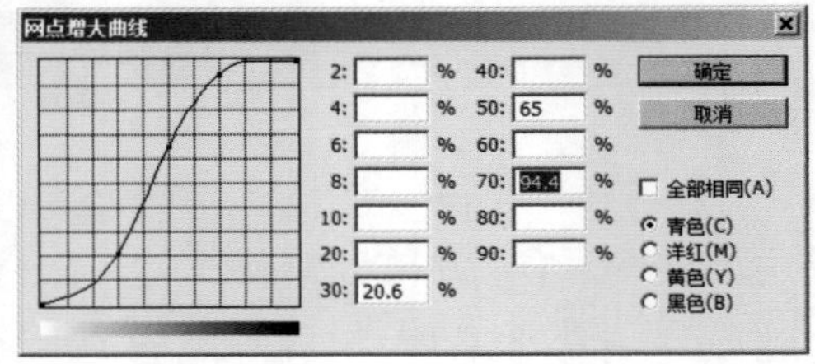

图 4-20

第 5 章

图像的调整与校色

在制作印刷品的过程中，调整图像颜色是一个必经的环节，因为图像的效果总是不那么令人满意，或者需要另一种效果，这时就需要使用 Adobe 公司出品的 Photoshop 软件来达到目的了。利用此软件中的“自动颜色”“去色”“匹配颜色”等命令可以调整图像的颜色，使其更加适合当前的应用环境。也可以利用软件提供的“色彩平衡”“色相 / 饱和度”“变化”等命令快速制作单色效果的图片。同时如果原图层次不太清楚明了，也可以利用“亮度 / 对比度”或者其他命令来达到目的。如果图像不清晰，也可以利用“锐化”工具组中的工具使其变清楚，总之 Photoshop 软件功能强大，肯定能满足用户的使用需求，在下面的章节中将详细讲解相关功能的使用和技巧。

5.1 Photoshop 的直方图

直方图就是用来表示像素点明暗分布的示意图

直方图是用来表示数码图像明暗分布的示意图，通过直方图就能掌握图像的敏感状态。

为了能够顺利地修图润色，一定要对原图的明度及颜色状态有客观的了解。虽然通常都是通过显示器图像或打印样本来确认色彩状况，但如果能够看懂直方图，就能对色彩有更加客观的认识。

5.1.1 了解直方图

为了确认数码图像的色彩和敏感状态，除了可以通过经过精心校色的显示器和打印机来观察外，还可以通过观察直方图来获得相关信息。

直方图中可以表示出该图像的明度构成分布信息。

横轴表示明度，左边为最暗，越向右越亮。纵轴表示像素的数量，表示出每种明度下有多少像素。图 5-1 所示为直方图。

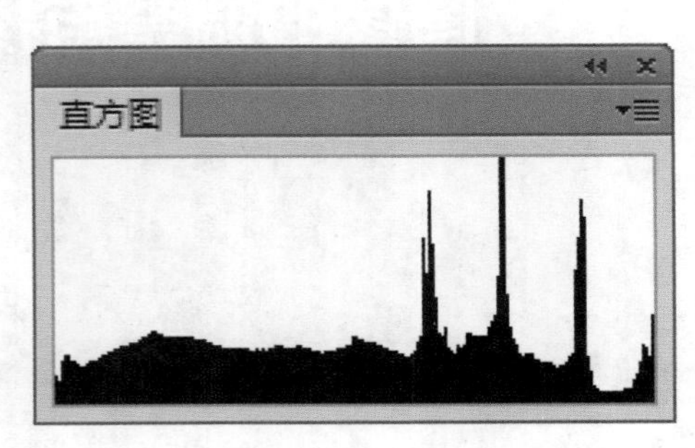

图 5-1

比方说，一幅给人感觉整体明亮的图像，其右侧（亮部）会分布有较多的像素；而整体偏暗的图像，其像素就会更多地分布在直方图的左侧（暗部）。这样通过观察直方图，就能对图像敏感分布有个大致的了解。

如果 Photoshop 界面上没有显示出直方图，则可以单击“窗口”菜单下的“直方图”选项，直方图即可在右侧面板上显示出来。

5.1.2 通过直方图看图像的色彩状态

一幅 RGB 图像，在直方图中可以分别显示 R、G、B（通道）的分布信息。而 CMYK 图像在直方图中会分别显示 C、M、Y、K 的分布信息，如图 5-2 所示。

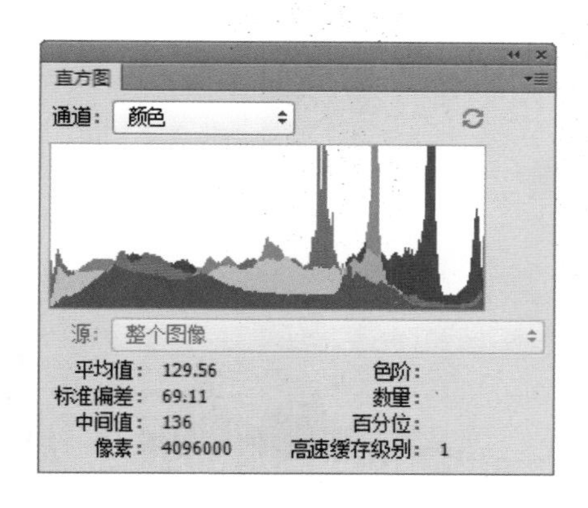

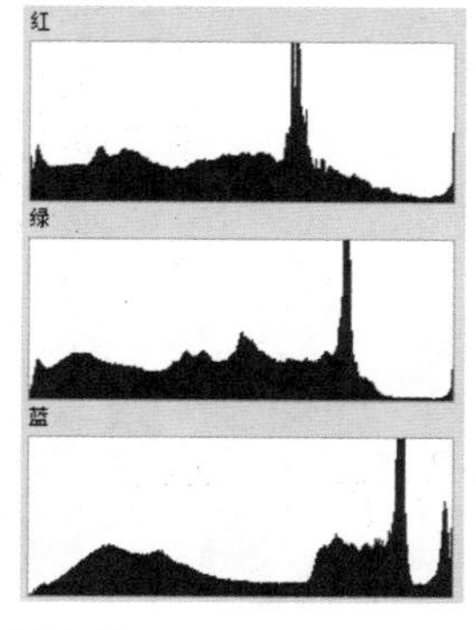

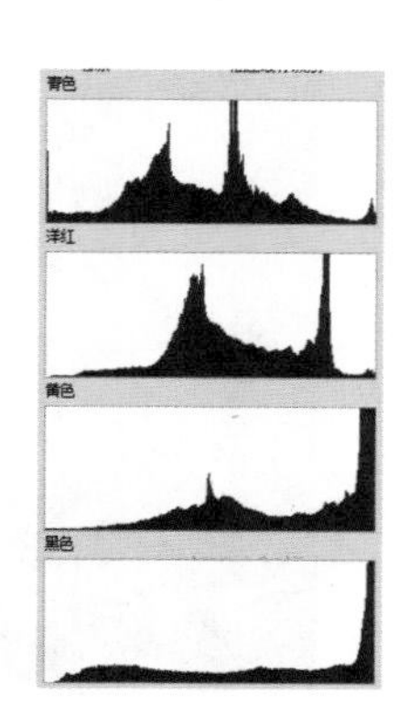

图 5-2

举例来说，若一幅 RGB 图像的 R 信息的峰值位于右侧，G 与 B 信息的峰值位于左侧的话，那这幅画像给人感觉则是红色偏多，这样就可以确认色调的状态了。

在图 5-3 中，会列举几个有典型色彩状态的图像，并根据直方图信息对其进行介绍。

恰到好处的亮度——适当的曝光度

过于明亮——曝光过度

过于昏暗——曝光不足

色彩重叠、偏色

对比度强——反差较强烈

对比度很强——反差很强烈

图 5-3

5.2 Photoshop 明度修正

用 Photoshop 中的曲线和色阶工具对图像明度进行修正的方法

Tips

由于人的肉眼对明度很敏感，所以过暗或过亮的画面都会显得十分显眼。为此，对于明度的调节是修图润色工作中的重中之重。

本节将介绍使用 Photoshop 中的曲线和色阶（图像—调整—色阶）工具对图像明度进行修正的方法。

5.2.1 修正明度、对比度首选曲线功能

Photoshop 可以对图像的明度进行微整，这当中“曲线”是使用最多的一个工具。

与直方图一样，曲线工具也采用图表方式表示数值信息。图表中从原点开始画出一道 45° 的角斜线，改变曲线位就可以调整明度。在横轴的“输入”中表示的是原始的明度；“输出”部分是使用曲线调整以后的明度。如图 5-4 所示为曲线图表图。

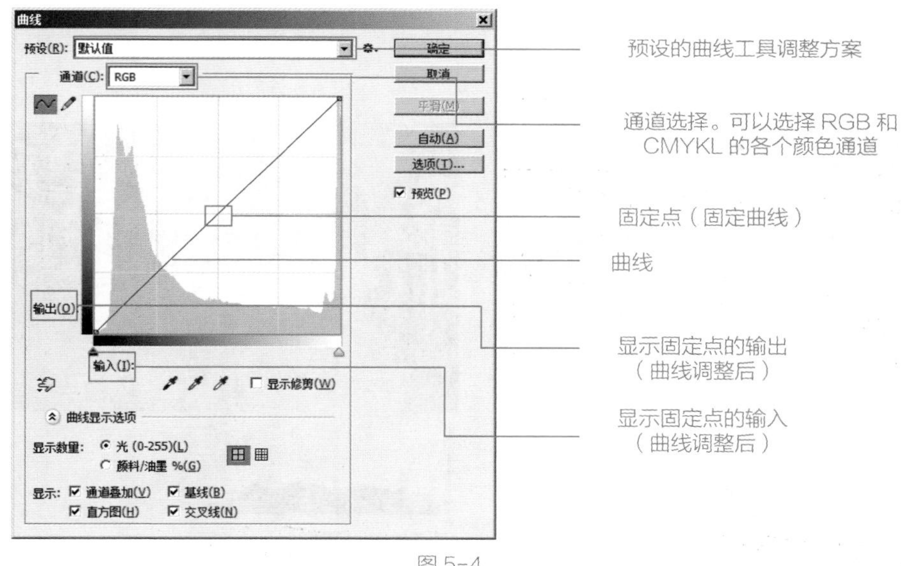

图 5-4

图像的明度参数是，从 0~255 共 256 个阶段，该图表就可以表示 256 个阶段。

关于图表下方的输出、输入，例如原图的明度为 150，使用曲线修正后明度变为 190（明度更离了）。当曲线向上凸起时，纵轴的数值会增加（明度增加），画面效果就会变明亮。反之让曲线向下凹陷的话，画面便会变暗。如果曲线保持 45° 直线不动，就会与原始状态保持相同的数值。

用于图像修正的曲线工具，是有一定的使用方法的。图 5-5 中将对几种具有代表性的方法进行说明。

图 5-5

5.2.2 色阶调整更大胆

在用曲线工具调整过以后，就可以用色阶工具对明度进行调整了。

与曲线工具细微的色彩变化不同，色阶工具只能在明度的最暗（0）、中间、最亮（255）3 个位置上操作。调整动作更加大胆，为此需要注意不要让画面失调。图 5-6 所示为色阶调整前后的变化。

原图像

用色阶工具调整后

图 5-6

5.2.3 过亮、曝光过度

下调曲线，降低整体明度。

在图像明度过亮的时候，将曲线中间下调，即可降低明度，进行适当的调整。

如果希望高光部分稍微降低明度，最暗部降低一些明度，则可通过将曲线向右下拉来进行调整。图 5-7 所示为原图和调整后的效果图。

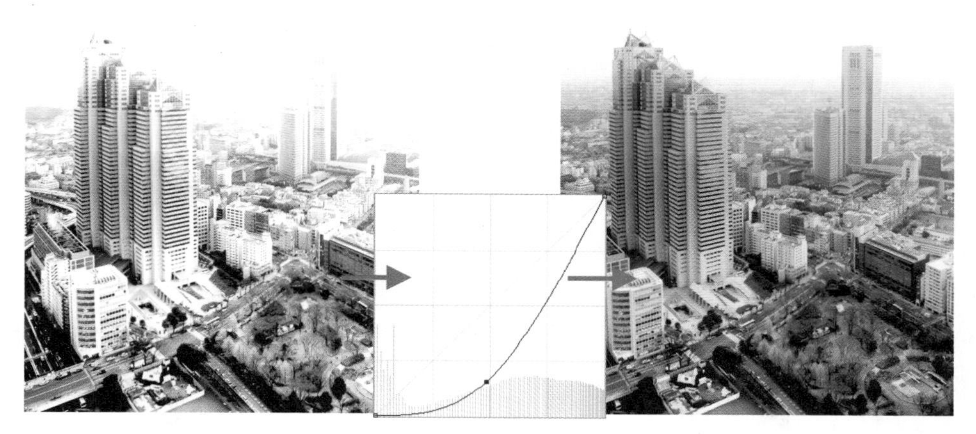

图 5-7

5.2.4 过暗，曝光不足

抬高曲线，提高整体明度。

当图像过暗的时候，将曲线中间部分提高画面的明度，适当提高曲线就可完成调整。

如果想表现出最暗部的细节，将曲线向左下拉即可。图 5-8 所示为原图和过暗曝光不足的效果。

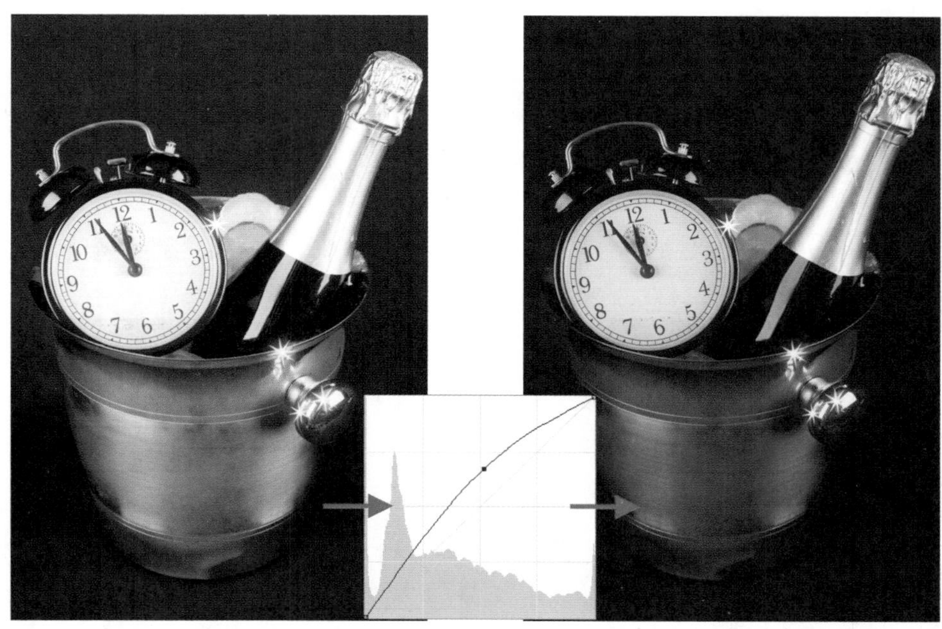

图 5-8

5.2.5 对比过小

让亮部更亮、暗部更暗（S 形曲线）。

如果图像对比过小，需要提高曲线的亮部，拉低曲线的暗部。

这种 S 形曲线调整在修图润色中是经常要用到的。图 5-9 所示为原图和通过调整 S 形曲线后的图片效果。

图 5-9

5.2.6 对比过强

提高暗部的明度，降低亮部的明度（倒 S 形曲线）。

当图像对比度过强的时候，暗部会一片昏暗，亮部则花白一片。让曲线的亮部降低、暗部提高，就能将亮部、暗部的细节都表现出来。

这时的曲线呈倒 S 形状态。图 5-10 所示为原图和通过倒 S 形曲线调整后的效果。

图 5-10

5.3 Photoshop 的色调修正修整

润色也是重要的一步，也就是色调的修正

Tips

颜色的三要素分别是“色相”、“明度”、“饱和度”。“色相”就是色彩的属性，“明度”就是敏感度，“饱和度”表示色彩鲜艳与否。

色调很容易受到拍摄时的光线条件的影响，而色调的变化也最容易被人察觉到。关于色调的修正，首先要从颜色本身的结构开始说起。

5.3.1 在讨论色调前先了解什么是色相

很多人在区分不同颜色的时候，首先会用红、黄、蓝、白等概念进行区分，也就是所谓的色调。这个色调在色彩学上被称为色相，是颜色特性三要素中的一个。

将色相在环形图表上排列起来就会形成色相环。在色相环上处于相对位置的两个颜色被称为补色。以下图的色相环为例， R（红）的对面是 C（青），所以 R 与 C 就是补色关系。如果将两种补色混合在一起，色彩就会显得浑浊，这是补色的特性。图 5-11 所示为色相盘效果图。

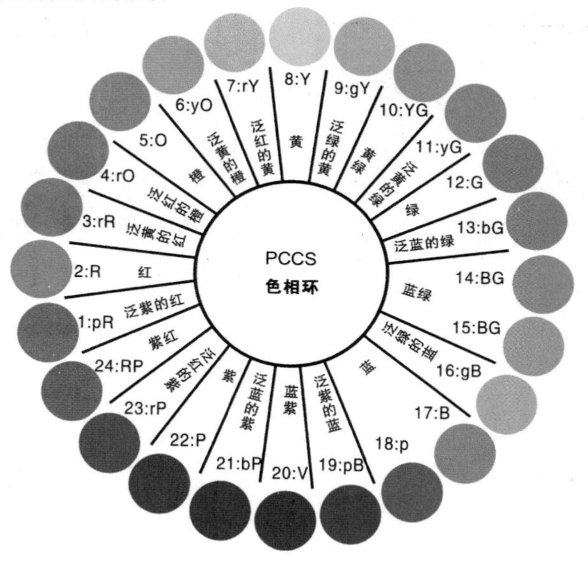

R　加强红色：提高 R 值 / 降低 B 值和 G 值

减弱红色：降低 R 值 / 提高 B 值和 G 值

G　加强绿色：提高 G 值 / 降低 B 值和 R 值

减弱绿色：降低 G 值 / 提高 B 值和 R 值

B　加强青色：提高 B 值 / 降低 G 值和 R 值

减弱青色：降低 B 值 / 提高 G 值和 R 值

对 C、M、Y、K 颜色的调整也是相同的，对各个颜色及其补色进行相应的操作。

图 5-11

5.3.2 用“曲线”调整颜色

在曲线工具中的菜单中，有“RGB”和“CMYK”的选项，这个选项就是用来选择各自色彩模式中的各个不同颜色，进行分别操作而设立的。这个功能可以实现便捷的调色手段。

例如，当一幅图像看起来发绿时，那么就可把 G（绿）的曲线向下拉，减少绿色成分。然后把 G 以外的 R（红）与 B（蓝）曲线提高，加强这两种颜色成分，修正色彩。

当色彩显得暗淡无光时，就要把不必要的颜色减弱，以达到修正目的。例如，当因缺少红色而显得暗淡时，将红色以外的 G 和 B 曲线降低，就能使画面色彩变鲜艳。由于 G 和 B 的中间色是红色的补色， 所以减弱这两种颜色就能达到提高鲜艳程度的效果。

CMYK 模式下的操作与 RGB 正相反，想要减弱某种颜色的时候要提高曲线，加强颜色的时候要降低曲线。如图 5-12、图 5-13 所示，通过曲线调整颜色的原图和效果图，图 5-14 所示通过观察直方图，可以看出只有 B 中段部分比较少。

图 5-12

图 5-13

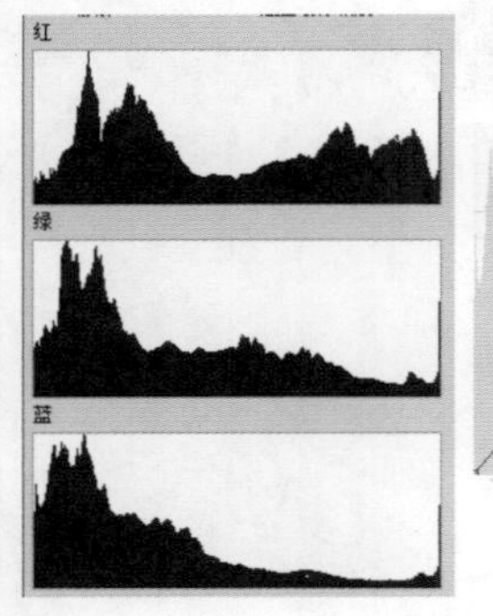

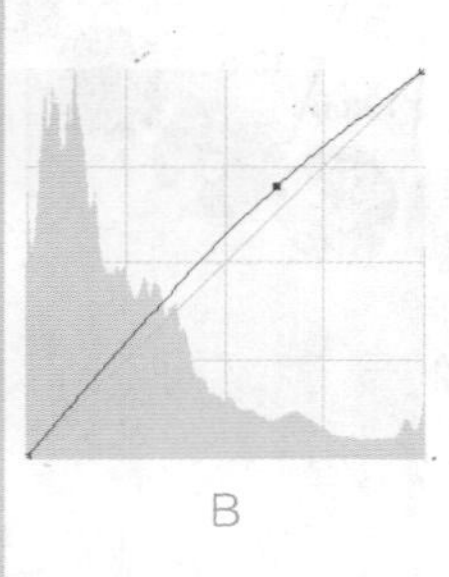

B

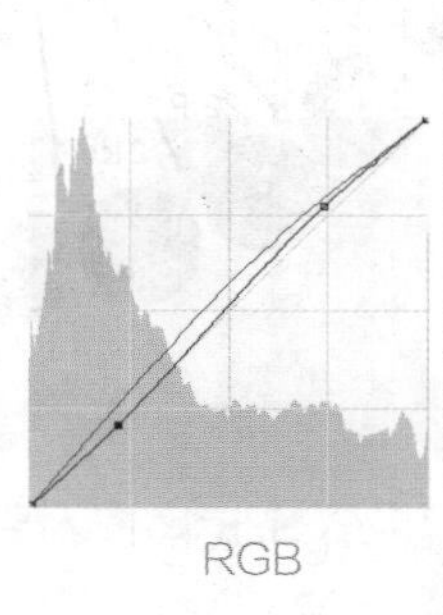

RGB

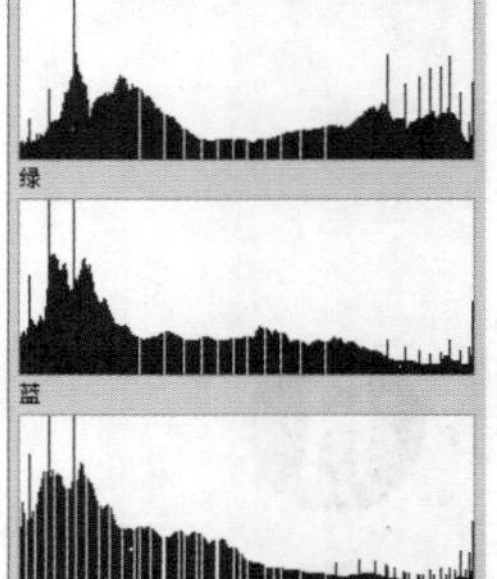

图 5-14

5.3.3 使用“色相 / 饱和度”工具能够方便地改变色调

“色相 / 饱和度”工具具有改变色相的功能。

将“色相”的滑块向右侧移动的话，色相会按照色相环的顺时针方向进行变化。如果将滑块向左移动的话，色相会按照色相环的逆时针方向变化。也可以通过数值设定改变色相。

色相 / 饱和度工具具备对各个颜色通道分别调整的功能。

另外该工具可以不用改变 RGB 或 CMYK 模式，而对其 6 个颜色通道同时观察并进行调整。这对于印刷工作来说十分方便。

色相 / 饱和度工具还包括了色相以外的颜色三要素，即对饱和度（色彩的鲜艳度）和明度（亮度）进行调整。

比起曲线工具，色相 / 饱和度工具更适合初学者使用，不过要注意的是，不能出现调整过度的现象。有时对色相进行调整以后， 色阶关系就会变差。而提高饱和度后，RGB 模式的图像就会显得鲜艳，但将其转换为 CMYK 模式后，色彩会变得暗淡无光。图 5-15 所示为 Photoshop 的“色相 / 饱和度”选项框，图 5-16 所示为通过调整色相 / 饱和度改变图片颜色。

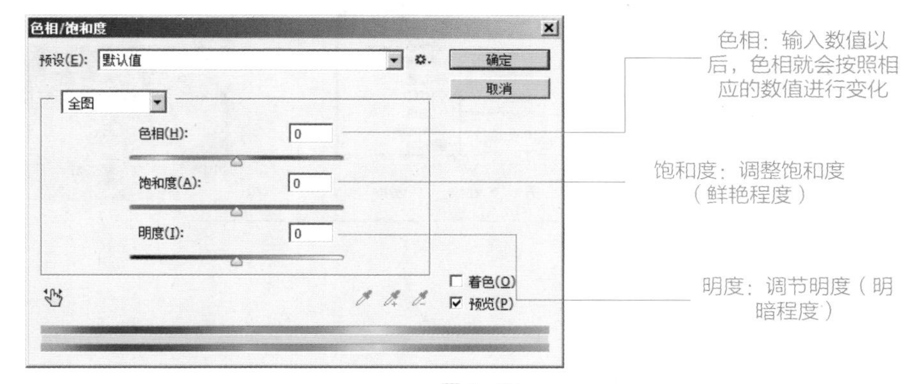

图 5-15

红叶颜色的鲜艳程度：在色相 / 饱和度工具中，随着饱合度数值的提高，红色的颜色就变鲜艳。
但是在 RGB 模式下提高了饱和度后，当其变为 CMYK 模式后，颜色可能并没有那么鲜艳，反而会变得黯淡无光。

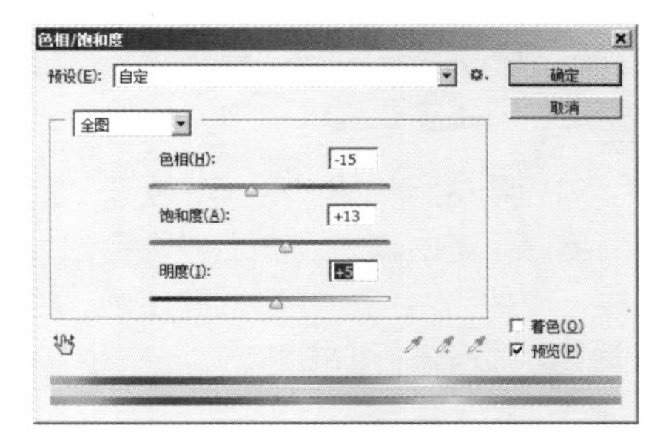

图 5-16

5.3.4 让设计师用起来很顺手的“可选颜色”工具

“可选颜色”工具是可以对图像的 RGB 和 CMYK 的各个颜色及特定明度的部分进调节的工具。该工具的特点是，可以让被调整的颜色部分按照 CMYK 的分类滑块进行操作。

这种无需区分 RGB 或 CMYK 模式的颜色值调整方式，对于熟悉 CMYK 颜色的设计师来说是非常方便的。另外，无需制作蒙版， 选择出特定的范围，也可以对特定的近似色进行操作。图 5-17 所示为通过“可选颜色”工具调整图片颜色。

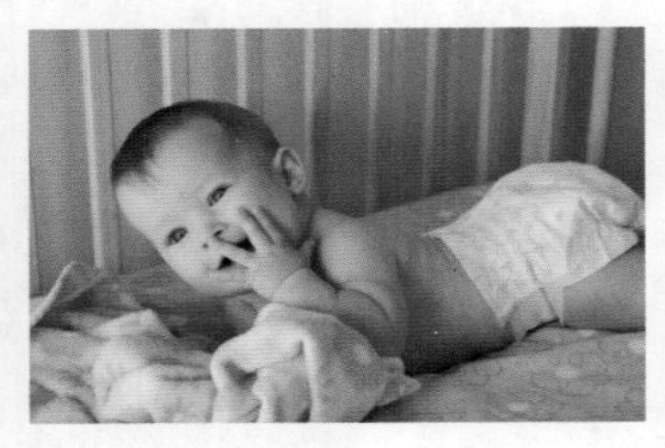

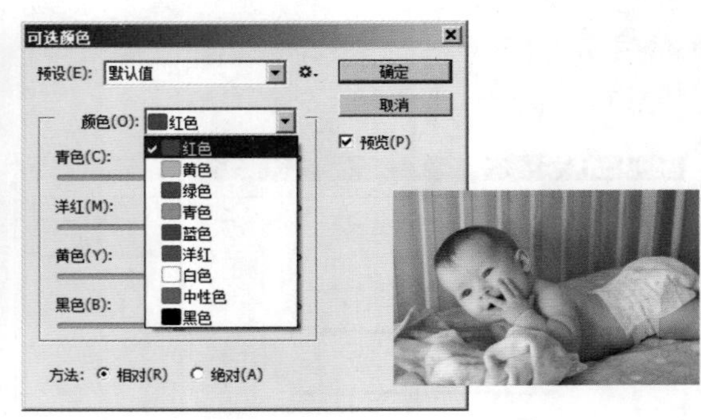

图 5-17

Tips

选择颜色进行调整：

选择一部分颜色进行调整，需要用到“可选颜色”工具。以左图为例，如果想改变粉色花的颜色可以对红色系的数值进行调整。

Tips

引用可选颜色应注意以下三点。

（1）在调整过程中注意不要对不需要调节的颜色产生影响。

（2）一般情况下应使用“相对”方式，以免使图像色调变化太大。

（3）进行色彩调整时，要确定色彩模式是 CMYK 模式。

5.4 Photoshop 的改变图像大小与形状

Photoshop 拥有改变图像形状和大小的多种功能

5.4.1 “倾斜”“扭曲”命令

从高层建筑物下方向上拍摄的话，建筑物的会显得很宽，而上部会显得比较窄。在需要动态效果的时候，保持这种状态就可以了。不过想要表现出建筑物客观的效果的话，还是需要建筑物的侧线垂直于地面的。

对静物进行拍摄的时候，由于从上向下，会形成头重脚轻的效果。另外，在拍摄商品目录的时候，画面上静物会因为角度而显得凌乱不堪。职业摄影师在拍摄的时候，当然会避免上述情况的出现。但由于数码相机的普及，很多时候都不是委托职业摄影师来进行拍摄的。

当需要对图像进行调整时，执行【编辑】→【变形】命令，选择相应的工具进行修正即可。在“变形”选项中有各种工具， 首先来尝试一下“倾斜”，在需要更加复杂的调整的时候，可以用“扭曲”选项进行微调。另外，这个功能也被称为“仰视修正”，这是从宽画幅照相机中流传下来的叫法。如图 5-18 所示，通过“倾斜”“扭曲”命令调整倾斜建筑。

（1）原图中建筑物下部看起来比较宽

（2）使用变形工具中“倾斜”命令将建筑物的侧线调整到垂直的状态中

（3）在处理高层建筑或者瘦高形状的瓶子罐子之类的静物时，经常用到这个技巧

图 5-18

5.4.2 “扭曲”“镜头校正”命令

使用广角镜拍摄的照片，会因为镜头的特性的影响，在画面四周产生变形。特别是当画面中有水平直线或垂线物体的时候，这种变形会显得尤其突出。为了能够客观地表现出被拍摄物体，就需要对图像进行修正。

这种时候需要使用“扭曲”工具或者滤镜中的“镜头校正”功能。如图 5-19 所示通过“扭曲”“镜头校正”命令调整镜头校正。

50mm 以下焦距的镜头称为广角镜头。广角镜头能够获得更加宽广的画面感，但会造成画面四角变形。

图 5-19

5.4.3 “滤镜库”可以让人像变美

如果想让人像的下颌曲线变纤细，使脸庞看起来更加紧凑的话，可以使用滤镜中的“液化”功能。这是一项类似于用鼠标绘画的工作，对于初学者来说可能有点难度。为了让画面看起来更自然一些，还是需要反复练习直到熟练掌握的。

不过，类似这样的人像修正工作是广告设计师常用的，杂志、图书等出版物的设计师相对重视客观性，一般不对图像做过大的修改。而且这项工作通常不是设计师负责的，大都是由专业的润色师进行操作。图 5-20 所示为通过“滤镜库”让人像变美。

打开【滤镜】→【液化】→【向前变形】工具，然后在画面上拖曳鼠标，画面就会随着拖曳的方向变形

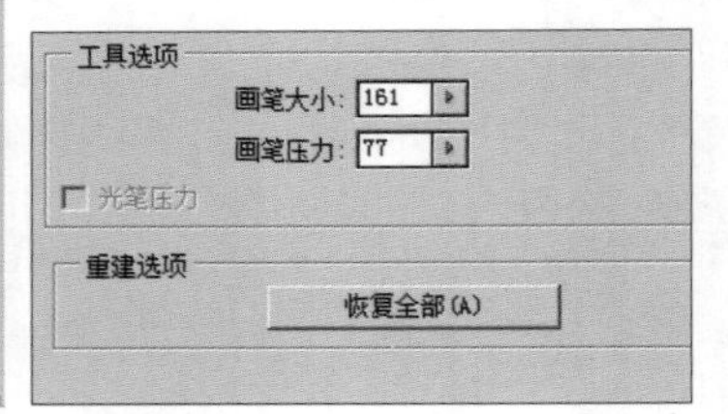

图 5-20

5.4.4 “缩放”工具使用

想要改变图像局部的大小时，先将需要改变的部分选择起来，然后从菜单中选择【编辑】→【变形】→【缩放】工具进行编辑。

在缩放的时候，如果放大比率过大，会让图像显得粗糙，这是需要注意的地方。另外，如果需要反复缩放，以对比各种效果，则可以从“图层”面板的选项中，单击“转换为智能对象”选项，就能在保持画质不变的情况下对图像进行编辑。但是即便如此，如果扩大过头的话也会导致画质受损。

如果要整体改变图像的大小，可使用图像菜单中的“图像大小”命令进行编辑。图 5-21 所示为“缩放”工具的使用。

（1）需要将部分花朵缩放的时候，先用“快速选择工具”将花朵选出。

（2）对选区使用“缩放工具”，拖动四角改变图像大小”

（3）最后双击选区即可完成操作。

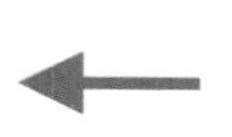

图 5- 21

5.5 Photoshop 图像的修整功能

进一步利用 Photoshop 对图像润色

实际上像化妆品广告那种润色加工的情况，在工作中很少遇到。但是去除照片中的瑕疵的工作，是追求完美的设计师所必须掌握的技能，同时在润色作业中，对画面的锐化处理也是非常重要的。

5.5.1 人物照片的修整

人的面部难免会有一些头发丝、皮肤屑等瑕疵，要将这些瑕疵处理掉，就需要用到“污点修复画笔工具”等功能。

除了“污点修复画笔工具”外，还有“修复画笔工具”“修补工具”等。使用时要根据色彩的不同，结合实际情况选择相应的工具。

这些修复功能不仅可以用在人像修整上，对于数码相片上的噪点，以及灰尘引起的数码相片和扫描图片上污点和斑痕，也可以使用上述工具来修整。

在需要让人物的皮肤看起来更加光滑的时候，可以使用“模期工具”，用鼠标在需要处理的部分来回拖动，就可以完成修整。需要注意的是，如果处理过度，则会使人物的面部阴影受到破坏，从而让表情看起来非常死板，如图 5-22 所示为 Photoshop 图像的修整功能。

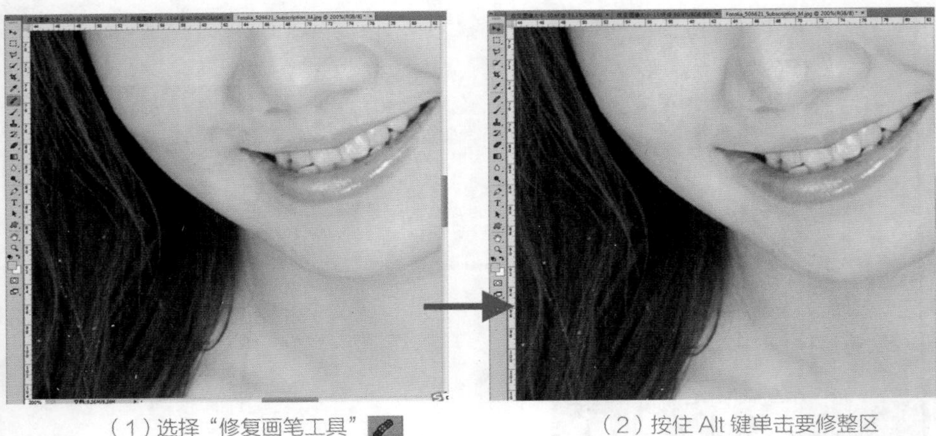

（1）选择“修复画笔工具”

（2）按住 Alt 键单击要修整区域颜色相近的地方进行修整

图 5-22

5.5.2 照片的修整

在处理风景照片的时候，大街上的电线等碍眼的物体是一定要消除的。

这种时候，要用到与修复类工具类似的“仿制图章工具”。在进行修整操作的时候，要一边观察修复效果，一边选择使用哪种工具。图 5-23 所示为照片修整过程。

（1）选择“模糊”工具，在想要处理的部分按住鼠标拖动

（2）上图为修正完成的状态

图 5-23

如果需要在图像外围继续添加内容，而又不想改变原图分辨率的话，可以使用“图像大小”选项下的“画布大小”功能。

5.5.3 锐化的设置

对图像的锐化处理要在所有修图消色工作都完成以后再进行。步骤：滤镜→锐化→USM 锐化。

USM 锐化功能，是通过突出图像轮廓部分的色彩差异，从而使图像变得棱角分明。在 USM 锐化的对话框中，“数量”表示需要锐化的程度，数字越大，锐化效果越强烈。“半径”表示对与轮廓相邻的颜色，到什么样的距离（像素数）为止使用锐化效果。从外观上看，“半径”的数值越大，锐化效果越强。“阈值”是用来限定被锐化部分的色差的大小的。数值为 0 的时候色差为 0，也就是对所有像素做用锐化效果处理。阈值的数值越大，色差大的部分就不会作用到锐化效果，从外观上看，锐化效果就越弱。图 5-24 所示为 USM 锐化前后的效果图。

USM 锐化的设置

以上图为例，采用了“数量 185%”“半径 3 像素”“阈值 0 色阶”的参数配置。根据照片内容的不同，用于印刷时“数量”为 80%~200%、“半径”为 2~5 像素、“阈值”为 0~5 为好。从画面上看，稍微过度的时候会比较多。

图 5-24

Tips

“USM 锐化”功能在修图润色工作完成之后再用，会比较有效果。

5.5.4 USM 锐化需要注意的地方

经过 USM 锐化处理的图像，在排版软件上偏小或分辨率设定过高时，其效果会大打折扣。为此，如果不确认图像的实际大小，是没法判断其处理效果的。所以，在排版软件上要将图像设置为 100%~120% 的尺寸，才能将锐化效果有效地表现出来。图 5-25 所示为 USM 锐化的注意事项，图 5-26 所示为 USM 锐化前后的效果图。

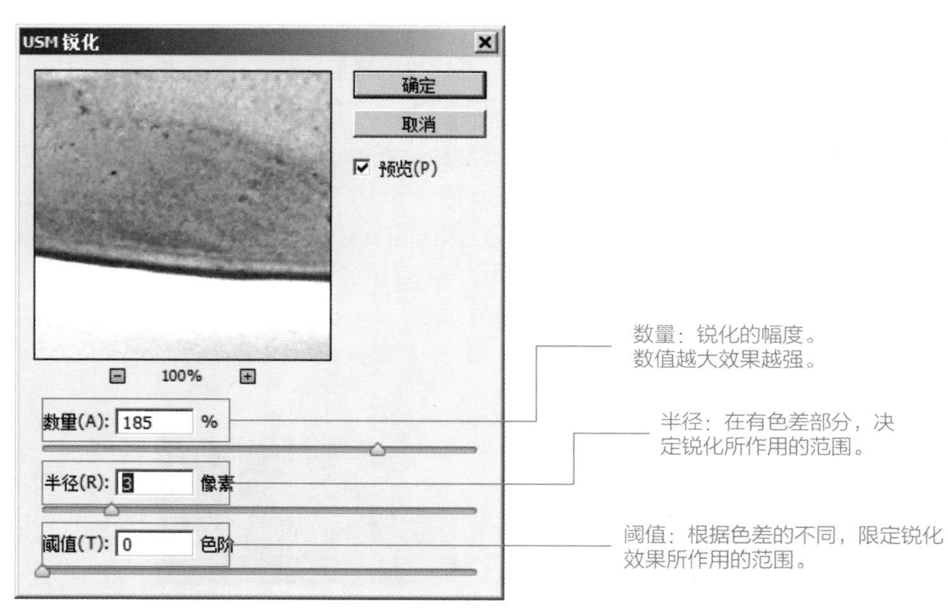

图 5-25

在大尺寸的状态下使用 USM 锐化：
左图是一张 200% 左右的图像。以同样的锐化参数设置，将同样大小的图像在排版软件上缩小 40%。

缩小使用尺寸后再使用 USM 锐化：
在排版软件中置入相同尺寸，使用相同参数锐化效果的图像，不对其进行缩放。从这张图上可以看出锐化效果更加明显。

图 5-26

5.6 剪切

点阵图是由四边形的像素点集合而成的

在实际工作中，经常会遇到将人物或静物的背景去掉的情况，这时候就需要用到 Photoshop 的剪切功能。虽然在 Photoshop 中的剪切方法有若干种，但本文只介绍几种有代表性的方法。

> **Tips**
> 如果在剪切的同时对轮廓进行柔化处理，可以使用图层蒙版或透明的方法。

5.6.1 剪贴蒙版、背景透明

Photoshop 的剪切方法有剪贴蒙版和让背景变透明两种。

剪贴蒙版是像 Illustrator 的钢笔工具那样，将图案的的轮廓勾勒出来，然后从内侧剪切掉的方法。学习钢笔工具的使用需要一定的过程，很多初学者因为怕麻烦，就对这个功能敬而远之，可钢笔工具却是一个职业 DTP 工作者解必须掌握的技术。

用钢笔工具勾勒轮廓后所剪切下来的图像轮廓是相当整齐的，在处理人物和静物照片的时候经常用到。

背景变透明的剪切方法是利用选区或蒙版将不要的部分透明化后进行剪切的。这个方法虽然不能像剪切路径那样整齐地将图像裁切下来，但可以实现利用透明技能的柔滑裁切的效果。例如，剪切人像的毛发部分时， 使用这个方法能够让图像与背景更加自然地结合在一起。图 5-27 所示为通过路径进行裁切。

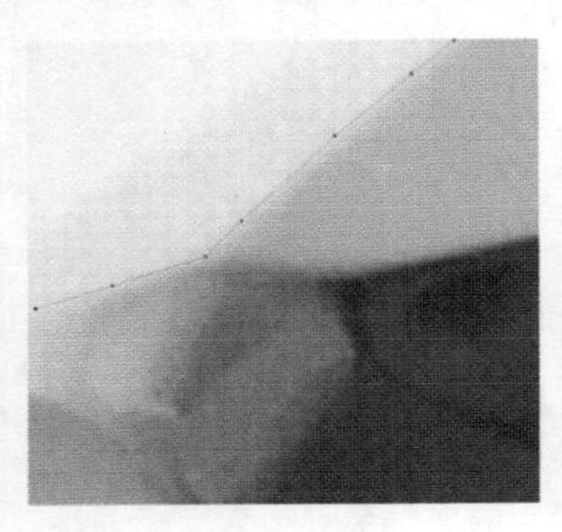

如果路径没有沿着图像轮廓走，再进行裁切，背景会有残留。

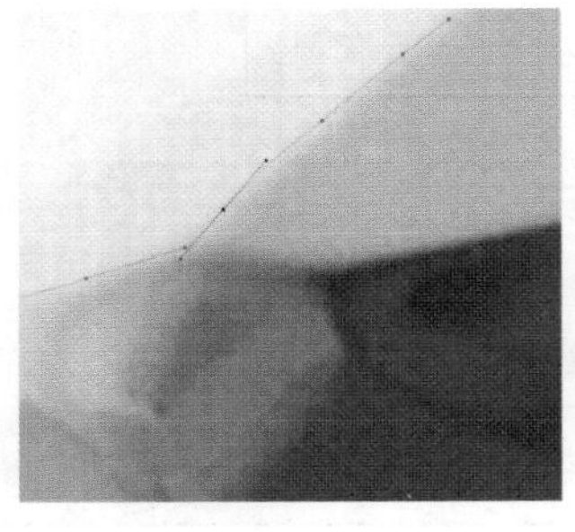

让路径以曲线方式沿着图像轮廓环绕，再剪切出来的图像就不会有残留的背景了。

图 5-27

5.6.2 背景色接近白色时就能非常简单地剪切下来

一张背景底色接近白色的照片，可以利用“曲线”或“色阶”工具使背景上的杂色消失，也可以使用“高光 / 阴影”工具实现。

如果被剪切对象的内侧为明度较高的颜色，那么上述方法就不太适用，这个时候应该使用蒙版来处理。图 5-28 所示为通过“曲线”或“色阶”工具将背景变为白色。

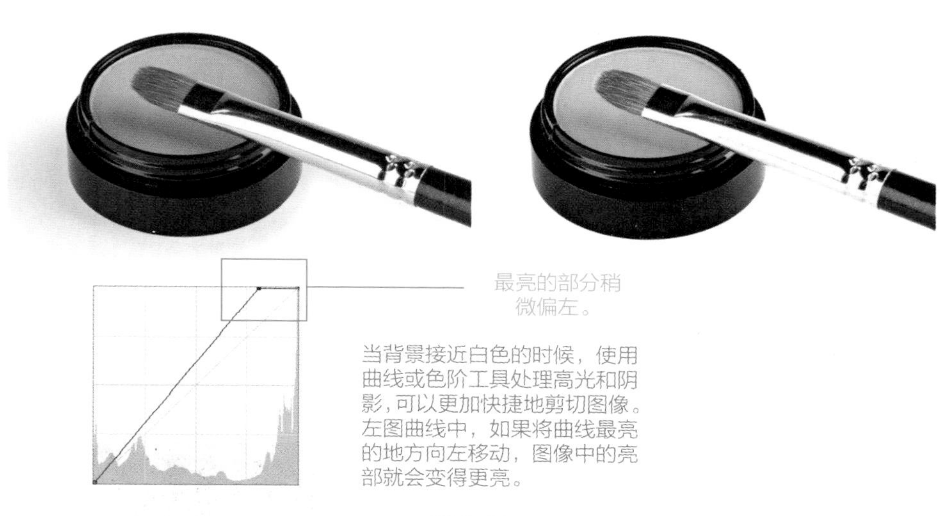

图 5-28

5.6.3 投影（阴影）的添加方法

为了使剪切后的图像看起来更加自然， 需要为其添加投影。

使用 Photoshop 中的“图层样式”功能，可以非常方便地为图形添加投影效果。不过，这个功能所添加的投影是针对图形轮廓进行的。如果出现光源在上方的地面投影的情况，这个功能就不通用了，此时需要在该图形下方的图层中用画笔等工具制作投影。图 5-29 所示为投影（阴影）的添加方法。

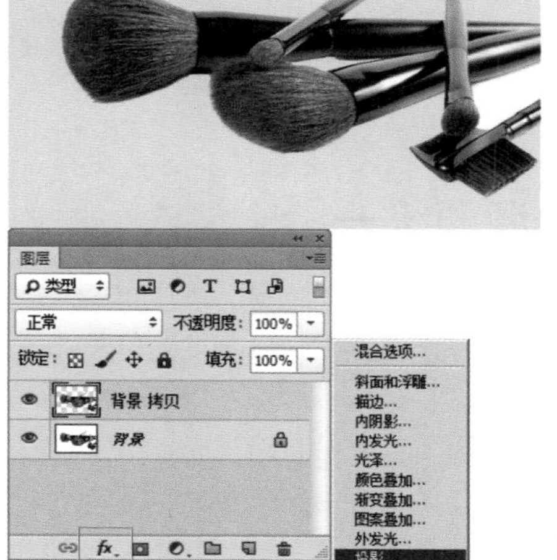

以左边图为例，光源在物体左上方，投影就在右边，使用“图层样式”工具添加投影。

图 5-29

5.7 图像处理中必须要注意的地方

认真从最顶端的图层开始检查

不仅对于润色修图来说很重要，图像处理技巧对于保证印刷的顺利进行也是非常重要的。本节将自学者容易出现的几个问埋进行举例说明。对这些问题点逐一核实，才能保证图像数据不出问题。

5.7.1 不要润色过度

在 RGB 模式下进行润色，如果饱和度调得太高，就会对饱和度提高的部分过于集中注意，而导致与其他的部分的色调出现不协调的现象。在润色时，要在保证色调正常的情况下进行调整。

同样情况，在对人物照片修正的时候，如果把人的皮肤处理得太干净、面部阴影全部消失的话，就会让人物表情看起来死板。所以，在处理人像的时候，一定要恰到好处，切忌处理过度。图 5-30 所示为润色过度的效果。

饱和度过高：
如果将西红柿红色部分的饱和度调高，整体的红色部分和绿色部分的高光会失调。

表情呆板：
为了让皮肤看起来更加干净，将阴影全部去掉后，皮肤会一马平川，表情会显得单板。

图 5-30

5.7.2 连续照片、页面的色调要统一

连续排列的照片、专辑照片等内容，在没有持别需要的时候，要让每张照片的色调统一起来。特别是同一颜色的物体或同一人物的肤色等，一定要处理成统一的状态。

对多张连续照片进行处理的时候，不能一张一张单独调整，而是一定要与其他照片的色调对比，整体对比，整体调整。图 5- 31 所示为色调不一致的图片，图 5-32 所示为图片色调被处理成统一状态。

图 5-31

图 5-32

5.7.3 存储格式为 JPEG 就无法再次进行润色处理

如果将文件存储为 JPEG 格式，图像质量会因为压缩而受到损失。

当收到 JPEG 格式的原稿时，应该立刻将其转换为 PSD 等非压缩格式的文件后进行保存。

另外，以EPS格式保存的图像编码选为JPEG的时候，也会造成画质受损。所以，在选择 EPS 编码的时候，要选择二进制或 ASCII。像这样在图像处理的时候使用PSD等格式，处理完成后再以EPS格式保存等，防止画质受损也是要下一番工夫的。

5.7.4 分辨率不够

分辨率不够，是很多初学者或者经验不足的人常遇到的麻烦。这并非是图像的问题。在获得图像原稿的时候，几乎所有的图像都是 72ppi 的。获得以后如果立刻将其调整为所需要的分辨率（通常为 350 ppi），以后的工作中就不会出现分辨率不够的麻烦。图像在排版软件上能够设置为 240~300ppi 的话还能将就使用，如果低于这个分辨率，则最好跟原稿提供者商量，让其另外提供文件。图 5-33 所示为不同的分辨率的照片。

150 ppi
由于分辨率不足，细节部分显得比较模糊。

240 ppi
如果现在的像素使用还是可以的。

300 ppi
印刷用的标准分辨率。

图 5-33

5.7.5 CMYK 模式时注意油墨量

对 CMYK 模式的图像进行润色的时候，要注意 CMYK 各个颜色的总量百分比。通常情况下，如果在日本使用钢版纸印刷时，其上限为 350%，如果高于这个数值，则会导致油墨渗透纸张或过量的油膜导致纸张粘在一起等问题。

利用 Photoshop 的“信息”面板和吸管工具来确认油墨的使用总量。如果合计超过 350%，那么先转换成 RGB 模式或者 Lab 模式，再次匹配 Japan Color 2001 等配置文件，最后再转换回 CMYK 模式。CMYK 的配置文件中设置有油墨使用总量的最大值，将油墨的使用总量限制在这个值内即可。如果润色修图工作在其他模式下进行，当所有的处理工作都完成后再转换为 CMYK 模式，由于是在配置文件中所设置的油墨最大值的范围内所进行的颜色模式转换，因此就不会出现油墨总量超标的问题。所以，尽可能在润色处理完成后再进行颜色模式的转换。图 5-34 所示为 CMYK 模式油墨量的信息图。

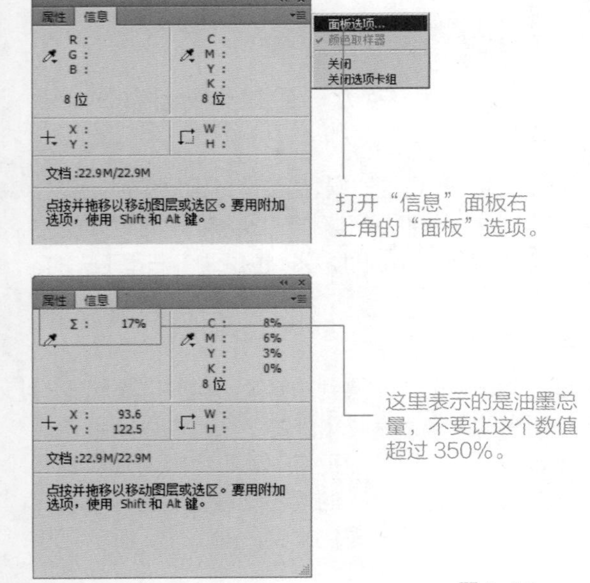

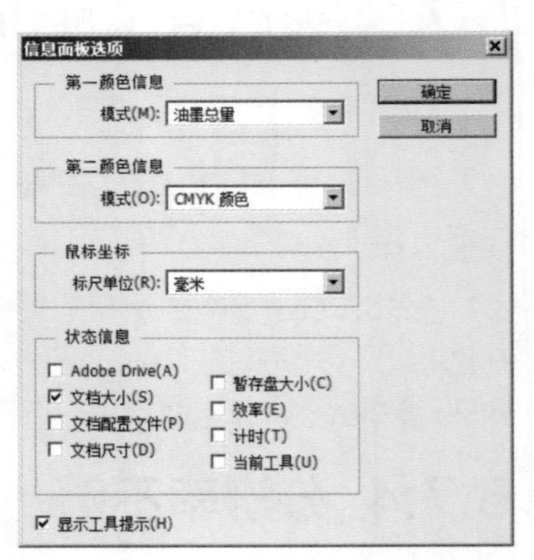

在“第一颜色信息”中选择“油墨总量”选项。

图 5-34

第 6 章 色彩管理

色彩管理（Color Management）就是如何控制并描述我们用数码相机拍摄到的、在计算机屏幕上看见的、扫描仪捕获的、彩色样张上的和印刷机印刷的图像色彩。从图像创建、色彩捕获到最终图像输出，色彩转换是以系统化的方式进行的。在从一个设备到另一个设备的转换过程中（无论是从计算机到印刷机，还是从样张到印刷机），色彩管理系统应尽量保持并优化颜色的保真度。简而言知，色彩管理就是为了保证颜色在输入、处理、输出的整个过程中始终一致，也就是常说的“所见即所得”。

6.1 色彩管理

成功的色彩管理工作，可解决排版问题

6.1.1 色彩管理的概念

色彩管理就是如何控制并描述在计算机上能看见的、通过扫描仪捕获的、色彩样张上的和印刷的图像色彩。

Tips

图像复制需经历图像的获取、处理加工、分色、印刷等多个阶段，在每个阶段，色彩信息将按照当前所使用设备的呈色原理及色彩描述特性进行表现。不同的扫描与显示设备对同一张原稿会有不同的色彩表现。

6.1.2 色彩管理的目的

实现不同颜色的空间转换，以保证同图像色彩在输入、显示、输出中所表现的外观尽可能匹配，最终达到原稿与复制品色彩和谐一致的效果。

6.1.3 色彩管理的基础要素

1. 标准

为了保证色彩信息在传递过程中的稳定性、可靠性和可持续性，要求对输入设备、显示设备、输出设备进行校准，以保证它们处于标准工作状态。

其中包括：输入校正、显示器校正和输出校正。

（1）输入校正的目的是对输入设备的亮度、对比度、黑白场，即 RGB 三原色的平衡进行校正。

（2） 显示器校正使显示器的显示特征符合其自身设备特征描述文件中设置的理想参数值，是显卡依据图像数据的色彩资料，在显示屏上准确地显示色彩。

（3）输出校正是校正过程中的最后一步，包括打印机和照排机进行校正、对输出设备的特性进行校正。在印刷与打印校正时，必须使该设备所用纸张、油墨等印刷材料符合标准。

2. 特性化

所谓特性化就是生成设备 ICCProfile 文件的过程。当所有的设备都校正后，就需要将这个设备的特性记录下来，这也是特性化的过程。

色彩桌面系统的每种设备都具有其自身的颜色特征，为实现准确的色空间转换和匹配，必须对设备进行特征化。

对于输入设备与显示器，利用已知的标准色度值表，做出该设备的输出色域特征曲线；对于输出设备，利用色空间图，做出该设备的输出色域特征性曲线。

3. 转换

包括绝对色度法、相对色度法、突出饱和法和感觉法四大类。

6.1.4 色彩管理的流程

（1）对扫描仪作色度特征化，建立扫描仪的色彩描述文件，对照输入图像的 RGB 值，依据描述文件转换到标准色空间。

（2）对显示器做色度特征化，建立显示器描述文件，通过 CMS 转换到标准色空间。

（3）对输出设备进行色域特征化，建立输出设备描述文件，依据描述文件把 CMYK 网点半分比转换到标准色空间。

6.2 色彩管理的基本原理

色彩管理的核心介绍

色彩管理的解决方案主要是根据国际色彩联盟 ICC(Interantional Color Consortium) 所提出的工业标准建立的。国际色彩联盟是在 1993 年由苹果电脑和其他 7 家公司创立的，现在 ICC 有超过 70 家设备制造商和软件开发商成员，包括 Sony 、Hp、Creo、Adobe 和 Quark 等。ICC 的作用就是创建色彩管理的标准和核心文件的标准格式，它开发的核心就是 ICC　Profle（ICC　色彩特性文件）和色彩管理模块（CMM）。

6.2.1 ICC 色彩管理的流程概述

ICC 针对目前使用的所有图像文件格式进行整合，在统一的标准下定义各种复制色彩设备的 ICC 色彩特性文件（ICC Profile），用以支持不同设备的色彩转换。

针对一个具体的印刷过程，ICC 将输入设备、显示设备、打印输出设备，以及印刷设备经过特性化的标准程序处理后，产生色彩特性文件，并且嵌入到图像文件中。不同设备的色彩特性文件通过标准色彩空间相互联结，保证了色彩在不同的应用程序、不同电脑平台、不同图像设备之间传递的一致性。

色彩管理的主要过程如图 6-1 所示。

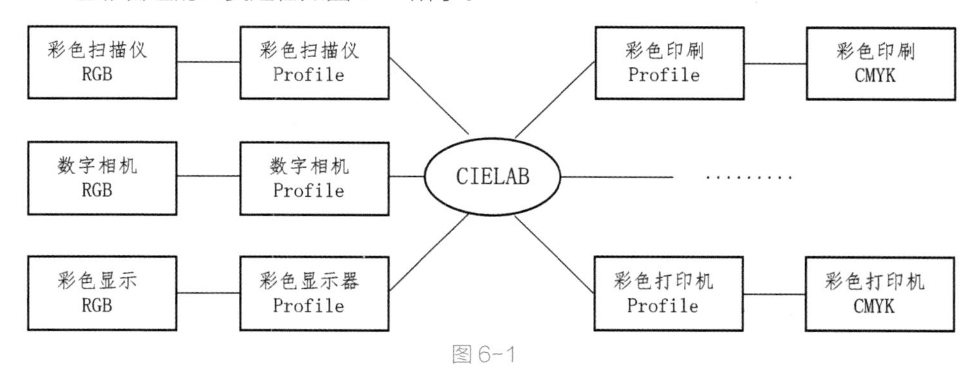

图 6-1

在上图中，大致描述了色彩管理的 3 个主要过。

（1）对输入设备做色彩特性化，建立设备色彩描述文件；对照输入图像的 RGB 值，依照描述文件转换到标准色空间。

（2）对显示器做特性化，建立显示器的色彩描述文件，通过 CMS 转换到标准色空间。

（3）对输出设备进行特性化，建立输出设备的描述文件；依据描述文件，把 CMRK 转换到标准色空间。

这样，经过这 3 个过程，输入、显示和输出设备都处在同一标准色空间下，从而获得统一颜色外观。

6.2.2 ICC 色彩特性文件（ICC Profile）

ICC 色彩特性文件通过操作系统与硬件设备关联、通过应用软件模拟、通过嵌入在图像文件中被应用软件读取等方式生效。

设备特性文件为色彩管理系统提供将某一设备的色彩数据（即一个设备能够产生或获得的色彩范围、色域）转换到设备独立的色彩空间中所需的必要信息。ICC.I: 1997-09 中将彩色设备分为 3 大类：输入设备、显示设备、输出设备。对每一种设备，都有一个算法模型会执行色彩转换过程。这些模型根据内存的需要，以及执行过程和图像质量的不同要求，提供相应的色彩复制质量。

设备特征文件是基于颜色的光谱数据而得到的设备颜色特性数据，它作为一种标准，通过不同的设备所附带的特性文件来描述和翻译不同厂商生产的设备再现色彩的能力。设备特性文件的创建通过分光光度计对所选的一组标准色块进行物理测量，以及相应的软件计算而生成。这些色块通过测量被创建成一个电子文件，然后通过专用软件计算一个将设备色度值（如 RGB 或 CMYK）转换成 CIELab 的色彩空间值的数学描述。正确制作设备特性文件地过程是精确地将所有的 RGB 或 CMYK 色彩值转换成 CIELab 色彩值的基础。

所有经过校正的设备通过色彩测量仪器读取设备色彩信息，并将结果储存在“色彩特征文件”中，所以“色彩特征文件”是用以描述设备色彩特征的数额信息文件，它建立了设备间 RGB 或 CMYK 颜色与 CIELab 颜色之间的对应关系。色彩管理系统根据设备特征文件提供的信息，建立特定设备颜色空间与设备独立色彩之间的映射。将一个设备的色彩空间转换到设备独立的色彩空间。设备特征化文件是色彩管理中相当重要的部分，符合 ICC 标准格式的色彩特性文件，由 3 个主要部分组成，即文件头、标签表、标签元素数据，如图 6-2 所示。

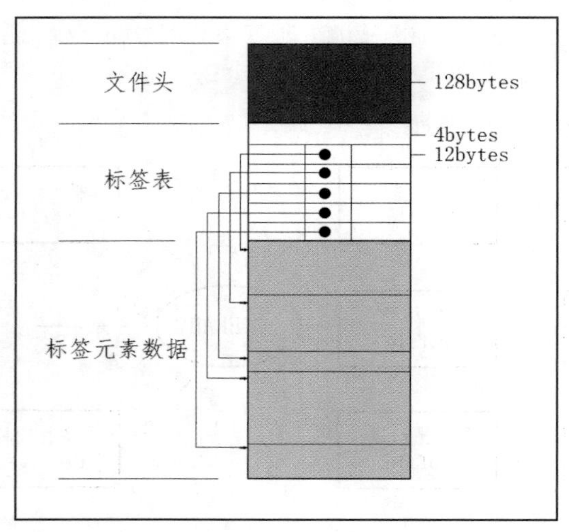

图 6-2

1. 文件头

文件头包含了本颜色特征文件的基本信息和接收系统正确查询、检索 ICC 标准特征描述文件的信息。

2. 标签表

在 Profile 中，色彩管理需要的各种信息以所谓“标签”的形式存储。实际上，标签表包含标签的数量、名称、存储位置、数据量大小的信息，而不包含标记的具体内容。标记数量占据 4 字节，而标记表的每 1 项占据 12 字节，标签表占据 [4+ 标记数 ×12] 字节。

ICC 标准将标签分为 3 大类：必需标签、可选标签、可选标签和私有标签。

3. 标签元素数据

按照标记表的说明，在规定的位置存储色彩管理需要的各种信息。在“颜色特征描述文件格式”中定义的标记有 43 种之多，使用的基本数据类型和组合数据类型共 30 种。根据标记信息的复杂程度和标记的数据量大小各异，所用的标签可分为必要的标签（Required tag）、可选的标签（Optinal tag）及私有标签（ptiong tag）3 类。它们能被系统开发者随机地、单独地访问。需求标签为颜色转换提供了完整的信息集合；选择标签用于扩展的颜色转换，私有标签允许开发者往他的 Profile 中附加一些专用值。

6.2.3 色彩转换空间（PCS）

在色彩管理中，将图像的色彩数据从一个空间转换到另一个色空间被单称为色彩转换空间。主要的应用有两大类：一种是与设备无关的色彩空间，主要是 CIEXYZ、CIELAB 色彩空间；另一种是与设备有关的色彩空间，主要有 RGB、CMYK 色彩空间，如图 6-3 所示。

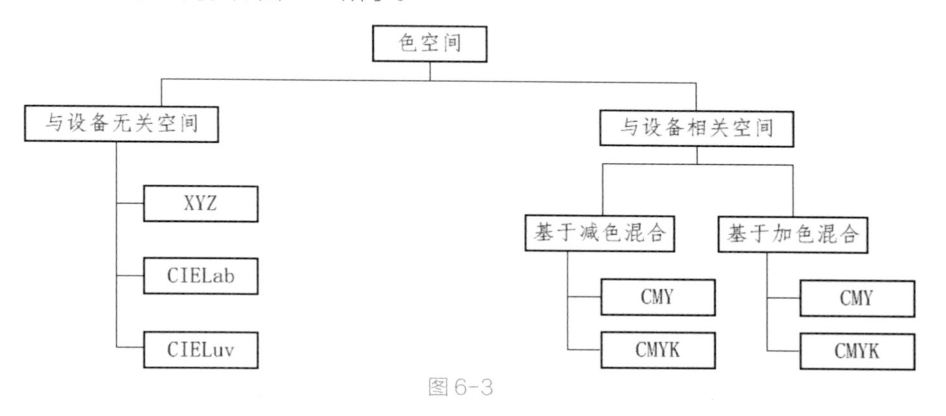

图 6-3

PCS (Profile Connection Space) 即特性文件连接空间，可通过 XYZ 空间或 LAB 空间来定义，是一个与设备无关的色彩空间。PCS 的用途是当不同设备间进行色彩转换时，作为色彩空间转换用的中间色彩空间，起着链接的作用。如将扫描仪的 RGB 图像显示在显示器屏幕上，首先，色彩管理系统将扫描仪的 RGB 图像转换到特性文件连接空间（PCS），然后，色彩管理系统使用存储在显示器色彩特征文件中有关显示器的信息，将从特性文件连接空间的图像转换到显示器的色彩空间，就可以看到显示器上显示的图像。

在印刷生产中，针对同一色块用不同的设备来表现，所需要的 CMYK 比例是不同的。例如，要想得到某一种颜色的色块，用四色印刷机在铜牌纸上再现的 CMYK 值为 73%、36%、8%、10%，用喷墨打印机在高光纸上再现时的比例为 70%、30%、10%、10%，说明描述同一颜色的 CMYK 值与设备和材料有关系。

色彩管理就是利用独立的与设备无关的物理量 CIELABV，沟通和推算出原稿色、屏幕色和印刷色在色空间的对应关系，达到颜色在视觉上一致，实现不同设备间的色彩转换。

6.2.4 色彩管理模块（CMM）

正色彩管理模块和色彩特征文件可以看出，色彩管理是以设备无关的颜色空间 PCS 为中介，以色彩特征文件为依据，对需要传递的色彩进行匹配转换，使色彩在传递中，保持一致的系统和技术。

色彩管理模块 CMM(Color M anagement) 是用于解释设备的特征文件，依据特征文件所描述的设备颜色特征进行不同的颜色数据转换。无论是操作系统还是专门的色彩管理软件，都提供对应的 CMM。由于各设备的色域各有不同，因此不可能在各设备间有完美的色彩搭配，CMM 可执行色域匹配，为用户选择最理想的色彩。

CMM 使用色彩管理软件用设备颜色数据表示图像的颜色，从而完成色彩转换。在色彩管理软件方面，CMM 把资料从一种设备色彩通过独立色彩空间的传递，转换成一种设备色彩。CMM 内建在操作系统中，各色彩管理软件通过控制应用程序来控制 CMM。例如，想要在打样机或者显示屏上仿真印刷的效果，就可以应用软件将屏幕数据、打样机颜色数据、印刷机颜色数据等信息下载到 CMM 内，进行比较，并将颜色转换的送回屏幕。常见的一些 CMM 产品有 Adobe CMM、Agfa CMM 、Heidelberg CMM、Imation CMM、Kodak CMM 等，CMM 向目标设备颜色区域映射或转换颜色时，可采用的方法有如下几种。

1. 感觉匹配（Perceptual Matching）

从一种设备空间映射到另一种设备空间时，如果图像上某些颜色超出了目的设备空间的色域范围，这种复制方案将原来的色域空间压缩到目的空间。这种收缩整个颜色穴的方案改变了图像上所有的颜色，包括那些位于目的设备空间色域范围之内的颜色，但能保持颜色之间的视觉关系，保持了颜色之间的相对关系。鉴于颜色逼真的图像如扫描过的相片，感觉匹配绝大多数比比色法匹配能得到更好的效果。感觉匹配的缺点是所有原始颜色在转换过程中都被改变。

2. 相对比色法匹配（Relative Colorimetric Matching）

采用这种方法进行色空间映射时，位于目的设备色空间颜色空间之外的颜色将被替换成目的设备颜色空间中色度值与它尽可能接近的颜色，而位于目的颜色空间之内的颜色将不受影响。相关比色法匹配允许两个区域中相同的颜色完全相同。这种方法的缺点是在颜色压缩中会将许多颜色映射为同一结果，即采用这种方案可能引起原图像上两种不同的颜色在经转换之后得到的图像颜色一样。这样会降低颜色的数量，有可能影响图像的显示。在相关比色法匹配中，区域外的颜色将被转换成具有相同亮度不同饱和度的区域边界颜色，最终图像比原图像亮或暗。

3. 饱和度匹配（Saturation Matching）

当转换到目的设备的颜色空间时，这种方案主要是保持了图像颜色的相对饱和度。溢出色域的颜色被转换为具有相同色相，但刚好落入色域之内的颜色。它适用于那些颜色之间的视觉关系不太重要，希望以亮丽、饱和的颜色来表现内容的图像的复制。比如某些计算机绘图中的圆饼图表等。在这种方法中，保持了颜色饱和度之间的相对关系，区域外的颜色将被转换为具有相同饱和度不同亮度的区域边界颜色。

4. 绝对比色法匹配（Absolute Matching）

这种方案是基于设备无关颜色空间的。在转换颜色时，精确地匹配色度值，不会影响图像明亮程度的白场、黑场调整。设想在一张具有很大动态密度范围和颜色区域的理想纸上，要想达到理想的结果，绝对比色法匹配在几乎整个颜色区域范围内可以最接近地对颜色进行匹配。但两个区域动态密度范围可能不同，两个区域中相同的颜色不被改变，落在目标区域动态密度范围外的颜色将被删去，这样图像就会丢失一些细节。在复制某些标志色时，这种方案是有价值的。

图 6-4 为 CMM 的几种色彩匹配方式的示意图，我们可以作为参考来了解几种色彩的匹配。

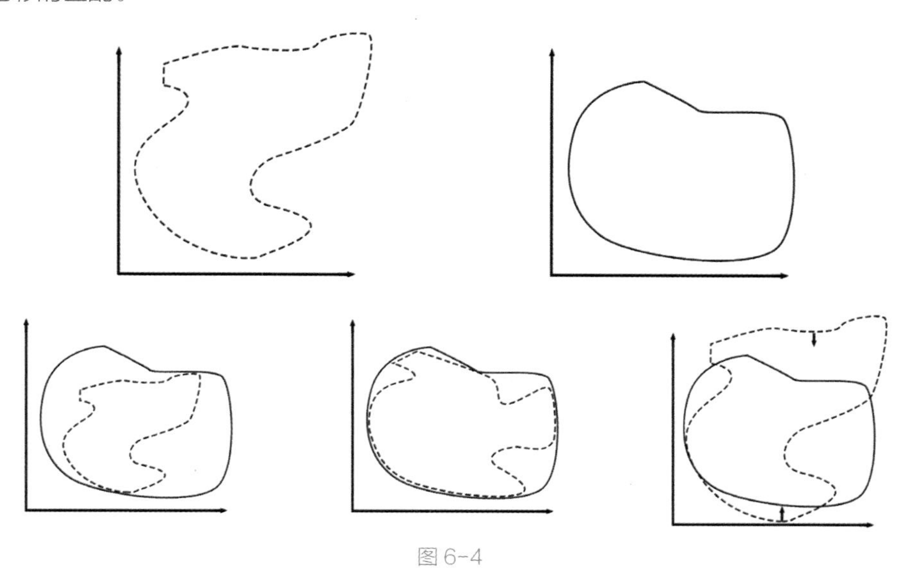

图 6-4

6.2.5 色彩管理系统（CMS）

色彩管理系统（Color Management System, 简称 CMS）是能解读各种硬件的 ICC 文件并进行相关处理的体系。色彩管理系统的基本结构是以操作系统为中心，CIE LAB 成为参考色彩空间，ICC 特征文件记录仪器输入或输出色彩的特征，应用软件及第 3 者色彩管理软件成为使用者的控制界面。

由于很多人对色彩管理理解不透彻，用户对色彩管理系统有很多误区，只有在更深入地应用和了解之后，才会对色彩管理有完全的认识，这些误区包括以下几方面。

误区 1：色彩管理系统是软件

色彩管理系统（CMS）不仅只是软件。色彩管理的广义内涵包括支持色彩管理的操作系统（如苹果电脑和微软视窗口等）、色彩管理软件（或管理模组 Color Management Modele-CMM）、设备之特性文件（device pyofile）、应用软件（支持色彩管理，如 Photoshop5、Freehand 8、QuarkXpress4 等），以及生产流程中涉及的所有硬件设备，如电脑、彩色屏幕、打印机、印刷机及量度色彩仪器等。一个有效的色彩管理系统除了工具外，还应该包括色彩流程计划。

误区 2：色彩管理系统只有大公司才使用

色彩管理系统不一定需要巨大投资。现在一套完整的色彩管理工具可耗资数万元至数十万以上不等。数十万元的工具与数万元的工具对色彩管理的质量也不一定有很大差异。

误区 3：色彩管理不适用于传统印刷

色彩管理不适用于传统印刷仅可在桌面出版系统中动作，也可用于传统印刷。虽然在桌面出版系统比较容易进行色彩管理，但只要将传统设备加以控制和标准化，也可以为传统设备制造特性文件，从而融入色彩管理中。

误区 4：色彩管理只有专家才使用

市场为专业使用者提供的管理工具，也有为一般使用者提供的同类工具。通常色彩管理工具，都附有说明书，使用者跟着指引逐步学习并吸取经验中，也可以成功地进行色彩管理。

误区 5：色彩管理只是理论，不切实际

虽然以开放式架构的色彩管理系统面市只有几年，但有关知识已研究了几十年，色彩管理软件可以配合实际工作情况，设计颇为周全，过去几年也有一些杂志报道真实安全，证明色彩管理是现实的。

误区 6：所有色彩管理没有很大分别

虽然大部分色彩管理都支持 ICC，但它们可以有很大分别。第一，色彩管理软件可能有不同的精密度，例如制造特性文件时，有些软件只用数十色计算，有些则会数千色计算。第二，色彩管理软件可用不同方式做色彩转换（Gamut mapping）。第三，软件工作效率不同，有些软件包选择特殊位置才进行色彩转换，目的是增强工作效率。第四，有些软件包是给专家或研究人员使用的，有较多复杂的设置，有些则为一般使用者而设计，比较容易操作。

误区 7：特性文件是永恒的

特性文件是描述某一设备处理色彩的表现。经过一段时间，设备因变旧而性能改变，所以需要定期为该设备重新建立特性文件。而旧的特性文件可以清除，以免造成混乱。

误区 8：色彩管理犹如魔术棒，能百分百复制色彩

色彩管理不是魔杖，绝不能百分百复制原稿的色彩（假设原稿与复制品是不同媒体）。但通过彩色屏幕，色彩管理可供使用者预览色彩（Soft proofing），另外对产品也是非常重要的，色彩管理可确保每次制作的产品有一致的效果。

误区 9：色彩管理能提升设备的性能

色彩管理只是校准设备及将所需要的设备特征化（Characyerization），从而使色彩管理模块（CMM）进行色彩转换。色彩管理只是使设备发挥正常及输出准确的色彩，并不能使设备输出超出其色彩范围的色彩。

6.3 色彩管理的软件和硬件

软硬件的具体区分和实用性介绍

在具体实施色彩管理时，必须具备的软件和硬件条件有以下各项。

IT8.7 标准扫描原稿和标准数据

（1）IT8.7/1 标准扫描透射原稿及其标准数据。

（2）IT8.7/2 标准扫描反射原稿及其标准数据。

（3）IT8.7/3 928 阶标准输出用电子文件及其标准数据。

Tips

主要研究了从原稿图像到显示器显示的图像之间的印前色彩管理，同时实现了操作系统级的色彩管理 -ICM 2.0 和自定义的应用程序级色彩管理，设计了色彩管理总的工作流程以及色彩转换工作流程。在自定义的色彩管理中，实现了基于阶调 / 矩阵模型和查找表模型的色彩转换，并通过实验对比了不同模型的转换效果。

图 6-5 和图 6-6 分别是两种原稿。

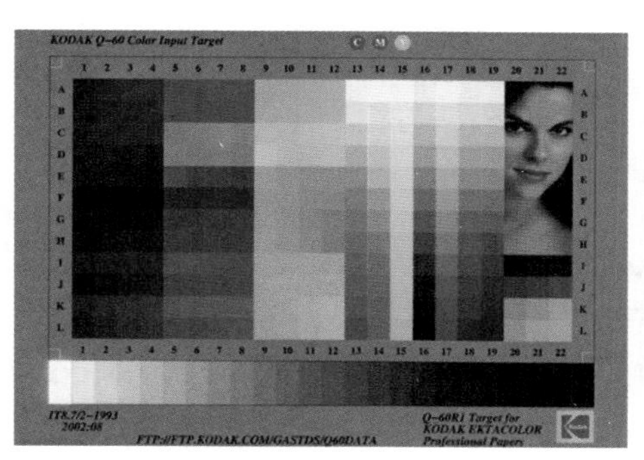

图 6-5

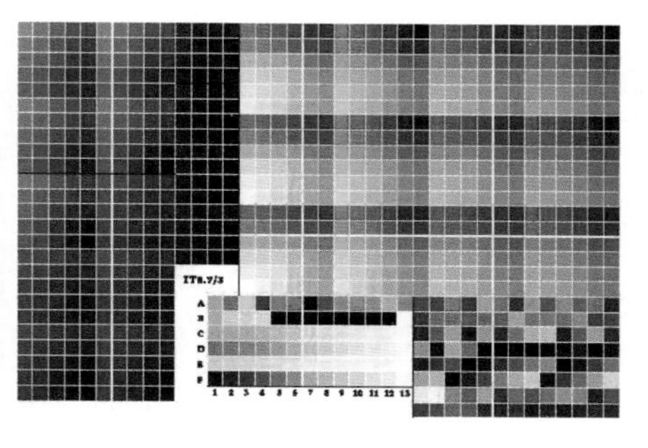

图 6-6

IT8.7/1 和 IT8.7/2 标准原稿通常用在对输入设备的色彩校正中。

扫描标准原稿得到的电子数据输入到色彩管理软件中，进行对比转换，建立扫描设备的特性文件，然后再将特性文件转入扫描软件中，这样每次的扫描分色操作都使用相同的 Profile，从而保证了每张图片原稿的色域都能够得到准确的表达。

IT8.7/3 原稿其实是一个 CMRK 的电子文件，它包含 928 个颜色广场，主要分为基本色块和扩充色块两部分，扩充色块包含 A、B、C3 组色块。

色彩测量仪器

色彩测量仪器即指用来测量屏幕或印刷品颜色值的仪器，如图 6-7 和图 6-8 所示。

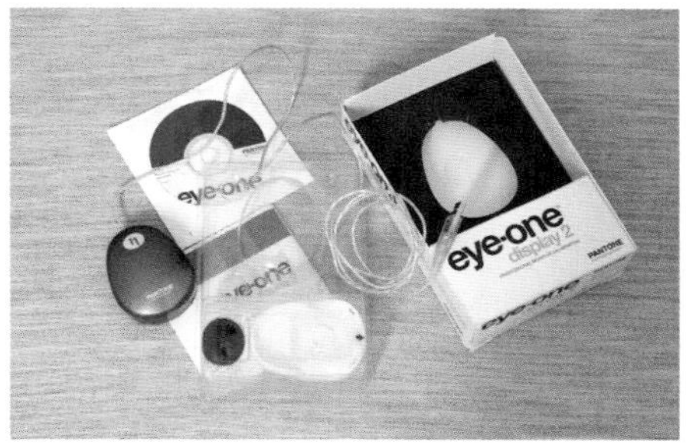

图 6-7

图 6-8

（1）系统内置的色彩管理工具

系统内置的色彩工具具有 Maciontosh 2.5 、Windows 的 ICM2.0 等。

（2）色彩管理软件

色彩管理软件包括色彩空间转换引擎（CMM）和生成 ICC 色彩特性描述文件的应用程序，例如 Colorblind PrinTOPEN LinoColor6.0 等。

（3）支持置入 ICC 色彩热核文件的图像处理或排版软件。如 Adobe Photoshop 7.0、PageMaker 6.5、InDesign CS 等。

（4）ICC 色彩热核文件（ICC Profile）

进行色彩管理一般需要 3 个步骤。这 3 个步骤简称“3C”，即 Calibeation、Characterisation 、Conversion。第 1 步是 Calibeation，意思是“校准仪器”；

第二步 Characterisation，即是“确立特性”；最后一步是 Conversion，代表“转换色彩空间”。无论选择哪个开发商的色彩管理系统，都必须顺序地经过此 3 个步骤。

6.4 色彩管理的基本过程

正确地进行色彩设置以达到理想的印刷品质

6.4.1 仪器校正

校准指使调校仪器达到标准。所有仪器必须校准后才可以使用，才能确保仪器的表现正常。例如一个秤或电子秤，如果秤上没有东西而显示不是零，又或是秤一磅的东西但显示不是一磅，这个仪器便不能提供正确的答案，必须经过修理或调校后方可使用。又如一个反射密度仪，它可测量四色印刷品上各油墨的密度，显示 CMYK 各油墨的相对密度，通常每个反射密度仪都会有一张贴身制造的 CMYK 密度校准卡，卡上的四色已印有其标准密度。如果反射密度仪读取卡上的四色显示与卡上的数字不同，那么表示这个仪器需要校准。现在的密切仪都有一个功能按钮以供用户校准答案。

在输入设备（数码相机和扫描仪）和多色输出设备（数码打样机和数字印刷机）的宽范围之间，对于图文信息传播和成像工业来说，色彩管理和色彩控制是主要考虑的因素。在印刷或成像的过程中，色彩控制的精确性以及图像的准确复制自始至终对于高质量的输出（显示或印刷）都是极为重要的。

1. 输入校正

输入校正的目的是对输入设备的亮度、对比度、黑白场（RGB 三平色的平衡）进行校正。如校正扫描仪，当对扫描仪进行初始化以后，对于同一份原稿，无论什么时候扫描，都应当获得相同的图像数据。

2. 显示校正

校正显示器使显示器的显示特性符合自身设备特性热核文件中设置的理想参数值，使显示卡依据图像数据的色彩数据在显示屏上准确显示色彩。

3. 输出校正

输出校正是校正过程的最后一步，包括对打印机和照排机进行校正，以及对印刷机和打样机进行校正。依据设备制造商所提供的设备特性文件，对输出设备进行校正，使该设备按照出厂时的标准特性输出。在印刷与打样校正时，必须使该设备所用的纸张、油墨等印刷材料符合标准。

6.4.2 特性化

特性指每个色彩输入设备（colour input device）或色彩输出仪器 (colour output device)，甚至彩色物料，（例如油墨、显示屏幕的染色化学磷等），都有一定的色彩范围 (colour gamut) 或色彩表现力。这一步骤的目的是确立各设备的色彩表现范围，以数学方式记录其特性（character），以便进行色彩转换用。CIE Lab 方式表示某仪器及物料的色彩范围，人眼的色彩范围最广，而印刷品的色彩范围最小。设备特性文件 (profiling) 可以定义色彩空间，也就是 ICC profile 的产生。

6.4.3 转换

转换指仪器与仪器或仪器与物料或物料与物料之间的色彩转换。每个仪器或物料的色彩范围各有不同，例如彩色显示屏是 RGB 色彩，而彩色印刷是 CMYK 色彩（不计算六色印刷或专色）；而且不同片子（甚至相同片子）的显示的色彩范围都未必一样；同样，不同制造商的四色油墨的色彩范围也可能不相同。色彩管理中的色彩转换不是提供百分百相同的色彩，而是发挥仪器或物料所能提供的最理想的色彩，同时让使用者预知结果。例如软式打稿（soft proofing），是利用彩色显示屏（RGB 色彩）模拟四色印刷（CMRK 色彩）。色彩范围以外的色彩由色彩管理系统计算（配对 \gamut mapping）最接近的色彩代替它。同样我们也可以利用数码打稿的色彩模拟生产出印刷品的色彩，其色彩范围包括四色印刷，理论上可输出和印刷品一样的色彩；相反，如果四色印刷要模拟六色打稿色彩，因为六色中某些色彩超出其色域，色彩管理系统会透过色彩配对而计算最接近的色彩代替。色彩管理系统也可以通过显示民间提供预览（模拟）四色印刷或六色打稿的色彩；无论显示屏的色域是否广阔，都不影响仪器间的色彩转换，最多只不过是影响在显示器中预览色彩的真实性。

6.5 输出设备校正及特性文件的建立

在印前作业中，色彩管理是至关重要的。前边讲述的只是通过色彩自身的规律来调整色彩，外部设备的校正也是至关重要的。主要包括扫描仪校正，显示器及输入设备的校正等。

6.5.1 扫描仪校正及特性文件的建立

1. 扫描仪校正

印前扫描所反映的质量瓶颈主要集中在扫描原稿质量上。扫描原稿质量的好坏直接影响到最终印刷品的质量，但不同的原稿必须采取不一样的扫描处理方法。各种原稿照片、印刷品、国画、水彩画和油画等所反映的主旨不同，因此需要根据原稿的特点，总结其在扫描复制过程的规律和处理要点，经过多次实践，需要建立针对不同原稿的特性扫描曲线，来提高扫描分色质量。

（1）扫描仪的基准设置与调整

扫描仪的基准校正包括焦距调节、亮度、对比度、白平衡和颜色调校等，调校扫描仪基准可以保证图像输入、图像灰平衡、去网、色偏、尺寸大小和清晰度符合设置的控制要求。

白平衡校正的作用是调整扫描头三通道（R、G、B）光电倍增管的最大输出工作电压，并平衡三通道（R、G、B）信号，不同类型的原稿白平衡的选点不同，透射稿的白平衡点在滚筒洁净处，反射稿的白平衡选点在原稿白色区域或在白色铜牌纸上。

分辨率的设置对于扫描图像的质量影响很大。当扫描图像时，如果分辨率设置太低，则得到的图像颗粒粗糙，图像边缘呈锯齿状，质量很差；如果分辨率设置太高，则会使原稿中不必要的细节，如画面上的斑点、褶皱，以及图像周围其他背景突显出来，还会使扫描图像的存储空间过大，影响扫描速度。因此，必须正确设置扫描图像的分辨率，以得到清晰的图像。由于扫描分辨率 = 加网线数 × 放大倍率 × 质量因子，当扫描仪确定后，选择合适的质量因子（Quality Factor）对输出图像质量至关重要，为确保输出图像质量，质量因子常取 2.0。

焦距调节取决于滚筒表面原稿药膜面朝向、原稿类型、光孔大小、放大倍率等。处理印刷品原稿，调焦时光圈应稍大并适当虚晕，以便消除龟纹。现在高端扫描仪，如 ICG370HS 是自动控制焦距的调节，当需要虚晕时也通过色彩管理软件的设置来调节焦距达到消除龟纹的目的。

（2）色彩整体性校正

①原稿白场 / 黑场的正确选点与设置

正确地设置白场与黑场是再现原稿颜色和层次的关键，是有效地进行颜色、层次调整的基础。正确的白场、黑场选点与设置要根据各种类原稿的特点和印刷适性条件，充分利用纸张的白度和四色油墨叠加的最大密度，达到最佳的视觉反差效果。由于摄影原稿的印刷是一个反差压缩过程，因此，白场的选点与设置要充分利用纸张的白度，同时兼顾好高调的层次；黑场的选点与设置要充分表现图像的暗调层次，以满足视觉习惯和心理要求。白场 / 黑场的设置要尽可能扩展原稿主体的阶调，加大反差力度，同时在理解主旨的基础之上，懂得舍弃亮调和暗调的层次，以突显原稿的主旨。

②自动灰色设置及灰平衡校正

自动灰色校正是在 1/4、中间、3/4 阶调处对灰色偏色进行快速校正的方法。即在预扫裁切图像设置白黑场后，在图像需要校正的阶调区域调整数据，使灰色达到正常数值。这对于贪色原稿的分色扫描很有帮助。

（3）色彩校正

彩色原稿印刷复制过程是图像信息的色分解和色还原两个过程的组合。在实际复制过程中，由于各自条件的不理想，色差的存在是必然的。其色差来源于 3 个方面。

①原稿自身由于摄影过程及材料而造成的色偏或呈色介质变色（色衰减）造成的色偏。

②色分解过程中光源、镜头、滤色片和光电倍增管等误差造成的色偏。

③色还原过程中纸张和油墨误差造成的色偏。

因此，必须进行彩色校正。彩色校正功能既要消除彩色复制过程中客观存在的上述色差，还要满足原稿彩色复制特殊要求时的校正。通常彩色校正是以青色（Cyan）、品红色（Magenta）、黄色（Yellow）、红色（Red）、绿色（Green）和蓝色（Violet）等 6 色为基准来进行的。对于以某一色调为基本色的图片可以把基本色做适当夸张和给足色调，使其印刷效果更为突出，可适当减少相反色的量，来加强基本色的纯度。在不影响整体灰平衡的基础上，可以使用区域处理的方法对局部主体色彩进行校正。而对于一些以灰色为主体的图片，适当提高色彩纯度，就会增强图像整体的色彩视觉效果。

2. 扫描仪特性文件的建立

扫描仪标准化，就可以建立它的特性文件了。建立特性文件过程很简单，在软件里即可生成。这里只介绍过程，具体的操作方法读者可以上机实践。

首先扫描一张标准稿，目前常用的是 IT8.7/1 标准透射原稿或 IT8.7/2 标准反射原稿。标准稿由 264 个色块组成，代表了整个 CGB 和 Lab 色彩的采样，底部带有 23 级中性灰梯尺。不同公司生产的标准原稿会有微小差异，但这些差异不影响彩色管理系统的精度。

标准原稿上的色块由已经校正的分光光度计测量其 Lab 色度值，从而生成标准原稿的 Lab 参数表。这个参数表一般由厂家提供标准原稿时附带。要建立某个扫描仪的特性文件时，用该扫描仪扫描标准原稿，并获得每一色块的 RGB 值，这样，就可以建立一张 RGB 和 Lab 之间转换速查表，它可以用来将扫描仪上的 RGB 文件的某一点映射到 Lab 色彩空间上。在专门建立扫描仪特性文件的软件中，扫描好的数据在软件中通过计算、比较，就可以建立扫描仪的特性文件了，然后将其保存到目录 C:\WINNT\system32\spool\drivers\xolor 中就可以了。

6.5.2 显示器的校正及特性文件的建立

显示器在使用的过程中，如果不做任何调整常常会出现色彩偏差现象，显示器在图像处理的时候，其作用尤为重要，因此在处理图像之前，应先将其进行调整校正。

显示器的校正和特性文件建立的方法有很多种，多数专业显示器自身都带有一些简单的颜色校正功能，可以校正一定亮度范围内的灰平衡。一些更加专业的显示器校正工具，如 Adobe Gamma、苹果计算机的 ColorSync、爱色丽（X-Rite）的屏幕校正系统等，几乎所有的色彩管理工具都能够很好地校正显示器，并生成相应的 Profile 文件。

1.Adobe Gamma 校正

首先，在常规亮度下开始调校（比如有的用户常在室内开着日光灯使用电脑），确保屏幕打开至少 20 分钟，这样才能保证屏幕呈像的稳定，然后，将显示器的对比度调到最大。

打开“控制面板”，找到名为“Adobe Gamma”的图像。双击打开这后，弹出窗口如图 6-9 所示，是一个欢迎界面，选择“控制面板”选项，弹出图 6-10 所示的窗口，下面对一些选项分别进行讲解。

说明：对话框中显示的 ICC Profile 文件是当前默认的显示器特性文件。如果需要，可以单击“加载”按钮，选择一个最接近的 ICC Profile 作为蓝本，在此基础之上校准屏幕。

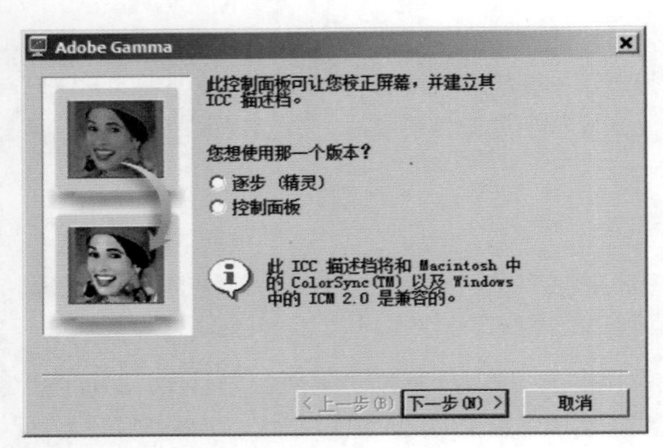

图 6-9

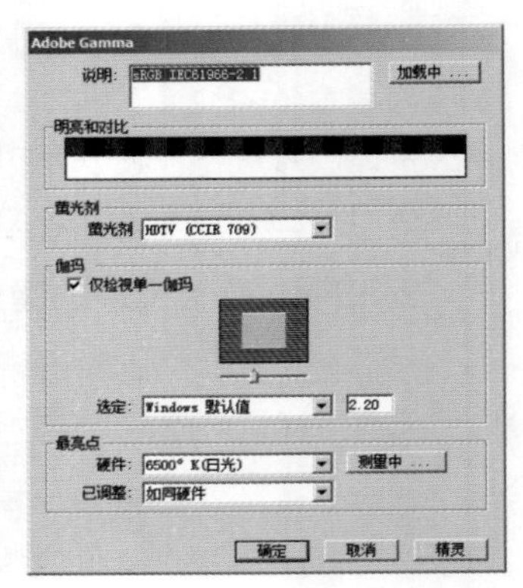

图 6-10

明度和对比度：分别代表显示强度的总体级别范围。主要是看显示的亮度和对比度是否达到要求。开启屏幕上的亮度与对比度控制，将显示器的对比度调到最高。

荧光济：如果是 SONY 显像管的显示器，就选择 Trinitron，其他的显像管就选择 P22-EBU，因为它的色彩范围较为匹配标准 CRT 的显示器。

伽玛：所有屏幕都有一个内定的伽玛值，用来表示图像色彩的反差，数值大时反差大，数值小时反差小。Windows 下的默认值为 2.2、Mac OS 下的默认值为 1.8，我们选择 Windows 下的默认值 2.2。

调整时眼睛要离显示器远一点，大概在 50cm 左右，最好眯起眼，拖动滑块，使内、外两个广场的灰度级调整到最接近的程度，可眯起眼睛，为了方便，这时可用键盘上的左右方向键来操纵。

如果去掉 View Single Only（仅查看单个灰度）选项，可以看到红、绿、蓝 3 个调节杆，这是分别调节显示器的 R、G、B 值的。手动位于每一个图案下方的滑块，直到中央方块与四周的图案基本一致，如图 6-11 所示。

最亮点：决定所选择的是偏冷还是偏暖的白色。在 Haydwaye 中，可以按照显示器说明书有关内容选取屏幕的最亮点，一般苹果显示器的色温是 5500 度，PC 显示器的色温是 6500 度。也可以测量屏幕的最亮点来确定色温，单击“测量中”按钮，屏幕上出现 3 个色块，如图 6-12 所示。

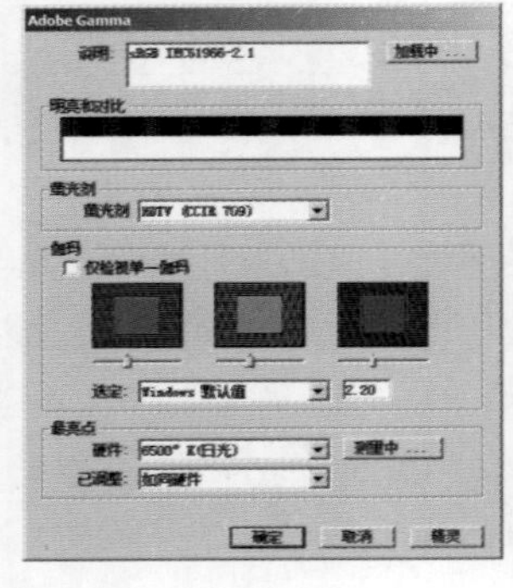

图 6-11

图 6-12

3 个方块中，左边偏蓝，右边偏红，中间是标准。如果感觉中间偏红，则单击左边，偏蓝则单击右边，直到感觉正确为止。

调整完成后，一般在“已调整”下拉列表框中选择“如同硬件”选项。

所有的调整都完成以后，单击“确定”按钮，将新建的显示文件存入以下目录：C：\WINNT\system32\spool\drivers\color，以后可以通过 Photoshop 的“颜色设置”功能载入显示器的特性文件。

2. 软件校正

Adobe Gamma 对显示器的校正是基于人眼没得到结果，难免受到人为因素的干扰。我们可以使用硬件校准的方法进行色彩校正，即通过专用设备校准显示器，以及生成特性文件软件 View Open，将带有吸杯的色彩校正仪吸附在显示器上，度量光束。比较吸杯度量的色彩光值和内部常数，并微调显示器至两者一致。使用硬件校正的特点是容易操作和更加精确，但由于价格昂贵，不适合个人用户使用。用于显示器校正的硬件有爱色丽校色仪，如图 6-13 所示，图 6-14 是 Gretag Macbeth 校色仪。

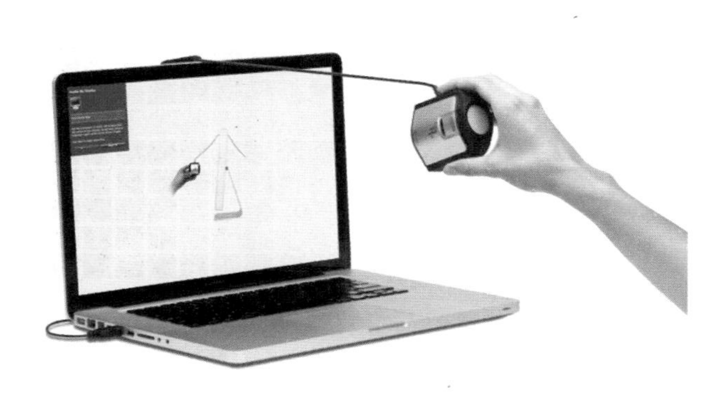

图 6-13

图 6-14

测量时的条件如下所述。

（1）采用标准光源（D65）。

（2）光源达到规定的照度（2000lux）。

（3）光源的显色指数（CRI）要大于 90。

（4）防止外来光线进入室内。

（5）工作环境的物体，例如墙、地板、桌面等要接近中灰，防止环境影响视觉的判断。

（6）显示器要使用遮光罩，防止环境光和杂散光直接射到显示器的外面。操作者要穿深色衣服，防止衣服把光反射到屏幕上。

调校显示器还有一个比较简单的方法，如下所述。

调校显示器还有一个比较简单的方法：首先启动软件，依电脑指示放置测量仪于荧幕表面正确位置，然后按启动按钮，之后软件就会自动调校及记录该显示器色彩。计算完成后会产生一个 Profile，再将 Profile 放进 PC 系统的指定位置“C：\WINNT\dydtem32\spool\drivers\color”。

6.5.3 输出设备特性文件的建立

由于影响的因素很多，输出设备特性文件的建立是色彩管理系统中最困难的部分，同时也是很重要的部分，笔者亲自参加了对数字印刷机的色彩管理的实施过程，现将主要过程讲述如下。

1. 建立色彩控制的技术条件

设备条件：Indigo Press 3000(机器编号为 22001044)。

承印物：157g 铜版纸。

油墨：HP Indigo 专用电子油墨。

颜色测量仪器：爱色丽 DTP-41 光谱仪，分光光度计 530。

特性文件建立软件：Printopen7.05 版本。

色标的选用 Printopen 标准测试条 CMYK210。其中包括 210 个色块的四色（即黄、品、青、黑四色）测试条和包含 135 个色块（即红、绿、蓝三色）测试条。这种类型的测试条适用范围为常规的印刷方式，如胶印和报纸印刷，也适用于激光和喷墨打印机，以及数码印刷。标准色表如图 6-15 所示。

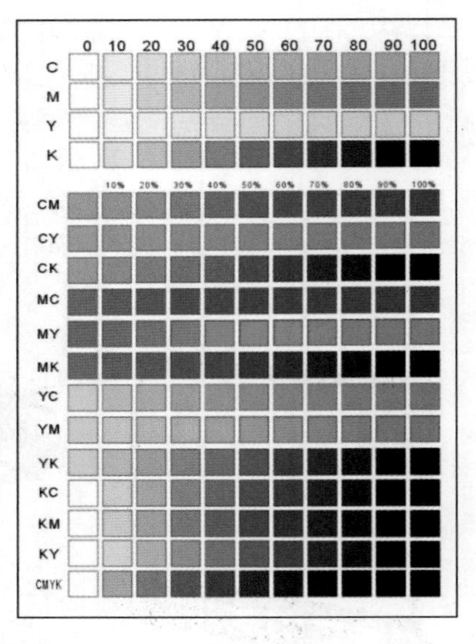

图 6-15

设备控制：数字印刷机牌标准的状态，在实验的过程中已经将其调整和校正过。由于印刷过程是软件控制的，对这一点是特别要求的。温度 20 ~ 25 度，相对湿度在 50% ~ 70%。

2. 建立数字印刷机 Printopen 的实验步骤

Printopen 软件可输出包括 *.ICC、*.Linocolor、*.DaVinci 及 Postscript 输出设备和 *.CRD 等多种扩展名的文件，同时也能支持多种文件格式，并可对它们进行编辑和灵活地设置，从而产生准确的特征文件。利用该软件产生文件的大致过程如下所述。

（1）生成测试条，选择一种测试条并输出一张样张。可以选择几种不同类型的测试条，本实验选择的是 Printopen 的标准测试条 CMYK210。同时选择颜色模式，由于所做的是数字印刷机的特性文件实验，这里选择了 CMY|CMYK 颜色模式。

（2）用分光计测试条，可以连线测量，也可以进行手动单个测量。我所用的是爱色丽 DTP41 扫描式分光光度计，用一根数据线和电脑的主机连接，在 Printopen 软件中选择，对仪器校正后，单击“Connect”按钮，测量实验的 210 个色块。

（3）待所有的色块测量完以后进行色块的分析计算，生成输出设备的 ICC 特征文件。当所有的色块浏览量完后，Printopen 程序可以对数据进行自动分析，使用命令 Calculate\Table\Analyse\Run（计算 \ 分析 \ 运行）来分析测量数据，错误的值将用问号表示，这些带问号的值可能是由于测量的原因，也有可能是印刷的原因造成的。对带问号的色块重新进行测量，并在测量后再进行分析。如果是由于印刷的原因导致的，则要重新输出浏测量色块。

（4）编辑特性文件。利用 Printopen 软件除了可以制作输出设备的特性文件外，也能对制作好的特性文件进行编辑。单击 Printopen 软件中的 Edit（编辑）按钮，就可以打开相应的特征文件进行编辑。对于特征文件的编辑，首先可以进行 CMM 类型模块的选择，CMM 模块的转换工作是间接的，如果某个图像处理软件或 Rip 需要进行图像颜色的转换，那么就调用 CMM 模块，并把图像数据与相应的特征文件传递过去。然后，CMM 模块执行转换功能，并将转换后的数据再传递回软件。利用 Printopen 软件所生成特征文件采用 HDM 的 CMM 模块，这是海德堡的 CMM 模块。特征文件的色彩转换方式可以根据实际需要进行选择，这些转换方式即为常用的色彩管理系统中所采用的四大色彩转换方式：等比压缩、饱和度优先、相对色度转换与绝对色度转换。对特性文件可以进行常规的编辑，也能通过调节特征文件中的一些颜色参数，以达到更加准确的色彩转换。进行颜色调准时有 3 个调整参数可供选择，一个是网点增大曲线或者打印特征曲线，第 2 个是灰平衡曲线，第 3 个是层次曲线。

①网点增大曲线体现了印刷过程中网点增大的量。网点增大值必须通过颜色的测量计算而得，因此网点增大曲线可能会在那些通过密度来决定网点值的区域发生背离。

②打印特征曲线用于在打印过程中表明与网点百分比相对应的概念。理想状态下的打印特征曲线为一条 45℃曲线。打印特征曲线随不同的墨水、不同的纸张、不同的打印形式而各不相同。

③灰平衡曲线用于依据不同的复合色和打印状态校正灰色阶调。由于复合色的色差，等量的三原色墨水不能生成绩效的灰色，而是一种棕色。因此通过对该曲线的调节完成对颜色的校正。

（5）保存特征文件。颜色测量完毕，可以通过 Printopen 程序将颜色数据（参考文档）输出为文本文件。这个文本文件的格式是基于 ANSI IT 8.7 规范并适合测量数据交换。文件包括来源、生成的数据、目的、设备和设置、印刷条件及一组 XIZ 数据。文件中的数据会直接转换到参考文档色块一组数据，每组数据一行。若无需输出数据的文件，则直接保存为 *ICC 文件，即数字印刷机的特征文件，在 Win2000 系统中的路径为“C：\Win2000\system32\spool\driver\color”，等需要时再调出。

3. 特性文件的调用

建立好数字印刷机的特性文件，就可以在进行色彩管理时调用它。调用建立好的特性文件的过程如下所述。

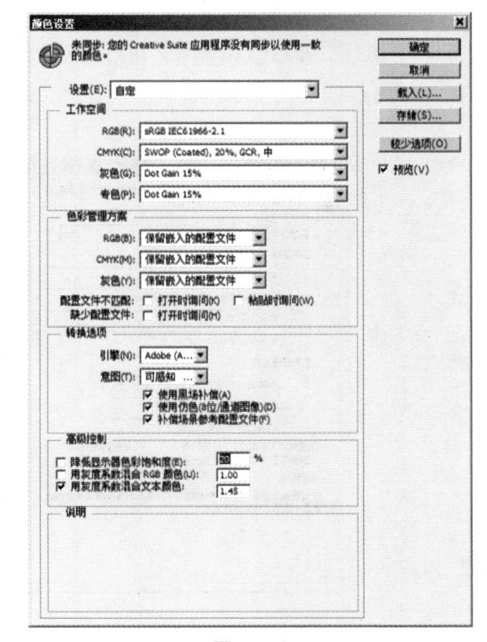

图 6-16

（1）打开 Printopen：执行【文件】→【打开】命令，打开管理的图像。

（2）执行【编辑】→【颜色设置】命令，弹出“颜色设置”对话框，如图 6-16 所示。

（3）单击“载入 CMYK”选项，然后自动转入实验所存特性文件的文件夹，选中该设备的特征描述文件 AppleRGB。

6.6 Photoshop 的色彩管理

利用 Photoshop 的特别之处进行色彩管理

Photoshop 是桌面出版一个重要的软件，几乎所有的印刷品的图像都要经过 Photoshop 软件的修改。Adobe 身为 ICC 成员，自 Photoshop 已把 ICC 的支持加入了，现在 PhotoshopCS 已升级为 CC，其中的色彩管理功能也有很大改进。它在对文件的色彩配置、油墨颜色、网点扩大、分色参数等方面的设置很详细，这些参数是针对四色胶印系统的设备特征而设立的，当然也可以用于建立其他输出方式的输出文件，并模拟胶印过程进行分色处理。

在本书前面的章节中已对它的颜色空间设置和分色选项做了讲解，其实它们都属于 Photoshop 色彩管理方面的内容，但是基于印刷知识讲解的需要，所以放在前面讲，这里不做叙述。Photoshop 的色彩管理功能很强大，来看看其他的方面。

Tips

根据图像输出用途的不同，Photoshop 色彩管理方案中的“关”“保留嵌入的配置文件”“转换”选项会有完全不同的效果。

6.6.1 Photoshop 色彩管理的基本设置

启动Photoshop以后，执行【编辑】→【颜色设置】命令，就可看见图6-17所示界面，在对话框的上方有一个“设置”下拉列表，它主要决定采用什么样的色彩管理设置。具体的设置包括“色彩管理关闭”“ Photoshop5 默认空间”“Web 图形默认设置”“美国印前默认设置”“欧洲印前默认设置”等，操作人员可以酌情选用。如果想对这些设置进行修改，则可选择“自定”选项进行设置。

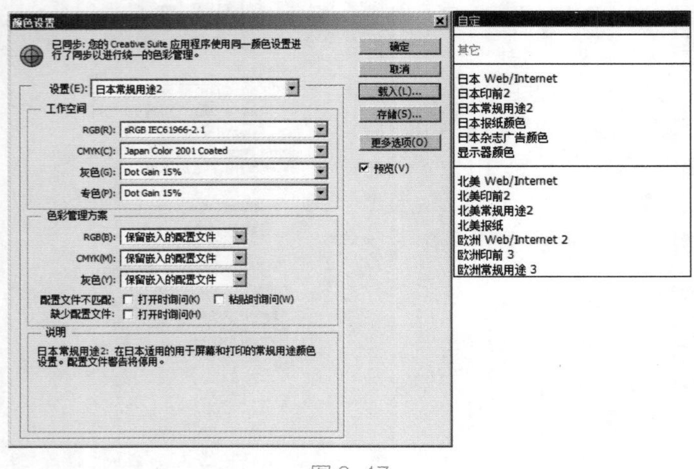

图 6-17

6.6.2 文档的配置文件

配置文件也就相当于文档的特性文件，记录了文档所在的颜色空间等一些属性。

当我们在 Photoshop 中打开一幅图像时，可以遇到有关配置文件的一些操作。

在“颜色设置”对话框中，在“色彩管理管理方案”选项组中选择下列选项之一，为每一个颜色模式设置默认的色彩管理方案。

（1）如果不想对新导入或打开的颜色数据进行色彩管理，则选择“关”选项，如图 6-18 所示。

（2）如果预期在有色彩管理和无色管理文档的混合环境下工作，则选择“保留嵌入的配置文件”选项，如图 6-19 所示。

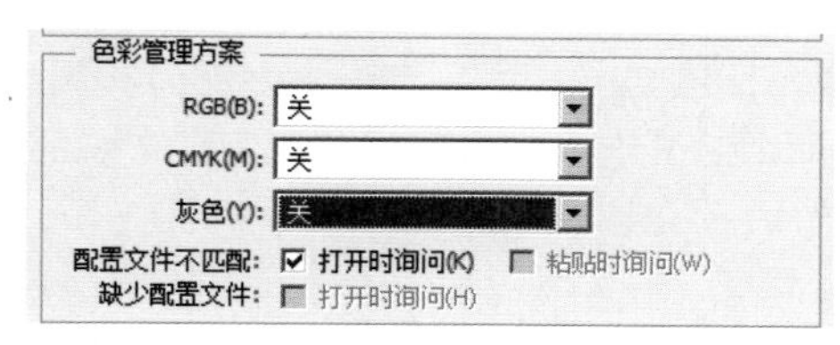

图 6-18

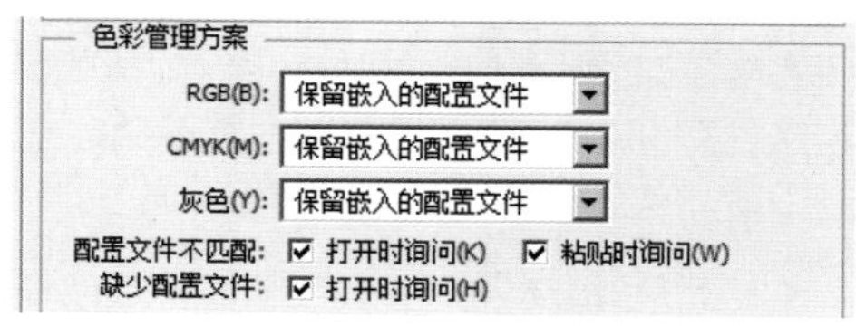

图 6-19

（3）如果想使所有文档都使用当前的工作空间，则选择“围拢为工作空间”选项。

（4）对于“配置文件不匹配 ”的参数选项，可选择下列选项，选择全部或全部不选。

①每当打开不同于当前工作空间并用配置文件标记的文档时，“打开时询问”都将显示信息，将提供覆盖方案的默认性能的选项。

②每当颜色导入文档（通过粘贴、拖放、放置等）出现颜色配置文件不匹配时，“粘贴时询问”都将显示信息，将提供覆盖方案的默认性能的选项。“配置文件不匹配”选项的可用性取决于所指定方案。图 6-20 为打开一幅图例时配置文件不匹配的对话框。

（5）对于“配置文件丢失”，每当打开未标记文档时，“打开时间”都显示信息。将提供覆盖方案的默认性能的选项。“颜色配置”对话框中“缺少配置文件夹”选项的可用性取决于所指定的方案，如图 6-20 所示。

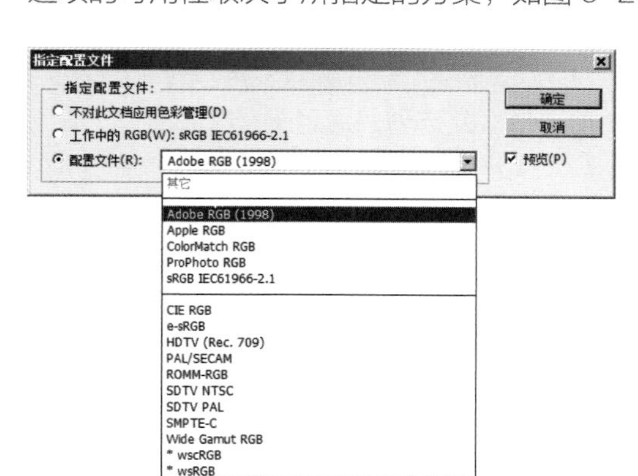

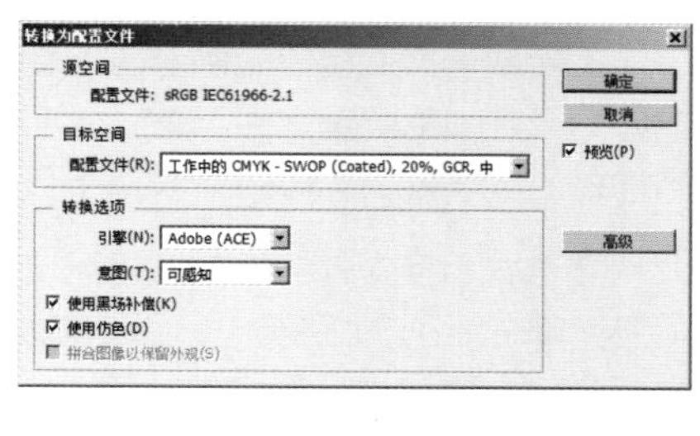

图 6-20

在某些情况下，可能先要将文档的颜色围拢到不同的颜色配置文件，用不同的颜色配置文件文档但不围拢颜色，或者彻底删除文档的配置文件。如，可能需要准备文档用于不同的输出目标时，或者需要纠正不想再在文档上实现的方案时。

（6）指定配置文件：使用“指定配置文件”命令时，当颜色数值直接映射到新的配置文件空间时，您可能会看到颜色外观的改变。但是，“指定配置文件”在将颜色数映射到新的配置文件空间之前改变颜色数，保留原来的颜色外观。要重新指定或放弃文档的配置文件：执行【图例】→【模式】→【指定配置文件】命令，其参数选项如下所述。

“不对此文档应用色彩管理”：删除标记文档的配置文件，只有确信希望文档变为未标记时才选择此选项。

“配置文件”：给标记文档重新指定一个不同的配置文件。从菜单中选取所需要的配置文件。Photoshop 用新配置的文件标记该文档，而不会将颜色转换到该配置文件空间中。这可能会大大改变颜色在显示器上的显示外观。若要在文档中预览新配置文件的效果，请选择“预览”选框。

（7）要将文档中的颜色围拢到其他配置文件中，可执行【图例】→【模式】→【转换配置文件】命令。在“目标空间”下，选取希望将文档的颜色转换到的颜色配置文件。此文档将转换为新的配置文件，并用此配置文件标记。

在“转换选项”选项组中，指定色彩管理引擎、着色方案和黑场及仿色选项（请参阅自定高级色彩管理设置）。

若要在转换时将所有图层接合到单个图层上，请选择“接合图层”复选框。若要预览文档的转换效果，请勾选“预览”复选框。如果选择了“接合图层”选项预览会更准确。

（8）在存储的文档中嵌入配置文件。

默认情况下，标记文档在存储时以支持嵌入 ICC 配置文件的文件格式嵌入其配置文件信息。默认情况下，未标记文档在存储时不包含嵌入的配置文件。

存储文档时，用户可以指定是否嵌入配置文件，也可以改为指定将颜色转换到校样配置文件空间中，并嵌入校样配置文件。不过，只建议熟悉色彩管理的高级用户尝试更改配置文件的嵌入特性。要更改文档的配置文件夹嵌入特性，可执行【文件】→【存储为】命令，打开“存储为”对话框。

①若要切换文档的当前颜色配置文件的嵌入，勾选“ICC 配置文件”（Windows）或者“嵌入颜色配置文件”（Mac OS）复选框。此选项只适用于 Photoshop 本身的格式（psd），以及 PDF、JPEG、TIFF、EPS、DCS、PICT 格式。

②若要切换文档的当前校样配置文件的嵌入，勾选或取消勾选“使用校样设置”（只适用于 PDF、EPS、DCS1.0、DCS2.0 格式）复选框。选择此选项，将文档的颜色转换到校样配置文件空间中，对于创建用于打印的输出文件很有用。有关设置校样配置文件的信息，请参阅电子校样颜色一节的内容。

为文档命名，设置其他存储选项后单击“保存”按钮，如图 6-21 所示。

图 6-21

（9）载入自定配置文件

要将自定的配置文件载入文件中，可执行下列操作。

在 Windows 和 Mac OS 9.0.x 中，执行【编辑】→【颜色设置】命令，勾选“高级模式”复选项。

在 Mac OS 9.0.x 中，执行【Photoshop】→【颜色设置】命令，勾选“高级模式”复选项。

在“工作”选项组中，选取“载入色彩空间”选项。

6.6.3 电子校样颜色

在传统的出版工作流程中，需要打印出文档的印刷校样，以预览该文档在特定输出设备上重现时的外观。在色彩管理工作流程中，可以使用颜色配置文件的精度直接在显示器上参照电子校样文档（在屏幕上预览在指定设备上重现时的文档颜色）。另外，还可以使用打印机生成电子校样的印刷校样版本。值得注意的是，电子工业校样的可靠性在很大程度上依赖于显示器的质量，显示器和打印机的配置文件，以及工作站的环境光照条件（请参阅创建 ICC 显示器配置文件）。

1. 显示电子校样

执行【视图】→【校样设置】命令，并选择希望模拟的校样配置文件空间，如图 6-22 所示。

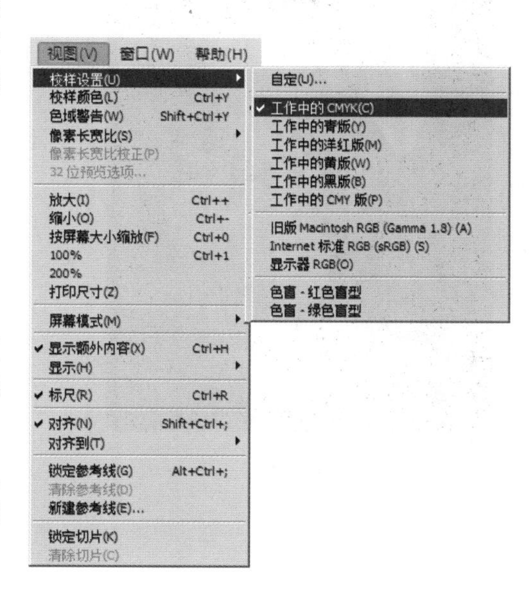

图 6-22

使用特定输出设备的颜色配置文件自定电子校样的颜色，再按此过程之后的说明设置自定校样。

“工作中的 CMYK”使用“颜色设置”对话框中定义的当前工作空间电子文件校样的颜色。

还可以选择“工作中的青版”“工作中的洋红版”“工作中的黄版”“工作中的黑版”或“工作的 CMY 版”创建特定的油墨颜色进行电子校样。

“Macintosh RGB” 或“Windows RGB” 使用标准和Mac OS 或 Windows 显示器作为校样配置文件空间对图像中的颜色进行研究电子工业校样。两个选项对 Lab 或 CMYK 文档不可用。

“显示器 RGB”使用当前显示器的色彩空间作为校样配置文件空间电子工业校样 RGB 文档中的颜色。该选项对 Lab 或 CMYK 文档均不可用。

单击“自定”选项，弹出“自定校样条件”对话框，在显示选项中还可以选择“模拟纸张颜色”选项，“模拟纸张颜色”预览由文档资料的配置文件定义的打印介质所显示的白色特定形状。此选项不适用所有的配置文件，并且只能用于电子校样，不能用于打印。

在“自定校样条件”对话框“显示选项”中选择“模拟黑色油墨”选项，“模拟黑色油墨”预览由文档中的配置文件定义实际动态范围。此选项不适用所有的配置文件，并且只能用于校样，不能用于打印。

执行【视图】→【校样设置】命令可以打开或关闭校样显示。当打开电子校样功能时，“校样颜色”命令旁边出现一个选中标记。

当打开电子工业校样功能时，文档标题栏中颜色模式旁边出现当前校样配置文件夹的名称。图 6-23 所示为图像和它的电子校样效果的对比。

图 6-23

2. 自定校样设置

执行【视图】→【校样设置】→【自定】命令，弹出“自定校样条件”对话框。

如果希望将自定校样设备作为文档的默认校样设置，在选取【视图】→【校样设置】→【自定】命令之前，应试关闭所有文档窗口，如图 6-24 所示。

当选择【视图】→【校样设置】→【自定】命令后，就会出现“自定校样条件”对话框，在此对话框中选择“预览”复选框，显示校样设置的动态预览，如图6-25所示。

图6-24　　　　图6-25

若要使用“预览校样设置障碍”作为起点，可从“设置”中选取该设置。如果所需要的设置没有出现在菜单中，可单击“载入”按钮，找到并载入所需要的设置。

对于“配置文件”选项，可以为希望创建校样的设备选取颜色配置文件。

如果选择的校样配置文件使用与文档资料相同的颜色模式，可研究以下参数设置。

勾选“保留颜色数”复选框，模拟不将文档空间的颜色转换到校样配置文件空间的文档外观。它模拟了当使用校样配置文件而非文档配置文件解释颜色值时可能出现的颜色改变。

取消勾选“保留颜色数”复选框，模拟在将文档空间中的颜色转换为校样配置文件空间中最接近的颜色，并努力保留颜色的视觉外观，然后为转换指定着色方案。

如果需要，可以选择下列任一选项。

“模拟纸白”在显示器空间预览由校样配置文件描述的打印介质所显示的特定阴影。选择此选项，将自动选择“模拟油墨黑”选项。

“模拟油墨黑”在显示器空间预览由校样配置文件定义的实际动态范围。

这些选项的可用性依赖于选取的校样配置文件，而不是所有的配置文件都支持这两个选项。

若要将自定的校样设置存储为校样设置，则可单击“存储”按钮，如图6-26所示。若要确保新的出现在【视图】→【校样设置】菜单中，则应将之存储在 Program Files/common Files/Adobe/Color/proofing 文件夹（Windows）、System Folder/Application Support/Adobe/Color/Proofing 文件夹（Mac OS 9.X），或者 Library/Application Support/Adobe/Color/Proofing 文件夹（Mac OS X）。

图 6-26

6.6.4 Photoshop 图像黑版能否被压印

所有 Photoshop 中制作的黑色，如果是 CMYK 模式，都不能压印。因为在排版软件中所置入的 Photoshop 中的 CMYK 图像模式中的黑色部分不会产生压印，出现黑色或灰色地方的相应位置会挖空。如果是灰度图像，存储为 TIF 格式，在排版或图形软件中才能够被压印。

第 7 章

数字印前的文字处理

文字的输入和排版是印前设计工作中的一个重要环节。文字的输入和使用有多种方法，其最终目的是在需要的位置用大小和颜色适中的字体来表达作品所传达的信息。

有很多平面设计作品做出来的效果相当不错，但在输出时却会碰到很多的问题，有些设计人员只顾及到电脑屏幕上文字没有问题就可以了，而忽略了输出的环节及输出的质量如何。对于印刷及平面设计人员来说，对字体应该有一个全面的认识。只有对电脑文字表达、字体技术有一个全面的认识，在实际应用的时候才能得心应手，避免一些不必要的错误发生。

按照不同的表示方法，可以将计算机文字分为位图字体（Bitmapn Font）和曲线轮廓字体两大类。而曲线轮廓字体又包括 True Type 字体和 PostScript 字体两大类。

7.1 计算机中字符的描述方法

用科学的方法来区分与描述颜色

7.1.1 位图字体（Bitmap Fonts）

位图字体即点阵字体，也就是荧幕字体，它是由一个个的像素组成的。位图字体是将文字方块画成网格，文字是由黑色的小点组成的，如图 7-1 所示。

点阵网格一般分 16×16、32×32、72×72、48×48、256×256 等几种，网格数越多，文字越光滑。但是位图字放大后会出现阶梯状锯齿，图 7-2 所示的字由 24P 放大为 36P 和 48P，会出现明显的锯齿。

Tips

置入文字原稿

在事先设计好的版面中，将文章排列进去，叫做文字置入。在排版软件中事先设置好版式，就能让文字置入的工作变得高效快捷，修改调整也更加简单。

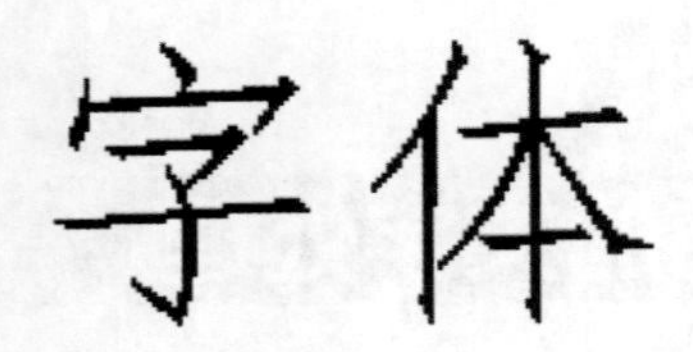

图 7-1

图 7-2

位图字体用 0 与 1 来表示字的黑与白，由于字放大后边缘有锯齿产生，不适用于专业印刷，此种字体只能应用于荧光显示，必须搭配 PostScript 字体才能打印出美观的文字来。如果在屏幕上字体大小和设计的字体大小一致，则显示光滑。如果不是它对应的大小，则文字显示粗糙。早期计算机输出的字体为位图字体，现在一般不用它来输出。

位图字体的储存量需求大，但在显示时不用附加其他处理技术，而直接把字的形状显示出来， 所以速度快，适合作荧屏显示之用。

7.1.2 曲线轮廓字体（Outline Fonts）

曲线轮廓字体是目前最完善的计算机字体技术。它将这个宇形用 Bezier 曲线或 Spline 曲线来描述，即用指令来描述字的轮廓。轮廓画出后，就用颜色进行填充，如图 7-3 所示。

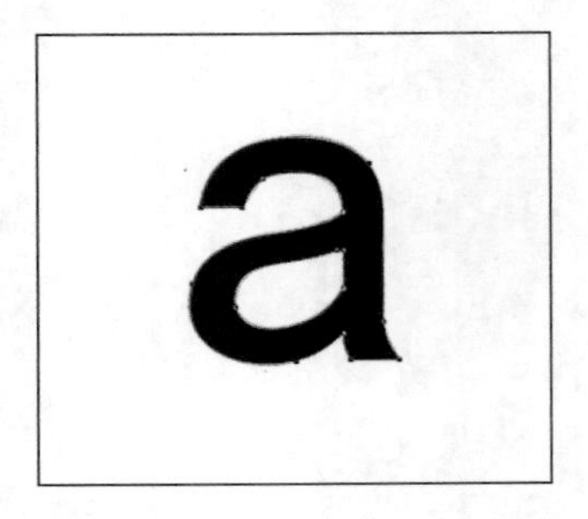

图 7-3

Bezier 曲线用 4 个控制点来描述一段曲线，是目前公认最好的描述方法。因为曲线字体是用数学方法来表达的。它可以任意放大、缩小、旋转。并且所占磁盘空间大小是一样的，放大后也不会出现锯齿。它有两种典型的曲线轮廓字体：PostScript 字体、True Type 字体。

1.PostScript 字体

简称 PS 字，是用 Adobe 公司的 PostScript 语言描述的一种曲线轮廓字体。

PS 字是设计用于 PostScript 设备输出的，而且主要用于 PS 激光打印机和照排机输出。由于计算机不是 PostScript 设备， 因而不能利用 PostScript 直接在屏幕上显示，故 PS 字不用屏幕显示。当设计系统中使用 PostScript 字体时，仍然需要某种形象为屏幕服务，故显示时则是用该字体的位图字体版本。所以在使用 PostScript 字体时应该有两套字体：一套 PS 字体，用于安装在打印机硬盘或照排机磁盘上；另一套相应的位图字体则安装于计算机系统的字库中，也就是说使用 PS 字时需要有两个版本的字体。

鉴于 PostScript 字体输出的高品质和在显示时的缺陷，Adobe 公司推出了 ATM（Adobe Type）技术，使 PostScript 字体数据可以在荧幕上显示。安装了 ATM 技术后，只要在 Mac 内载有 PostScript 字体，便可以在荧幕上显示任何大小、品质良好的字体。Adobe 的 ATM 也改良了非 PostScript 打印机的 PostScript 字体输出效果，安装了 ATM 后，几乎所有的 PostScript 字体，均可以在任何位图打印机、喷墨打印机或 QuickDraw 激光打印机上输出高品质的图像。

使用 PS 字体的工作流程如下所述。

（1）用支持 PS 字的软件排好文字并选择 PS 字体。

（2）打印时，打印驱动程序把 PS 描述传递到打印机。

（3）在打印机中进行语言解释，遇到文字时便在内存或字库硬盘中寻找该字体以供打印。打印时使用打印机分辨率输出。也就是说，PS 字体可以以任何分辨率输出，是和分辨率无关的一种字体。

2.Ture Type 字体

MAC 电脑的荧幕显示，采用专利 QuickDraw 技术，在中文系统内使用 PostScript 字体，要通过 ATM 来运行。为了给用户提供更多的选择，苹果电脑公司特别创出了 Ture Type 字体格式，同样是以数学方程在来描述字形轮廓。它使用二次曲线，精度不及 PS 字体。由于 Ture Type 字体在荧屏显示和打印描述均使用数学方程式，故此两者均可以使用同一个字体文件，如图 7-4 所示。

Ture Type 字体文件会占用较多前端硬盘空间，也需要较大的内存空间。故打印时由于传法的数据量大，所需的时间比位图字体搭配 PostScript 字体的输出时间长，尤其是大量的文字打印的时间更长。

对于杂志、小说等大量文字出版而言，可以考虑前端安装 Ture Type 字体，然后将打印机外接口 PostScript 字体硬盘，不仅前端画面可以显示美观字体，并可做字体变化，在输出时以字体硬盘内 PostScript 打印，节省传输时间。

单击“确定”按钮，字体就被安装到系统中，当再次启动计算机时，软件中文字体就会出现已安装的字体名称，图 7-5 所示为字体安装到系统中的位置。

无论是哪一种系统，字体的安装数量都不能太多，否则打开应用程序时要花更多的时间，应用程序占用的内存也更多，选择字体也比较麻烦。

True Type 字体是向量字体的一种，主要针对一般用户的使用需求。一般用户不会选购一部 PostScript 打印机，而是购买比较便宜又有一定品质的喷墨式打印机。而喷墨式打印机普遍都是 Quick Draw 打印机，所有打印的效果都是靠发出打印信息的电脑来计算的，因此 True Type 字体不论在荧幕上显示或在打印时，都有出色的表现。

专业的 PostScript 打印机可以外接一个硬盘，然后将 PostScript 字体安装到这个硬盘中。当打印文字时，打印机直接在硬盘中抓取字体，而不需要在电脑系统内下载字体，因此文字的打印速度会比较快。

图 7-4

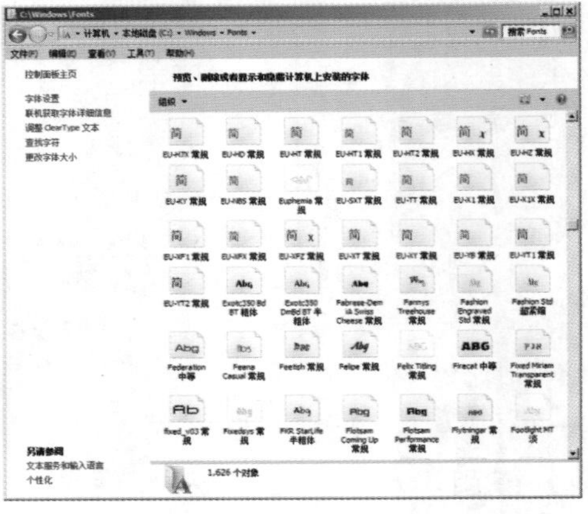

图 7-5

7.1.3 字体的安装

字体一般应安装在系统之中，这样每个软件就都可以使用它们，并且打印机也能直接下载。不同的操作系统在安装字体的方法上有些差异。

Mac OS 系统的字体安装方法如下所述。

放入字体光盘或其他类型的字体存储器，选择要安装或添加的字体，直接拖入系统文件夹的字体文件夹中即可。在安装或添加字体时要注意，正在运行的应用程序不能使用新加的字体，下次运行时才可以使用。

还要注意的是，一般系统中所带的中文字体 Hei、Kai、Song 等要删掉。因为这几种字体在打印时容易引起死机。

Windows 的字体安装方法如下所述。

（1）放入字体光盘或其他类型的字体存储器，打开“控制面板”选项，然后从“控制面板”中选择“外观和个性化”图标，打开后选择“字体”操作窗口。此时可以看到在窗口中留出了当前安装在 Windows 系统中的所有字体。图 7-6 所示为列出的能看到的部分字体。

（2）将字体安装光盘放到光驱中，首先选择要安装的字体文件，按快捷键【Ctrl+C】复制，再打开字体库，按快捷键【Ctrl+V】复制到字体库中。

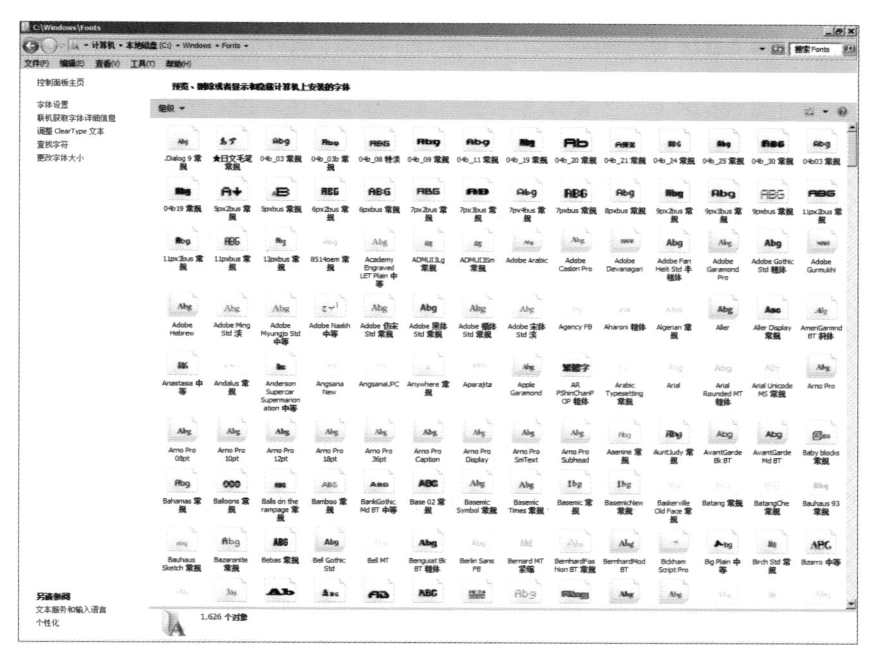

图 7-6

7.1.4 字体的显示流程

在计算机系统中，字体在屏幕上的显示流程是：系统先寻找尺寸完全相同的显示字体，如果找不到相应的显示字体，则找 Ture Type 版的字体，若有了 Ture Type 字体，则产生所需的字体大小；如果没有了 Ture Type 字体，则回到显示字体，将其他不同大小的同一字体放大或缩小显示在屏幕上。这也就是屏幕上的字出现锯齿的原因。

总之，Mac 机会针对特定的程序去寻找最好的屏幕显示。字体的显示流程如图 7-7 所示。

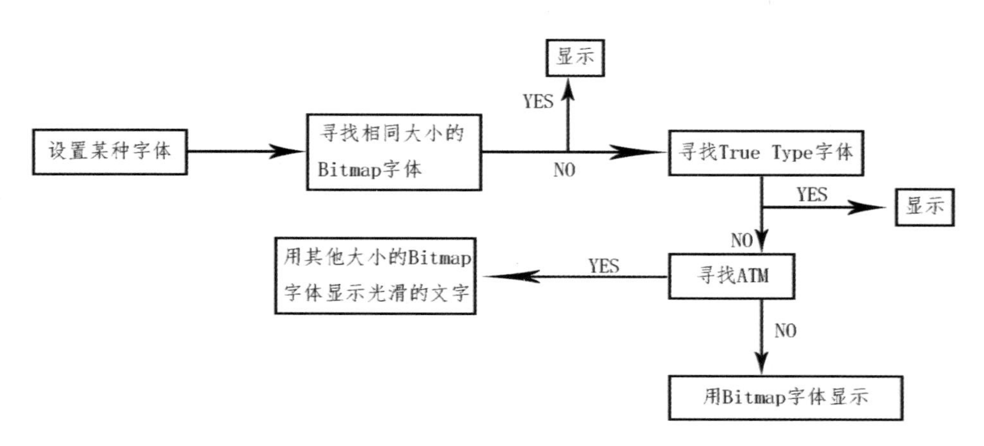

图 7-7

7.1.5 字体的替换

当打开某个文件时，如果系统中没有某种字体，系统会发出警告，并要求选用替代字体，如在 InDesign 中会出现图 7-8 所示的对话框，这时就要确定用哪种字体来替代丢失的字体，系统会按照用户的要求自动把所有丢失的字体全部换成新的字体。

系统的这种功能可以为我们服务，例如一个文件中需要更换某种字体，但应用软件中没有字体选择的功能，而用手动选择的方法又很麻烦，并且极有可能漏掉一些文字。这时可以把要更换的字体从系统字体文件夹中拖出或删除，然后打开文件，就会出现图 7-8 所示的对话框，按照要求选择替代字体，就达到了字体替代的目的。

校对、修改

文字内容错误、错别字、版式错位等问题的查找工作，被称为校对。

校对会将错误的地方指出，在打印机打印出的打样中，使用校对符号进行标注。特别是在编辑设计的工作中，使用校对符号的时候很多，所以设计师也必须要熟悉这些校对符号。

图 7-8

7.1.6 字体打印工作流程

激光打印机是输出校样时不可缺少的工具。激光打印机分为两大类：PostScript 和非 PostScript 打印机。下面简要介绍一下两种打印机的工作流程。

1.PostScript 打印机工作流程

PostScript 打印机带有 PS 字体，能够按 PS 语言进行打印。打印字体时打印机会在 ROM、RAM 及硬盘寻找可用的 PS 字体，并进行打印。如果打印机中没有相应的字体，则系统会从“字体”文件夹下载字体供打印机使用。

中文 PS 字库一般安装在 Laser Writer 相连的硬盘中。

Mac 安装一般是通过 Laser Writer Utility 程序进行的，方法如下所述。

（1）打开 Laser Writer Utility 程序。

（2）从 File 菜单中选择 down load 命令。

（3）单击 Add 按钮。

（4）找到需要安装的字体名称。

（5）在设置对话框中单击 Printer’s Disk（s）选项，进行安装。

PostScript 打印机的打印效果清晰度高，且与设备是非相关性的，同样的打印信息适用于任何 PS 打印机。

2. 非 PostScript 打印机工作流程

对于 Mac 机而言，非 PS 打印机是用 Mac 机的 QuickDraw 来处理的。QuickDraw 的工作原理是按照屏幕上的显示方式在打印机上输出。如果涉及的字体不当，或字体有问题，则非 PS 打印机就无法得知，只有在通过激光照排机输出四色软片后才会发现问题。因此，一定要用 PS 打印机来打印输出胶片前的最终校稿。

7.2 文字属性

用科学的方法来区分与描述颜色

文字的输入排版是印前工作中的一个重要环节，将文字输入排版组版软件后，接着就需为文字添加文字属性，主要包括：字号、字距、字型和字体样式等。

7.2.1 字号

在制版印刷行业中，表述字号大小的计量单位有两种，一种是汉字的字号，如初号、一号、小一号……七号，八号等；另一种是用国际上通用的“磅”来表示，如 6、8、9、10…48、72 等。

中文字号中，汉字大小定为 8 个等级，按一、二，三，四，五，六、七、八排列，在这些字号等级之间再增加一些字号，并取名为小几号，如小二号、小五号等。中文字号的“数值”越大，字就越小。

“磅”(Point，简称“Pt” ）在表示字号时，其含义是一个长度单位，可以直接表达字符的实际尺寸。在印刷制版中字号换算关系及应用场合如图 7-9 所示。

字号	磅数	字高近似值（mm）	主要应用场合
八号	5	1.5	角标
七号	5.25	1.84	角标
小六号	7.78	2.46	角标、注文
六号	7.9	2.8	脚注、版权注文
小五号	9	3.15	注文、报刊正文
五号	10.5	3.67	书刊报纸正文
小四号	12	4.2	标题、正文
四号	13.75	4.8	标题、公文正文
三号	15.75	5.62	标题
小二号	18	6.36	标题
二号	21	7.35	标题
小一号	24	8.5	标题
一号	27.5	9.63	标题
初号	42	14.7	标题

图 7-9

由此可见，字的磅数越大，字符的尺寸（一般指字符的高度尺寸）也越大，并且可以直观地看出，字高 1cm 的字符，其磅数值大约为 28 .3pt。 常用字号及点数之间的关系实例如图 7-10 所示。

图 7-10

7.2.2 字距

字距是指单个字符之间的距离。中文指字与字之间的距离，对英文来说，同样也有单个字母之间的距离。另外英文单词还有词距的问题，一般是习惯于词距之间空半个中文字符格（一个英文字）。我们对字距可以整段调节，也可以单独小部分地调节。而一般情况下，一段文字的字距是一样的，但是考虑到标点符号的语法要求，有时字距会稍微有所不同。另外，英文单词在行头和行尾时为了单词的完整，也会压缩字距或加大字距。

两条线上的字数相等，设置的字距也一样，第二段文字换行以后还保持单调的完整性，InDesign 自动处理将字距设为不一样，如图 7-11 所示。两条线上设置的字距一样，但在换行时句号不能在行首，InDesign 自动处理将句号放在行尾，实际字距不一样，如图 7-12 所示。为了使英文不断开，将蓝色部分的字距进行设置，经图中的操作，英文字没有断开，如图 7-13 所示。

Photoshop CC Bridge gives you direct access to information that is
embedded into your photo by the digital camera itself.

Photoshop CC Bridge gives you direct access to information
that is embedded into your photo by the digital camera itself.

图 7-11

但在使用较低磅值的字体或文本没有消除锯齿时，您可能希望将该功能关闭。字
距微调以百分比作度量单位。

但在使用较低磅值的字体或文本没有消除锯齿时，您可能希望将该功能关闭。
字距微调以百分比作度量单位。

图 7-12

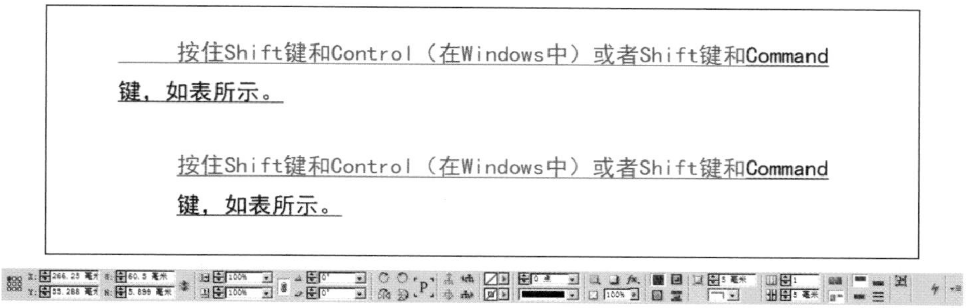

按住Shift键和Control（在Windows中）或者Shift键和Command键，如表所示。

按住Shift键和Control（在Windows中）或者Shift键和Command键，如表所示。

图 7-13

7.2.3 字型

字型指同一个字符的不同体式，例如汉字有宋体、书宋、楷书、彩云、琥珀体、综艺体等多种体式。不同的字型体现了不同的文字艺术风格，在版面安排中也传递着特有的艺术信息。现在各个字库制作公司制作的中英文字型都有多种样式，可以灵活地运用。

各种软件都提供了很多自己应用到的字型，比如在 InDesign 软件中，可以执行【文字】→【字体】命令，即可看到软件自带的字体列表，如图 7-14 所示。或者执行【文字】→【字符】命令，在“文字规格”对话框中选择所需字体，如图 7-15 所示。

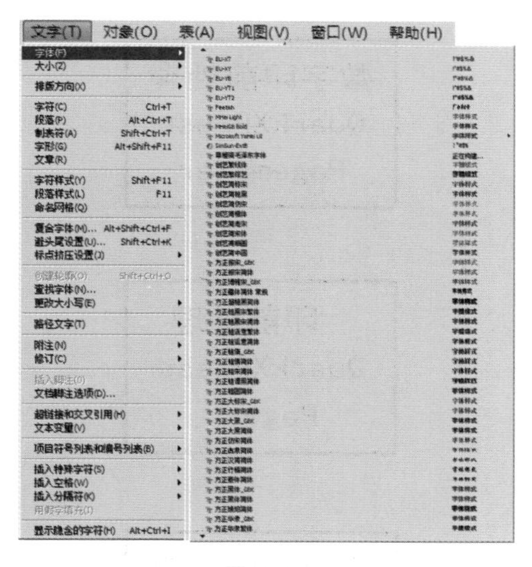

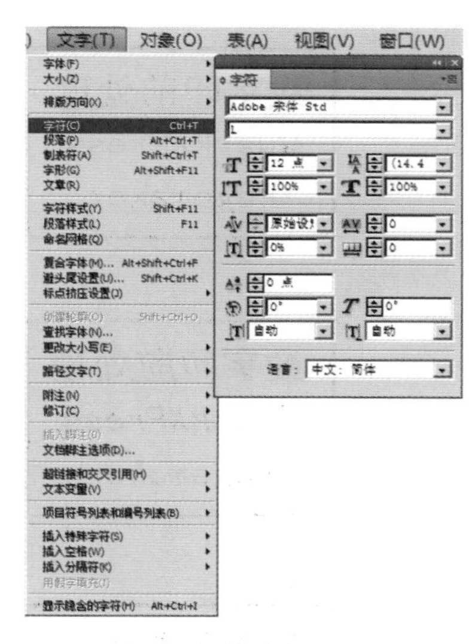

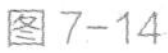
图 7-14

图 7-15

7.2.4 字体样式

在 QuickXPress 和 InDesign 软件中，各有十多种不同的字体样式，有正体、粗体、斜体、画底线、画中线，空心、阴影。全部大写、全部小写、上标、下标、大写线上标字等。可以同时设置多种字体样式，但是有些字体样式彼此会互相排斥，例如画底线、上标字与下标字、全部大写与全部小写等。现在分别介绍一下不同字体样式的效果，如图 7-16 所示。

正体：未指定任何字体样式。

粗体：加粗字的笔画宽度，中文字体如果使用，笔画可能会分叉。

斜体：往右倾斜所有字符。

画底线：在字元基线上画一条线，此线会随着字符的大小而缩放宽率。

画中线：在文字中画上一条线，QuickXPress 中会画上两条线，而 InDesign 中只有一条，画中线会干扰文字阅读，一般很少使用。

空心：镂空字符成为外框字。

阴影：为字符制作一个阴影。

全部大写：将所有的小写字母转换成大写字母，此项不适用于中文字体。

上标：将字符升高到基线以上的位置，上标会影响到字体的大小与行距。

下标：将字符降低到基线以下的位置，下标会影响到字体的大小与行距。

数字印前处理
QuarkXPress
Pagemaker

a. 正体样式

数字印前处理
QuarkXPress
Pagemaker

b. 粗体样式

数字印前处理
QuarkXPress
Pagemaker

c. 画底线样式

~~数字印前处理~~
~~QuarkXPress~~
~~Pagemaker~~

d. 删画线样式

数字印前处理
QuarkXPress
Pagemaker

e. 斜体样式

数字印前处理
QuarkXPress
Pagemaker

f. 上标、下标样式

数字印前处理
QuarkXPress
Pagemaker

g. 小型大写样式

数字印前处理
QuarkXPress
Pagemaker

h. 水平翻转样式

图 7-16

7.2.5 文字颜色

在软件 Photoshop、Illustrator、CoreDRAW、FreeHand 及 InDesign 中，都有对文字进行颜色处理的功能。以上几种工具中除了 PageMaker 外，其他几种图形

Tips

不论是中文字体还是英文（罗马文）字体，其基本设计是相同的，通过改变笔画的粗细形成的变化叫做“级别”，统称为“家族”。

同一类英文（罗马文）字体的各种变化，如字宽的不同字（长体字、窄体字）、斜体字等被归为同一个家族。斜体字有时会在字体名字后面加上“Oblique”字样。

图像处理软件对文字颜色的处理都很直观、方便。由于 InDesign 更偏重于排版功能，在定义色块、线条、文字等颜色的时候通常不像图形图像软件的随意性大。而且 InDesign 中显示色与实际印刷色色差比较大，如果随意定义，则会出现颜色在显示时和输出后有很大的偏差。所以一般要通过查看色谱确定某一数值后，再定义需要的颜色。

显示调色板可在 InDesign 中执行【窗口】→【颜色】命令，如图 7-17 所示。

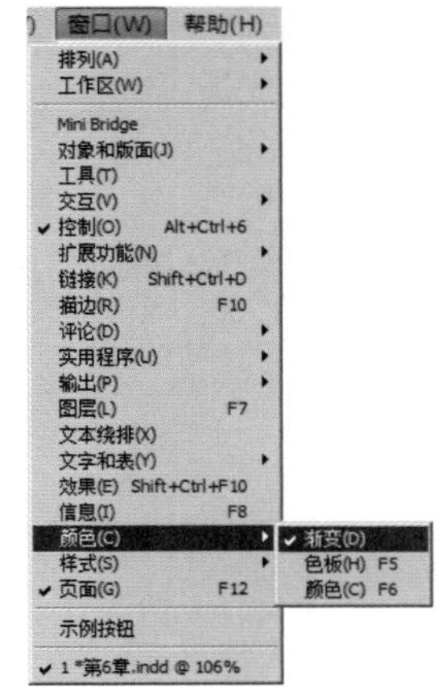

图 7-17

继续选择【色板】命令，如图 7-18 所示打开“色板”对话框。

图 7-18

双击色块可以打开“色板选项”对话框，我们可以看看“色板选项”对话框中的一些选项的作用：

颜色类型：类别中包含两种，即印刷色、专色，如图 7-19 所示。

- 印刷色：用于普通的四色印刷时，必须选择印刷色，这也是最常用的类型。
- 专色：针对专色印刷的专色（比如 PANTONE 色）颜色的选定。

对于印刷而言必须选择模式，选择 CMYK 模式后，下方颜色选项就也变为 CMYK 选项，如图 7-20 所示。

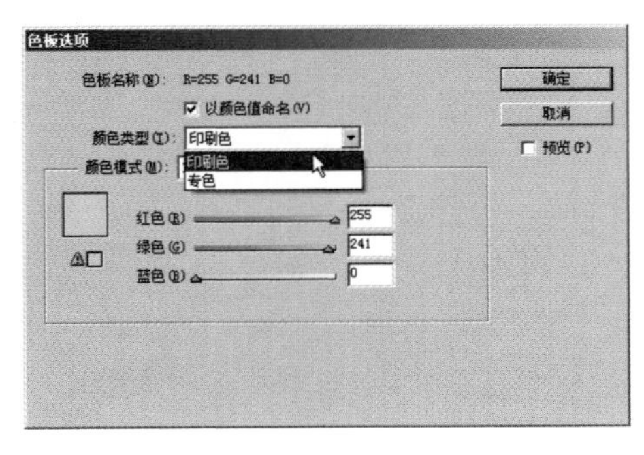

图 7-19

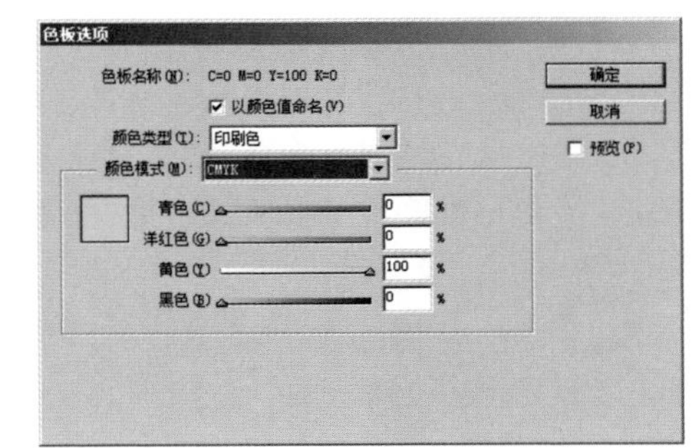

图 7-20

可以在选框中直接输入 CMYK 数值，也可以移动相应的滑块对 CMYK 色值进行调整。定义好需要的颜色后，需在“名称”栏中输入一个自定的颜色名称，一般习惯上用 CMYK 色值来表示某种颜色，比如这里用 CMYK 来表示，如图 7-21 所示。

定义完成后，单击“确定”按钮，即可在调色板中看到刚才定义的颜色，如图 7-22 所示。

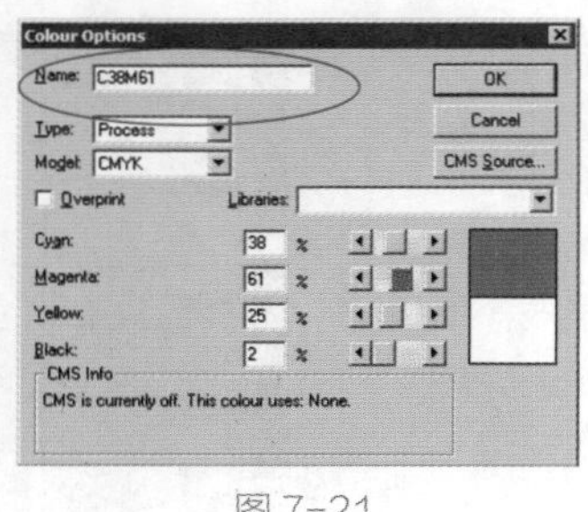

图 7-21

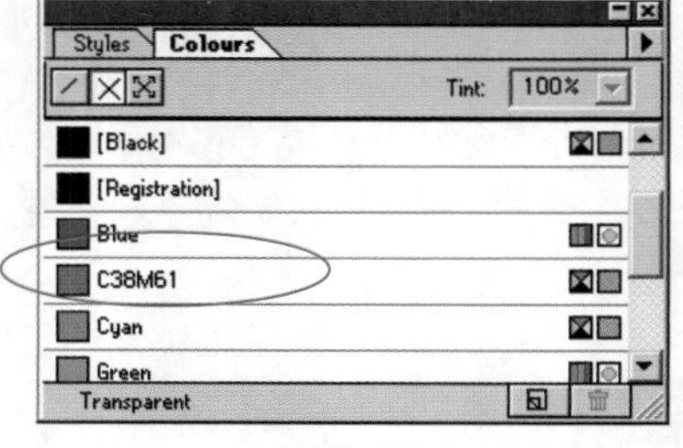

图 7-22

用“选取工具”选择需要填充颜色的图形，分别按需要选择“轮廓色”按钮、“填充色”按钮，以及填充色与轮廓色同时变化的按钮，来定义填充色和轮廓色，如图 7-23 所示。

定义文字颜色的时候，用文字工具选中需要填充颜色的文字部分，再选择需要的颜色。PageMaker 中文字不能使用轮廓色，如图 7-24 所示。

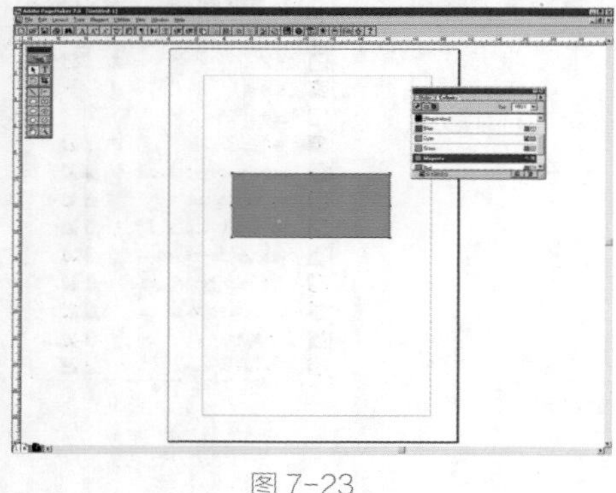

图 7-23

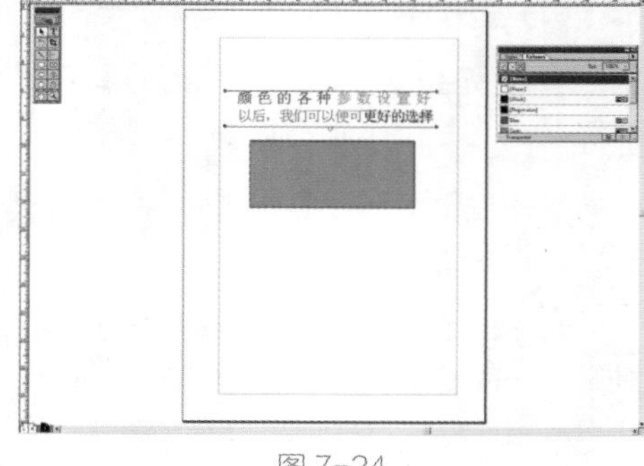

图 7-24

这里要注意的是调色板中的红色、绿色、蓝色三色就是 RGB 中的 Red（红）、Green（绿）、Blue（蓝）。这 3 种颜色右边的色标显示为▥，表示此颜色模式是 RGB 模式，习惯上应将颜色模式转换为 CMYK 颜色模式。可双击红色图标，弹出“颜色选项”对话框，可以看到红色的颜色模式为 RGB 模式，其颜色值为（R：255、G：0、B：0），类别为特别色，如图 7-25 所示。

为了符合印刷需要，保证输出颜色不出错（有些 Rip 会将 InDesign 里的 R、G、B 三色和黑版一起输出成为灰度模式），这就需要将其更改为印刷色，转变格式为 CMYK，并将其重命名为“M100、Y100”，如图 7-26 所示。

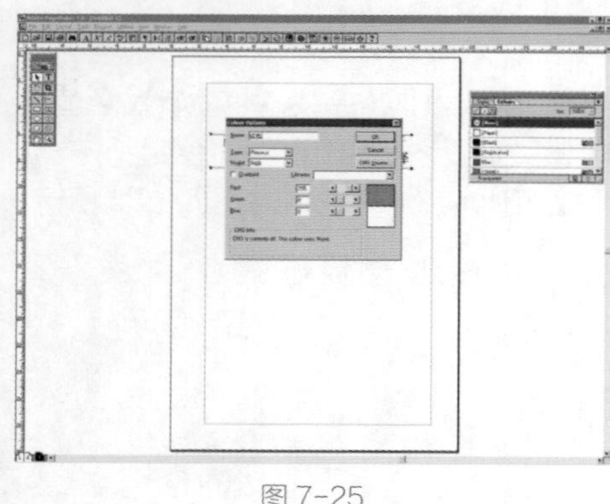

图 7-25

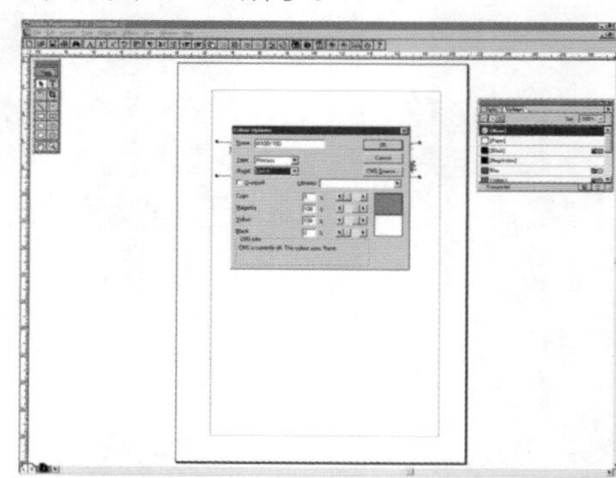

图 7-26

当定义好很多需要的颜色后，在工作中选择颜色时就会显得非常直观。尤其是页码较多的彩色杂志，会需要很多不同的颜色，使用 CMYK 数值定义的颜色找起来非常方便。

在 InDesign 中定义颜色的另外一条途径，就是执行【工具】→【定义颜色】命令，弹出“定义颜色”对话框后，按“新建”按钮，并按照和上面相同的方法进行设置即可，这里不做叙述。

7.2.6 字库

字库就是指各种字符、字型的集合。计算机字库一般由专业字体公司生产。每一家公司的字库都有自己独特的风格：包括字型上的差别、字符尺寸处理上的差别等。我们常用的字库有汉仪字库、文鼎字库、创艺字库、华康字库、方正字库等。但是各家字库制造公司在中文字的生产上基本字型大体是相同的。

为了适应出版的需要，很多公司都在开发不同的字库，想将不同的书法艺术引进来，特别是桌面出版领域，这也促使多家公司不断开发出新的产品。

下面列举几种经典字库中的一些汉字，如图 7-27 所示。

设计元素 经典趣体简	设计元素 经典空叠圆简	设计元素 经典宋一简
设计元素 经典舒同体简	设计元素 经典特黑简	设计元素 经典宋体简
设计元素 经典粗黑简	设计元素 经典行楷简	设计元素 经典综艺体简

图 7-27

7.2.7 文字扫描的 OCR 处理

文字的输入方法很多，其中语音输入法和手写输入法都已经进入了实用阶段，技术上比较成熟。一般平面设计人员的文字录入技术都不是很熟练，采用这两种方法进行录入既省时又省力。其实，对印刷稿、打印稿、报纸稿等文字部分，也可以通过识别软件进行识别，成为可以编辑的文字或表格，常用的识别软件有丹青、尚书等。

下面以“尚书七号 OCR”为例，简要说明一下文字识别的方法。

打开尚书识别软件，如图 7-28 所示。

首先必须确定扫描仪连接和驱动都没有问题，在开启扫描仪后，执行【文件】→【扫描文件】命令，或者单击菜单下方的“扫描”按钮，如图 7-29 所示。

图 7-28

图 7-29

打开扫描仪界面后，首先要对扫描图像模式、分辨率进行设置。可以用 RGB 或灰度模式进行扫描，一般情况下习惯用灰度模式而不用黑白模式扫描。分辨率通常设置在 300 ~ 600dpi 之间，不宜过大。

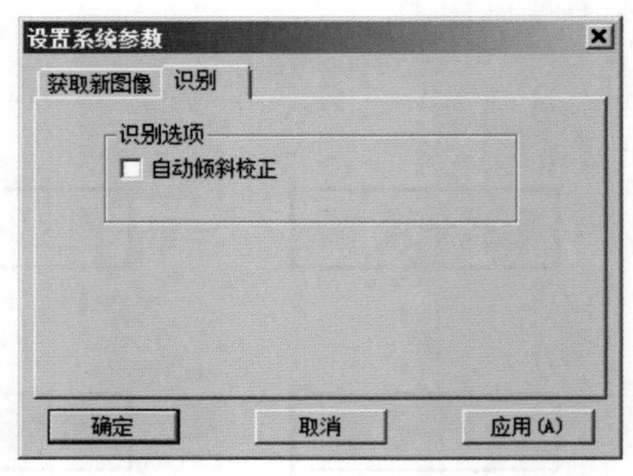

图 7-30

扫描完成以后，退出扫描仪界面，回到“尚书七号 OCR”文件识别系统界面，扫描好的图像出现在识别窗口。一般扫描图像都会有一些角度的偏差，尚书软件中有自动和手动校正。自动校正要在识别文前进行设置，系统才自动校正，否则无效，如图 7-30 所示。

如果图像倾斜或是自动校正效果不佳，也可以进行手动校正，执行【编辑】→【手动倾斜校正】命令，弹出“手动倾斜校正”对话框，如图 7-31 所示，手工调整横竖坐标，用鼠标按住图中水平红线左边的小方块，上下移动，使得水平线条与文本图像的倾斜角度一致即可；也可以用键盘上的上下箭头在按钮间切换 . 进行校正操作。

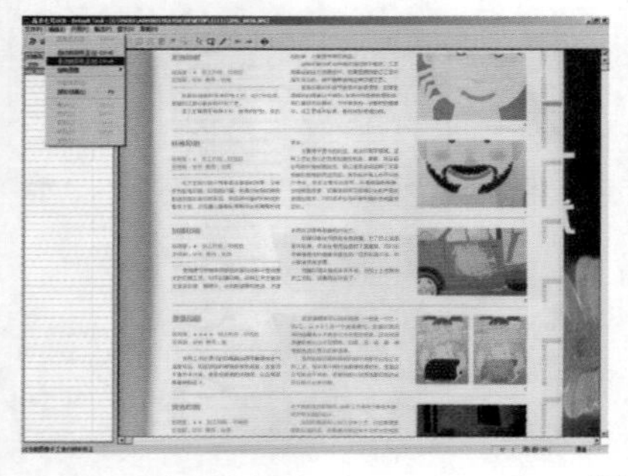

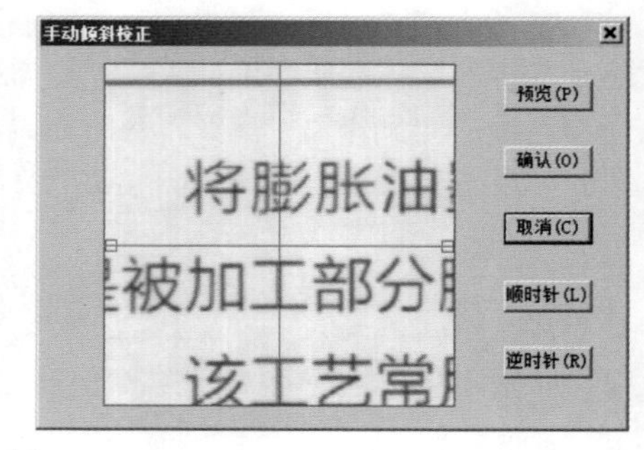

图 7-31

下面对文件进行版面分析。在版面分析前，先检查文件管理窗口内当前文件使用的语言，如果有误，请双击该参数，在下拉菜单内选定正确的语言。如图 7-32 所示。

设置好以后，先单击一下工具栏的“版面分析”按钮，或选择【识别】→【版面分析】命令，自动对当前文件或管理窗口内选定的一批文件进行版面分析，如图 7-33 所示。

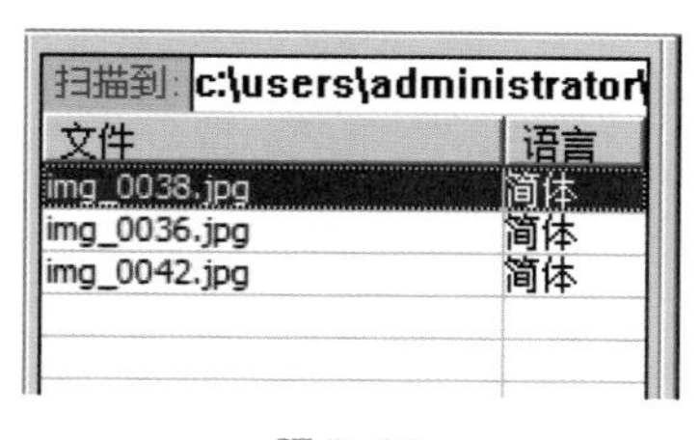

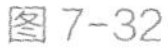

图 7-32

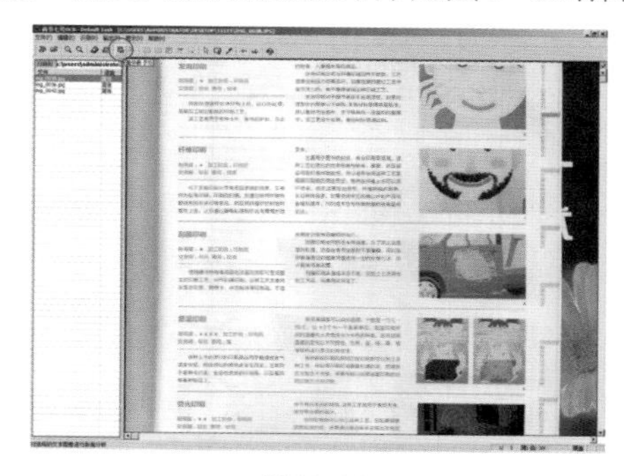

图 7-33

移动光标箭头到文件图像上的待调整图像框，按 1、 2、 3、 4 键，将当前框的属性标识为横栏、竖栏、表格、图像；若框切分不对，可单击工具栏中的按扭，或选择“识别”菜单中的“取消当前栏”命令，取消当前栏重新画框；若整页切分错误较多，可单击工具栏中的按钮，或选择【识别】→【取消版面分析】命令，取消图像页的全部版面分析，手动进行版面分析。在调整分析结果时，如果框的范围包含了其他属性框，被包含的框将自动消失；当框的范围与已有的属性框交叉时，调整框大小无效。

单击按钮或选择【识别】→【开始识别】命令，对所选图像进行版面识别。当然也可以用 F8 快捷键。识别处理窗口如图 7-34 所示，识别的结果如图 7-35 所示。

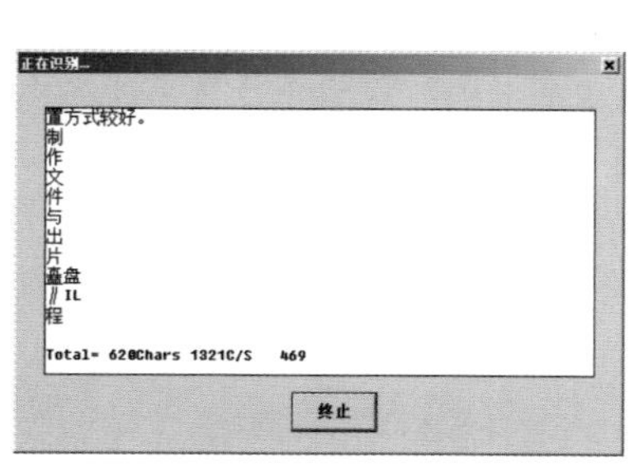

图 7-34

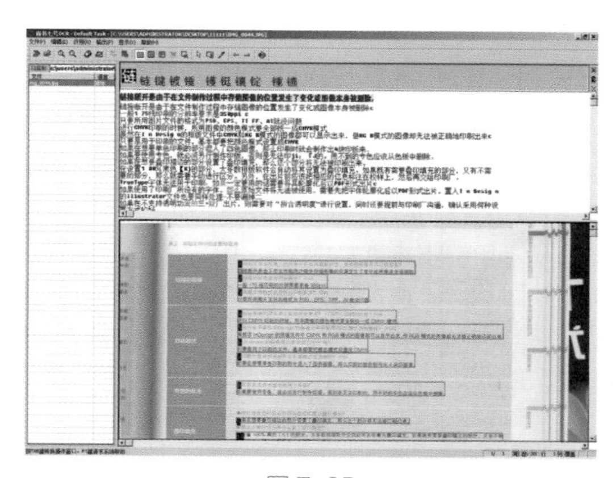

图 7-35

7.3 文字印前处理应注意的问题

用科学的方法来区分与描述颜色

识别过的文件，系统会将识别结果在识别窗口中显示出来。如果没有识别的文件，识别窗口为灰色，所以识别完后，应该检查有没有图像页，是否有识别的文件块。

接着就是进行字符校正，对识别的结果进行文字的修改和编辑，这与一般的文字编辑处理差不多。

文字印前处理的问题有时候比图、图形更复杂，在实际工作中经常会碰到一些困难，主要有以下几点。

（1）制作好的版面在激光打印或到输出中心输出时死机，发生这种情况的最大可能是打印机和照排机没有这种文字。

（2）页面文字太小时显示不出来，只有一个灰条，主要是在软件预置中设置文字显示选项时，把文字设得太大所致，一般不会影响文字的效果。软件在 Preference 中有一项为 Greek Type Below Point 的复选框，就是有关文字显示的选项，其意义是小于某个字号时文字不能清楚地显示出来。而用灰色代替，这样显示速度会大大提高。为了看清楚每一个文字，可以把此处设置为 0。另外在显示模式为快速模式时中文字也显示一段灰条。

（3）屏幕上的文字显示不是先前所设置的字型，这主要是计算机内没有该种字型的显示字库，只有该字型的 PS 字体。所以在显示时只能用其他显示字体替代，但在实际输出时就会和所设置的字体一致。

（4）中文字加粗，在有些设计软件中能将文加粗，如“heavy”效果、“加粗处理”等。这些处理对中文字来说应该尽量不使用，尽管英文字体支持此功能，输出来效果很好，但对中文字体加粗后输出时会有双影。如在 InDesign 中加粗文字就会出现这种问题，故建议不要对中文字体加粗。

（5）文字上色问题，小于 12P 的文字，应该注意上色数量少于三色，因为当文字太小时，如果套印有误差或印刷纸头有变形而引起套印不准，就会出现因错位而露出色边的现象，影响印刷质量。因此文字上色应尽量少于三色，尤以单色（C、M 或 K）为好。两色文字应该有一色为 Y 色为好，因为黄色较浅，视觉对黄色不敏感，出现套印小问题时也不明显。

（6）在印刷工作中，原则上并不提倡在 Photoshop 软件中直接输入文字，尤其是大量的文本，通常应是在矢量软件 Illustrator、CorelDRAW、FreeHand 和排版软件 InDesign 中输入文字和文本。

（7）制作印刷品时，当文字需要黑色时，则需设置文字颜色为 K:100%，而 C、M、Y 均为 0，并改变图层模式为“正片叠底”。

（8）屏幕上的文字有的显示光滑，有的显示出锯齿。特别是放大时，锯齿会更明显。这是因为如果选用的是 TureType 字体时，则它无论放大多少都会显示很光滑；而如果选用的是 PS 字，而系统没有运行 ATM 的话，显示用的就是位图字体，就会出现锯齿，但这不会造成打印的问题，在激光打印机上输出时仍是光滑的文字。

第8章

叠印和陷印

印刷机在高速旋转时，因机械或操作原因造成的套印误差在所难免。套印误差的存在，会在印刷品相邻色块之间产生缝隙，即漏白。漏白不但影响印刷品的美感，而且容易造成质量问题。所以在输出前应对陷印及叠印设计检查。这里所说的叠印是指在印刷过程中，后一色油墨在前一色油墨膜层上的附着。陷印是指一种颜色的油墨印在另一种不同颜色油墨的相应位置被挖空的图像之中。

从色彩上看，一般必须由几个颜色叠印才能得到客户所需要的颜色。比如：大红色采用四色印刷工艺复制，就必须由品红墨和国营企业黑实地叠印而成。但有的颜色经由叠印和陷印得到的结果看起来相差不大，如黑色、金色、银色与其他颜色叠印或陷印得到的结果同样相差不大。实际生产中选择叠钝还是陷印，需要综合考虑相关问题，选择合适的工艺。

8.1 叠印

8.1.1 叠印的原理

叠印和压印的意思是相同的，即一个色块叠印在另一个色块上。叠印的设置，其实就是上层的对象对下层的对象做直压的定义。色块间的叠印效果又称为直压，直压的效果在电脑的荧屏上不一定能够看见结果，有时候需在输出网片或者印刷后才能够看见。

当对象叠印之后，上面的颜色会直接压住下面的颜色，而位于下面的被叠印的颜色不会被告拉空。叠印的优点是上层颜色和下层的颜色完全密接，因此在印刷的时候，如果纸张的套色不够准确的话，也不会出现露白的情况。

这里分清楚叠印和挖空本质的区别：叠印强调的是页面元素相应的图形、文字、图像的压印处理，而挖空是在输出分色片的时候将底色挖空。图 8-1 为叠印和挖空的效果。

Tips

孟赛尔色彩体系，通常可以分为 3 大类，一类为无色彩，如白色、灰色、黑色等；一类为有彩色，如红色、绿色、蓝色等；最后一类为特殊色，如金色、银色等。区分这么多色彩的重要根据就是每种色彩的 3 个基本属性。

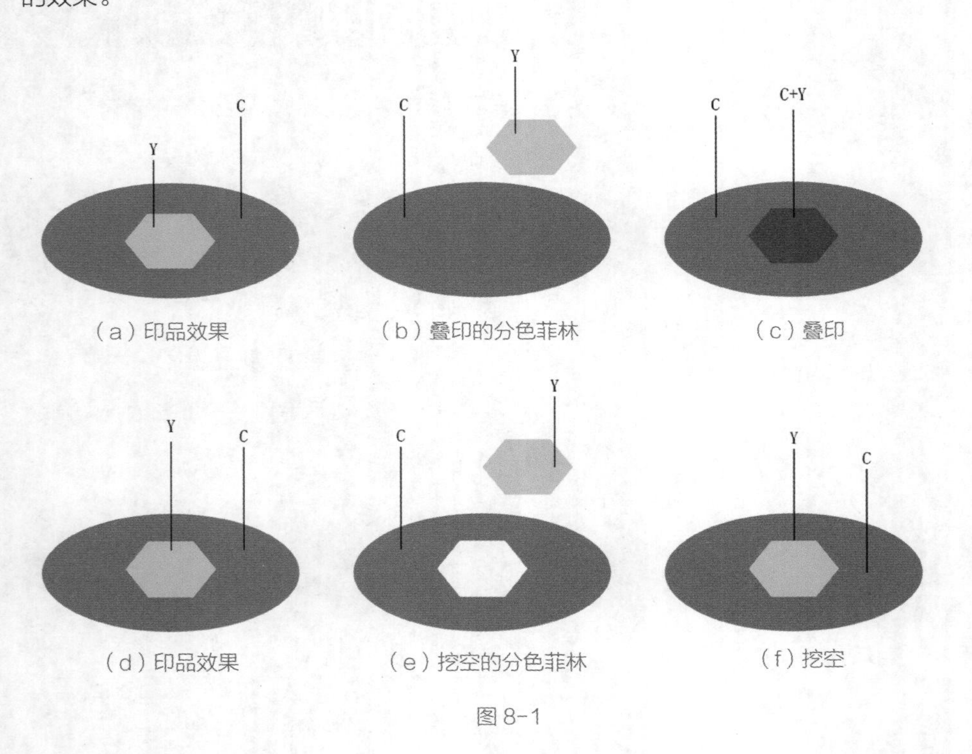

图 8-1

印刷的油墨如果是属于透明性质的，当两个颜色叠印就会产生色彩的变化。如黄色和品红经过叠印之后，就会产生红色；青色和黄色叠印之后，就会产生绿色。因此在设置颜色叠印的时候，一定要注意这一点。

叠印的设置障碍以黑色最为常见，因为黑色不会因为叠印而使颜色产生太多的改变。如图 8-2 中（a）图所示，纯黑色的文字没有设置叠印时，位于下面的底色就会被挖空，在印刷的时候，如果文字和下面的底色没有被套准的话，则印刷出来的效果就会有白边出现。

如果将文字设置为叠印的属性，则不会出现因为套印不准而露白边的情况。同样，在品红的底色上印纯黑时，设置叠印以后的效果如图 8-2 中（b）图所示，可以和图 8-2 中（a）图进行比较。

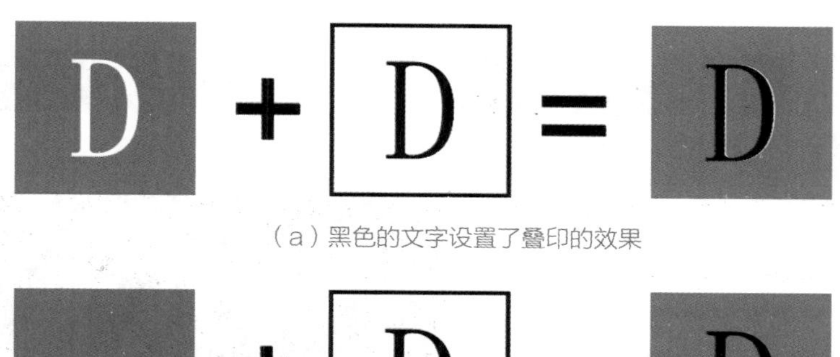

（a）黑色的文字设置了叠印的效果

（b）黑色的文字设置了叠印的效果

图 8-2

在叠印的时候，有的用 CMYK 四色叠印，有的也用 CMY 三色，但是有黑色和没有黑色叠印的效果是不一样的，图 8-3 所示将有黑版的叠印效果（a）和没有黑版的叠印效果（b）进行比较，没有黑版的画面在深色部位有些偏色。

（a）　　　　　　　　(b)

图 8-3

一般情况下，印刷的四原色 C、M、Y、K 在叠印的时候可以印出无数颜色的变化，因此要熟练掌握颜色叠印后得到的另外一种颜色的变化。这点在介绍印刷的基本知识时已经详细介绍过了，读者可以仔细研究。

8.1.2 Photoshop 中叠印的设置

在 Photoshop 中通常使用内定的黑色，但是这种黑色是由四色构成的黑，而不是纯黑。在彩色模式下使用的黑字、黑字图层、色块等，将会把黑色下面的影像覆盖掉而不是叠印。图 8-4 中的各种比较说明了纯黑与 Photoshop 中由 CMYK 内定的黑的不同。

图 8-4

要使用黑色做叠印的效果时，必须将黑色设置障碍为纯黑色，并使用“变暗”的模式，能够在不影响其他三色的情况下，做出叠印的效果。Photoshop 中常见的几种叠印效果如下所述。

（1）使用四色 CMYK 所构成的黑，将会在每一个色块上都出现此四色黑的图像，如图 8-5 所示。

（2）使用纯黑 K100，但是没有设置叠印效果时，会把下面的影像挖空，无法完整地保留影像，如图 8-6 所示。

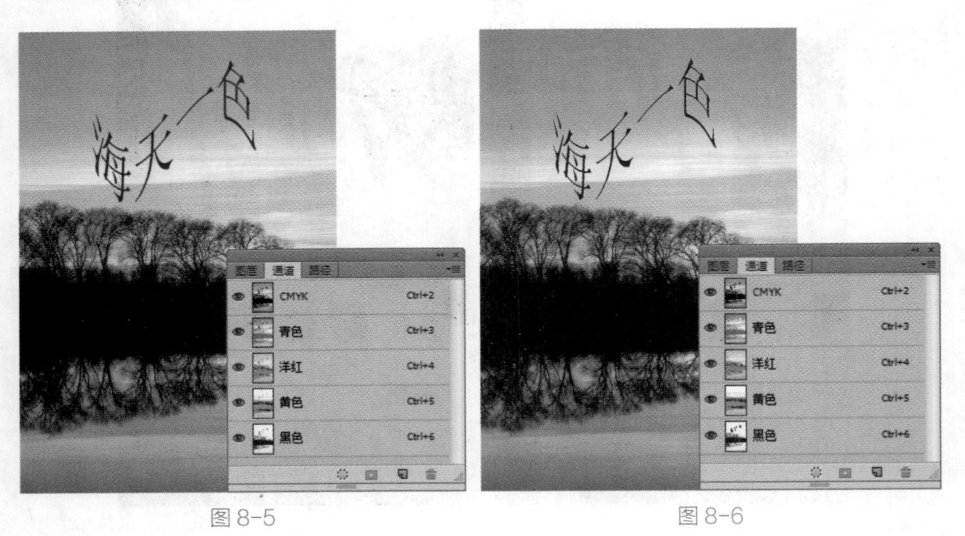

图 8-5　　图 8-6

（3）使用纯黑，并且设置叠印效果后，纯黑色下面的影像不会被挖空，每一个菲林片中的图像可以完整地保留下来。在印刷的时候，不会有露白边的情况发生，如图 8-7 所示。

最后一种就是使用纯黑 K100 的黑字，并且设置了叠印的效果，这是一种理想的方式，关键是不会有白边露出来，而且黑字的黑色很纯正。

图 8-7

8.2 陷印的概念及注意事项

陷印是一种图像重叠，可确保打印时印版的微小偏差或移动，不影响打印作业的最终外观。

如果图像中有明显不同的颜色，可能需要略微压印这些颜色，以防止打印图像时主线微小的缝隙，该技术被称为陷印。

陷印主要用于校正印刷 CMYK 图像中实色底色的对齐错误。通常不要为连续的色调图像创建陷印。过多的陷印可能产生标志线效果。

设计中尽量避免使用陷印的情况如下。

（1）不要让目标互相接触，而要使两色之间的距离远一些，这样可以避免陷印，如图 8-8 所示。

（2）尽量避免用一种颜色。

（3）当两色必须相互重叠时，可以在色块的周围添加边框等，如图 8-9 所示。

（4）尽量使两个相邻对象，至少共享 20% 的同种原色，这样可以免陷印处理。

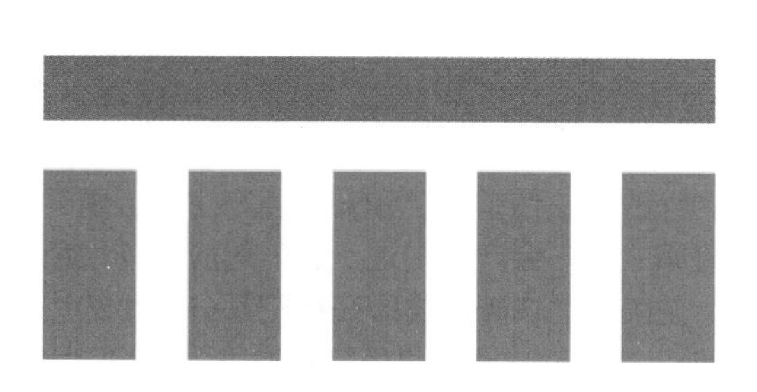
图 8-8

图 8-9

8.3 陷印

实施陷印处理也要遵循一定的原则

8.3.1 陷印现象

在彩色印刷自制过程中，文、图相互叠合的情况是经常出现的，当这些对象（文字、图形及图像）相互叠合时，位于前面的对象将遮盖后面的对象，印刷上通常将位于前面的对象称为前景，位于其后的对象称为背景，如果上下“图层”的颜色不同，那就要求我们在以后的拼版和印刷过程中做到精确对准，否则就会在叠印部分再现露白或颜色重叠现象，从而最终影响到输出图像的效果，如图 8-10 所示。青色（C）的背景上有一个黄色(Y)的圆，这个圆是不透明的，分色的胶片上就会出现这种情况，黄色的分色片是实的圆，青色分色片上就有同样大小的一块镂空的圆。在印刷的时候，如果保证两个色版的套印完全准确，则青色和黄色就会完全结合在一起。然而，这只是一个理想的假设，由于某种设备与工艺的原因，根本不可能做到真正意义上的绝对平均主义套准，即使在数码印刷时代也同样如此。因为当纸张在印刷厂上做高速传递的时候，一般都会产生细微的移位和拉伸；此外，纸张在吸收润版液和油墨后也会发生一定的变形，这些都会使彩色产品的套印发生不准确的现象。这两个颜色结合的边缘就出现了白边（露白），如图 8-11 所示。

图像方面，两种不同的连续调相切时有些软件有自动陷印功能，在两个过渡颜色边界中间生成一条具有陷印作用的过渡“色带”。

图 8-10　　　　图 8-11

为了避免因承印材料的变形或相对位移给印刷质量带来的影响，人们在各种对象的搭接处通过施加陷印控制（也称为补漏白）来解决这一问题。也就是在印前制作时，利用电脑软件做适当的处理，调整各色块的叠加色彩范围，从而避免出现漏白现象，在印刷中把这种工艺叫做陷印工艺。

8.3.2 陷印控制（补漏白）技术——外扩和内缩

陷印技术的处理就是通过处扩和内缩的方法使前景色和背景色产生相互重叠的效果，这样做可以确保两个不同颜色叠印之后不会产生白边。外扩对应着前景色对象尺寸扩大，背景色块尺寸保持不变，使前景色块外边叠印在镂空部分缩小的边沿上。通常在陷印处理中，采用内缩还是外扩主要取决于前景色与背景色颜色的对比，一般来讲，在外扩中应遵循下列原则：扩背景色而不扩前景色，扩浅色而不扩深色，扩平网而不扩实地。原因是背景色、浅色及平网对人们的视觉影响相对而言比前景色、深色要小。否则，人们就很容易觉察出对象开关的改变。如图 8-12 为补漏白的外扩和内缩的原理。

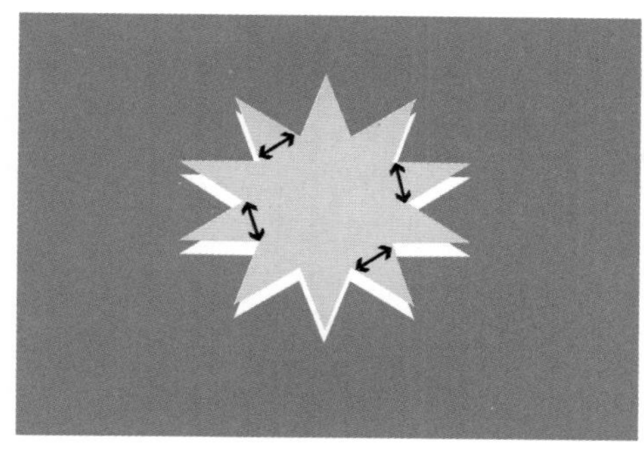
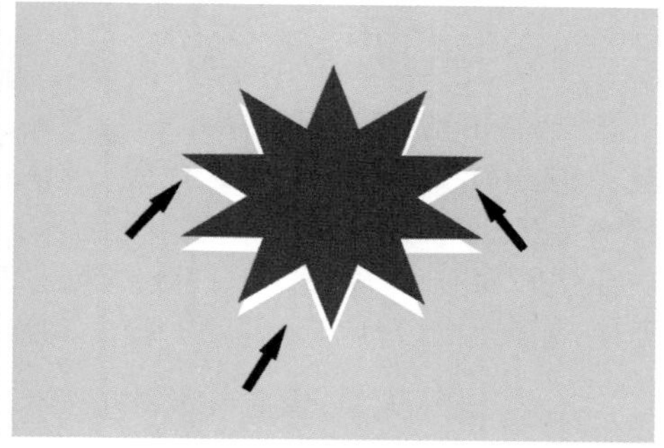

图 8-12

8.3.3 陷印处理的总体原则

陷印处理要做到总体把握，心中有数，否则，就会带来不必要的麻烦。总体的原则上主要有以下几项。

（1）对于图形和图像，只要具有明显的两种颜色的交界处，就有可能进行陷印处理，但是要注意，过渡色调的图像或者渐变的图形一般不需要进行陷印处理。

（2）陷印处理的时候要注意浅色一方的颜色应该适当向深色一方扩张，这个扩张的宽度就叫做陷印值。

（3）陷印在具体的表现形式上有很多种，如下所述。

①非连续调图形边界的陷印：这种情况下就是浅色一方的颜色适当向深色一方扩张。这是普通陷印处理中的大部分情况，这种处理在具体的软件中的操作叫法不同，如：自动陷印、手工陷印、轮廓陷印等。

②连续调陷印（滑尺陷印）：针对两种不同的连续色调（图像和图形的颜色边界）相切的时候，为了得到理想的均匀边界过渡效果，有些陷印软件具有逐点设置中间陷印色的能力。它的结果是在两个过渡颜色的边界中间生成一条具有陷印作用的“色带”。

③让空处理（Keepaway）：就是背景由丰富的构成而前景被挖空的时候，需要对 C、M、Y3 个版中与黑色重叠部分的边界部分向黑色的内部做收缩处理，这样的前景的轮廓即使有套印的误差，轮廓仍然可以由黑版来决定，而不会在挖空的颜色处产生其他的颜色。

④压印：如果前景图案和文字颜色足够深，则可以将图文直接压印在连续的背景上，这样也可以防止露白情况的发生。

⑤细小的文字和细线：对于细小的文字和细线，不要使用复合颜色，最好使用单一颜色以便和底色压印，因为陷印会导致细小字体的边缘有一定程度的模糊，甚至会全部或部分被覆盖。如果无法避免使用陷印，应该适当地降低陷印的宽度值，以保证图形轮廓的完整性。

⑥专色的陷印处理任何专色相连接，都应该做适当的陷印处理。专色在凹印制版中的应用极为广泛，由于凹印工艺中通常会有一个白版，因此，在做陷印的时候，颜色由浅到深的排列顺序应该为：白色——黄色——青色——绿色——品红色——蓝色——黑色。

⑦深黑色和超黑色的处理：深黑，就是在黑色油墨的下面再增加第二油墨，以便增强黑墨的浓度，使黑墨看上去更饱满、更黑，如K100C60 或者 K100Y60 等。超黑是由黑色再加上 3 种底色代替一种底色，如K100、CMY60 等，这种黑色最深，是一种最令人满意的套印黑色，而且可以用于印刷。但是，套印不准的时候，就会在黑块周围出现一条色边。在处理深黑和超黑时一般使用挖空工艺，即 CMY 三色版的范围做得比黑色范围稍小一些，即使出现漏白，底色仍然是被黑色覆盖的。

（4）陷印值的设置应该印刷机四色套印的精度要稍微大一些。根据各种工艺和印机械材料的不同，陷印值的设置也会不相同。

陷印只适合将颜色分别独立地印刷于纸张上的传统的印刷过程，而对于显示器显示的图像和打印机就不存在陷印的问题，因为它们不存在“套准”的问题。

8.3.4 陷印值的确定

在设置陷印的时候，陷印值应为多少？外扩像素值是多少？这主要取决于承印材料的性能、印刷设备的套准精度，以及印刷方式。由于机器加工技术的提高，一般印刷机的精密度都很高，因此保证印刷的套准不是件很困难的事情。但是印刷材料的因素并不是印刷人员所能控制的，通常对于易变形的承印材料可以适当增大陷印值，譬如新闻纸和塑料承印材料； 而对于伸缩率比较小的铜版纸可以适当减小陷印值。此外，对于轮转设备也可以适当增加陷印值。图 8-13 所示为一些典型的陷印值。

印刷方式	承印材料	网点线数 /（线 in)	陷印值
单张纸胶印	有光铜板纸	150	0.08
滚筒胶印	新闻纸	150	0.08
柔性胶印	有光材料	150	0.10
柔性印刷	新闻纸	150	0.15
丝网印刷	瓦楞纸	150	0.15
柔性印刷	新闻纸	150	0.20
柔性印刷	瓦楞纸	150	0.25
丝网印刷	纸和纺织品	150	0.15
凹印	有光材料	150	0.05

图 8-13

其实，在印前制作过程中，也不一定非要设定陷印值，在很多情况下根本不用设定陷印值。仅当文件中具有明显的两种颜色的交接连接，且反差很强烈的地方，陷印功能才有很好的效果，但在低反差的地方做陷印，容易导致图像边缘模糊化。所以，具有连续过渡色调的图像或者渐变的图形一般不需要做陷印处理。

8.3.5 陷印处理的两种基本方法

按照分类，也可以将陷印的处理分为两种基本方法，矢量法和位图法。

图形方面，当两种颜色相交时有以下两种情况。

①如果是原色（印刷色）相交，如相邻色有足够的 C、M、Y、K 四色中的一种共同成分，就可避免陷印，如红 (M+Y) 和黄 (Y) 两色相交时，二者共享黄 (Y) 版，就无需陷印；而如果无共享原色的两色相交，如红色 (Y+M) 和青色 (C) 两色相交时，就需做陷印处理。

②专色与印刷色相交时，需做陷印处理，而专色相交做陷印处理会产生意想不到的第三色，严重影响作品。

1. 矢量法

矢量处理的方法是针对矢量图形和文字元素组成的版面，这种版面的页面描述采用的是数学上严格的几何描述法，也就是用直线、圆和 Bezier 三次曲线及其填充色来完成对所有带轮廓对象的描述。同时，陷印作业的本质就是在两侧不同的颜色边界上较浅颜色的一侧，按照陷印要求生成“扩张”后的新边界线及其填充色。一般的矢量软件是在分析页面各个对象的相互关系的基础之上，确定需要印的位置，并按照陷印设置的方法对原版文件进行修改，重新生成带有陷印操作处理描述的电子文件。这种方法的好处就是能获得陷印处理精确的描述信息，新的设置使得边界线有精确的几何参数，能够很好地将图形和文字精细陷印等优点。缺点是不能够对位图彩色图像进行处理，而且处理时间很长。

2. 位图法

位图法是针对彩色位图图像或者矢量图形经过光栅化后生成的位图。用位图法工作的陷印软件必须逐个检查有关边界附近的每个像素的色相，以决定陷印方式和参数。其中一种方法是对所有边界像素进行分析后，选择一个平均值来完成陷印，速度较快，但是印刷出来的效果有误差。另一种方法就是针对前景和背景色都是连续调图像的场合，精密的陷印需要对边界两端的每一对相应的像素选择其中间色和陷印的宽度，从而在处理好的印刷品上几乎看不出边界。因为位图法处理的是光栅图像，所以，在处理时需要庞大的内存和硬盘来容纳大量的数据信息。

目前，应用软件中的陷印功能和专业的陷印处理时是不能够看到陷印效果的，只有在分色打样机或者是照排机发出的分色片上，才能够看出陷印的效果。

8.3.6 Photoshop 中陷印的设置

在 Photoshop 中，陷印的设置非常单纯，图像要在 CMYK 模式下，才可以使用陷印。在这个软件中设置陷印的时候，要特别注意以下几点。

（1）图像的模式必须转换为 CMYK 模式。

（2）图层必须平面化，才可以使用陷印。

（3）只需对固定网点浓度的色彩做陷印处理，而连续的影像无需做陷印处理。

（4）当相邻的色彩含有相同颜色的时候，陷印就不会产生作用。例如鲜红色与橙色、深青色与浅色等。

（5）设置陷印时，最好以 points 和 mm 为单位，不要以 pixels 为单位，因为像素的尺寸是随着图像放大倍数的改变而改变的。

（6）如果不是要求制作分辨率极高的图像，不必过多地考虑陷印问题，因为在使用性能较好的印刷机的条件下，一个普通分辨率下的网点尺寸一般要大于套印误差，所以陷印就没有必要了。

（7）设置陷印数值必须配合纸张和印刷机，应该事先和印刷厂做好沟通，若非必要可以不做陷印设定。

Photoshop 对于陷印设置的规则如下所述。

（1）所有的颜色向黑色扩展。

（2）亮色向暗色扩展。

（3）黄色向青色、品红色和黑色扩展。

（4）青色和品红色对等地互相扩展。

Photoshop 中设置陷印的操作有自动陷印和手动陷印两种，下面分别进行讲解。

自动陷印的步骤如下所述。

（1）以 RGB 模式存储文件的一个版本，以备以后重新转换图像。然后执行【图像】→【模式】→【CMYK 颜色】命令，将图像转换为 CMYK 模式。

（2）执行【图像】→【陷印】命令，如图 8-14 所示，弹出“陷印”对话框，如图 8-15 所示。

（3）在“陷印”对话框中的“宽度”文本框中输入由印刷商提供的陷印值。然后选择度量单位，并单击“确定”按钮。

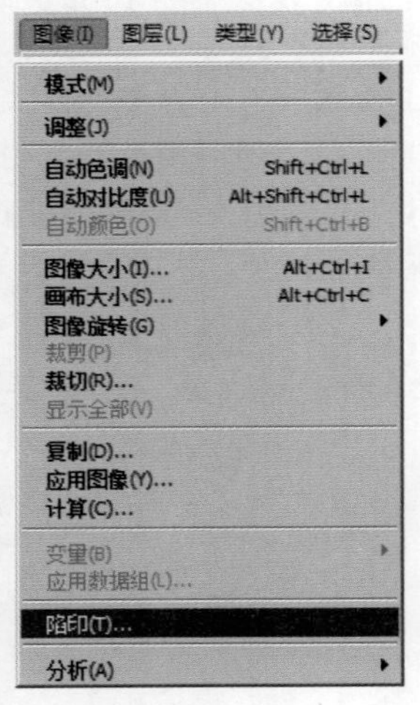

图 8-14

图 8-15

手动陷印

Photoshop 手动陷印的方法有很多，这里主要看看对专色的陷印设置，为了不使专色区域叠印在图像上，需要将图像上与专色区域对应的部位镂空，为了便于印刷的套印准确，镂空部位的面积应该稍微收缩一点，即专色区域应该稍小一点，也称为补漏白，如果不做这样的补偿工作，印刷的时候只要有一点点套不准，则在专色区域的边缘上就会出现一块明显的白边。手动设置陷印的步骤如下所述。

（1）建立一个 CMYK 文件，填充蓝色，创建一个专色通道，密度为 100%。在专色通道中画一个声色图案，如图 8-16 所示。选中此图层，双击图层及背景图层为活动图层，在载入选区对话框内载入专色通道选区，然后 将 CMYK 文档中的图案部分填充为白色，即镂空，如图 8-16 所示。

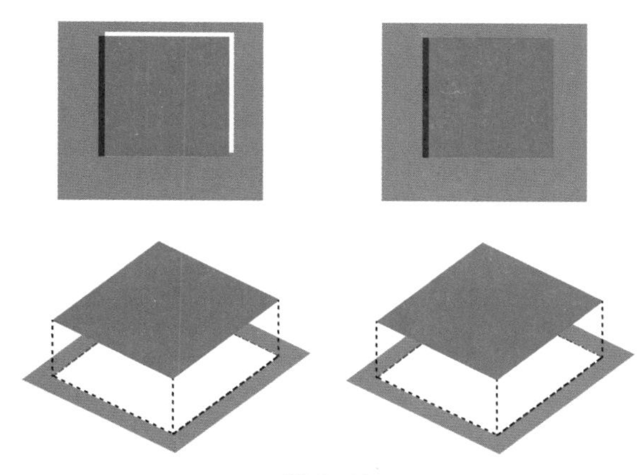

图 8-16

（2）保持选区的状态，执行【选择】→【修改】→【扩展】命令（注意某些情况下要选择“收缩”选项），如图 8-17 所示。

（3）弹出“扩展”对话框，可在“扩展量”文本框中输入 1~4 之间的像素值（根据实际情况而定），如图 8-18 所示。

图 8-17

图 8-18

（4）选择专色通道为工作通道，保持选区的状态，并填充为黑色（屏幕图像显示为定义的专色颜色），如图 8-19 所示。

（5）将专色通道的密度值降低，就可以观察到交叠区域边缘的实际情况（图中的深色线部位），这样就完成了专色的手动陷印设置，如图 8-20 所示。

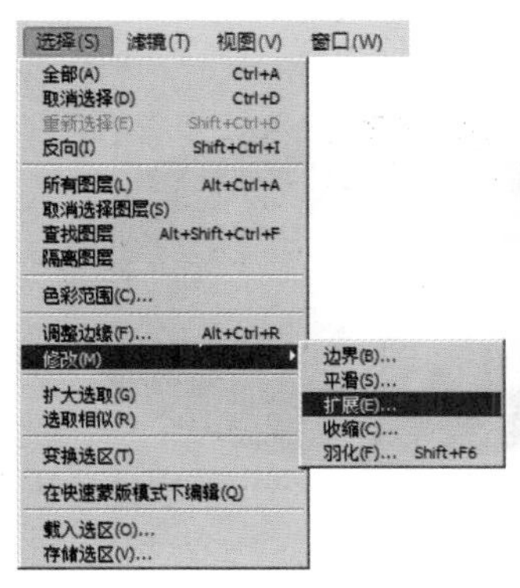

图 8-19

图 8-20

8.3.7 Illustrator 的陷印处理

Illustrator 是一个优秀的矢量图形处理软件，在印前制作 中有着广泛的应用。这个软件中的陷印功能自动化，操作简单，它能够自动判断页面中哪些地方需要陷印，哪些地方不需要陷印。下面以 Illustrator 8.0 为例，来讲解一下这个软件中的陷印。

首先在页面中选择需要陷印的对象（一般至少两个），然后执行【窗口】→【路径管理器】命令，调出“路径管理器”对话框，如图 8-21 所示，在“路径管理器”对话框中“陷印”选项如图中所圈选的按钮。单击此按钮，弹出的对话框如图 8-22 所示。

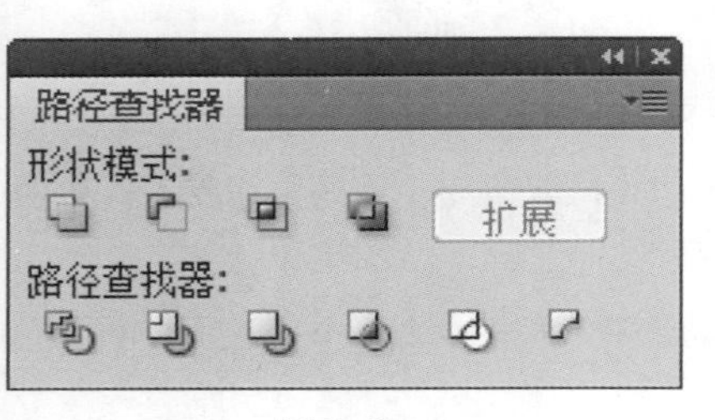

图 8-21

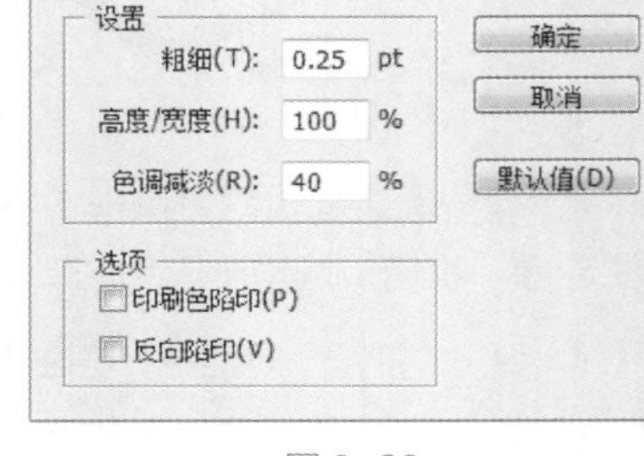

图 8-22

（1）粗细：这是一个重要的陷印指标，控制着过滤器所做的叠印路径的宽度，输入范围在 0.01 ~ 5000 磅之间，默认值为 0.25 磅，一般设置值在 0.3 ~ 0.5 磅之间，可以适应不同的印刷机。

（2）高度 / 宽度：这是一个百分比值，控制着水平陷印和垂直陷印的比例。制定这个比值，可以补偿印刷时由纸张的伸缩引起的不均匀性，默认值为 100%，表示在垂直和水平两个方向上的陷印取相同的宽度，通常情况下，这个值是不用改变的。

（3）色调减淡：这个选项控制着陷印部位的色调，数值是一个百分比，表示在陷印部位含有多少较亮的颜色，如“色彩还原”值为 100% 时候，表示陷印部位含有 100% 的亮色，默认值为 40%。

（4）印刷色陷印：这个选项通常用于对专色的陷印，用印刷原色来填充陷印部位，而不考虑在原对象上使用的是什么颜色。

（5）反向陷印：即强制改变陷印方向。系统默认的陷印方向是由亮色扩展到暗色，如果选中了“反相陷印”则结果正好相反。

图 8-23 所示是在 Illustrator 中设置陷印的效果。

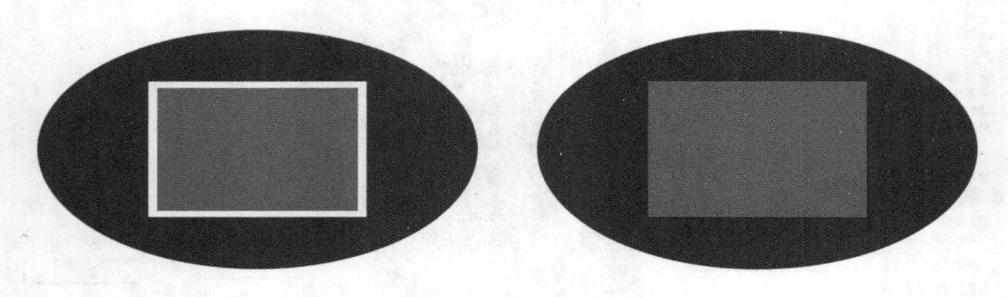

图 8-23

Tips

文字方面，通常可给文字加上小小的白边，要避免使用很小的浅色文字（陷印会使之模糊不清），选用深色文字图案压印于浅色连续变化的背景上是较好的选择，这样绝对不会露白，但要注意不可大面积压印，大面积的压印会增加墨量，导致印刷过程中粘连、起脏，影响印刷效果，甚至难以印刷。

8.3.8 InDesign 处理陷印的方法

InDesign CS 处理陷印方法是自动进行的。只不过是在排版过程中看不到陷印的效果，只有当页面文件经过 RIP 解释成四色分色胶片以后，才能够看到效果。在安装好这个软件以后，陷印功能应设定出一个默认值。

执行【窗口】→【输出】→【陷印预设】命令，弹出“陷印预设”面板，如图 8-24 所示。在“陷印预设”面板中单击右侧的三角形按钮，在其下拉菜单中选择“新建预设”命令，弹出“新建陷印预设”对话框，如图 8-25 所示。

图 8-24

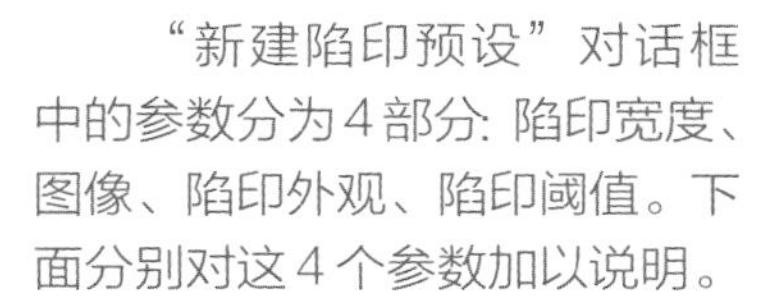

“新建陷印预设”对话框中的参数分为 4 部分：陷印宽度、图像、陷印外观、陷印阈值。下面分别对这 4 个参数加以说明。

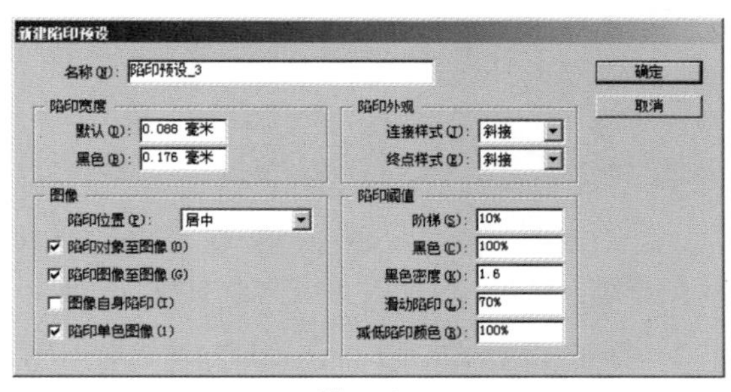

图 8-25

（1）陷印宽度：此选项组中有两个文本框，一个是默认的陷印宽度，另一个是实地黑色的陷印宽度，这个值一般为默认宽度值的 1.5 ~ 2 倍。

（2）图像：控制矢量图形与位图图像的陷印操作。这里的矢量图形也包括在 InDesign 中的各种图形，“图像”选项组中有以下几个选项。

①陷印位置：“居中”即以两者的结合处为中心线，矢量图形和位图图像各占据 1/2 的陷印宽度；“收缩”即矢量图形叠印在位图图像之上；“中性密度”即根据结合部位的颜色值计算出介于两者之间的颜色来填充陷印部位，这样会在陷印对象边缘产生一条不均匀的色带；“扩展”即位图图像叠印在矢量图形之上。注意，“中心”“收缩”“扩展”3 个选项产生的陷印部位是一致的颜色带。

②陷印对象至图像：矢量图形与位图图形的相交陷印，此项是必选项。

③陷印图像至图像：两个或两个以上的位图图像相交时的陷印。

④图像自身陷印：位图图像内部的陷印，一般情况下不选择此项。

⑤陷印单色图像：单色图像也就是通常所说的黑白图，这种图像与位图图像相交的时候也要设置陷印。

（3）陷印外观：该选项组中的参数描述了陷印部位拐点和末端搭接处的显示样式。

（4）陷印阈值：这个选项组决定了在什么情况下启用陷印处理。一般情况下，当页面中出现了反差极大的颜色改变时，才启用陷印。“陷印阈值”选项组又包括以下几个选项。

①阶梯：这个选项是一个百分比，取值范围从 1% ~ 100%，默认值为 20%。在实际处理的时候，通常取 8% ~ 20% 之间的某个值。陷印值太低，就意味着软件要进行大量的陷印工作。

②黑色：这个选项其实就是黑色的网点密度，取值范围从 1% ~ 100%，默认值为 100%，通常取值不低于 70%。

③黑色密度：与上面的参数控制大致相同，区别就是这里的参数控制不再是网点密度，而是光学密度，因此它的取值范围应该是 0.001 ~ 10，默认值为 1.6。

④滑动陷印：参数值设置为 0 ~ 100%，默认值为 70%。当设置障碍为 0 时，所有的陷印设置障碍在两个陷印对象的中心线上；设置为 100% 时，中心线陷印都被避开了，导致完全外扩或内缩。

⑤减低陷印颜色：这个参数直接控制陷印部位颜色的深浅，使陷印部位的颜色反差不至于太大而影响了颜色的美观，默认值为 100%。该值越小，产生的陷印效果就越明显，减少到 0 时，陷印部位的颜色密度与两个陷印对象中较暗的一个相等。

当以上所有参数设置完毕后，在“名称”文本框中输入陷印预设置的名称，单击“确定”按钮，就可以在陷印预设面板中看到所定义的陷印设置，如图 8-26 所示。

所有的设置都完成以后，就可以将其应用到指定的页面文件中，单击“陷印预设”面板右侧的三角形按钮，在其下拉菜单中选择“指定陷印预设”命令，如图 8-27 所示。

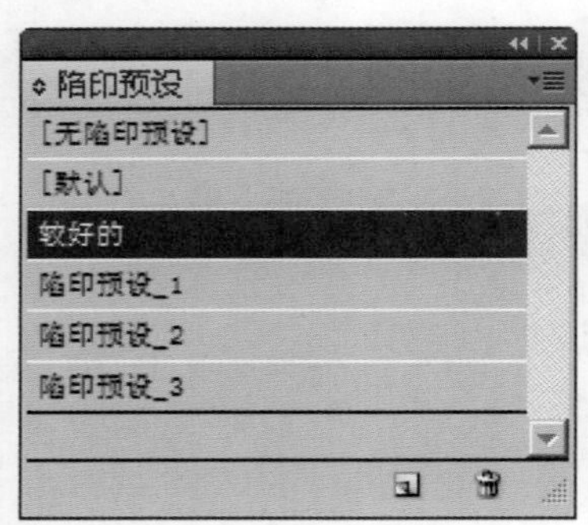

图 8-26

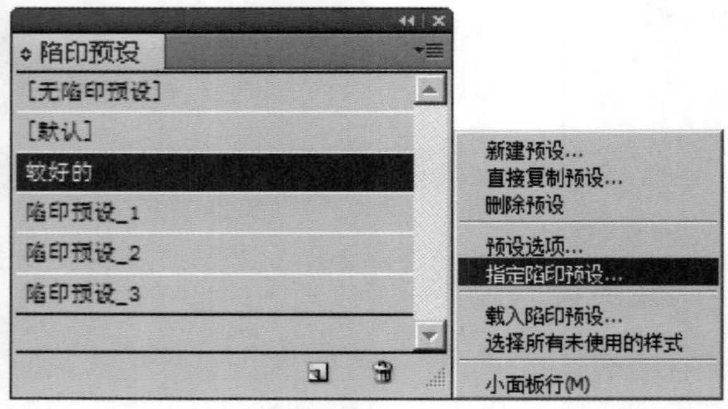

图 8-27

在弹出“指定陷印预设”对话框中可以进行设置，如图 8-28 所示。在“陷印预设”的下拉菜单中，就会出现先前已经设置好的选项，可以根据需要选择。在“页数”选区中可以选择“全部”选项或者指定范围。

尽管应用了陷印设置，但是陷印效果在页面文件夹中是看不到的，只能在输出菲林片或者是经过 RIP 解释后才能看到。

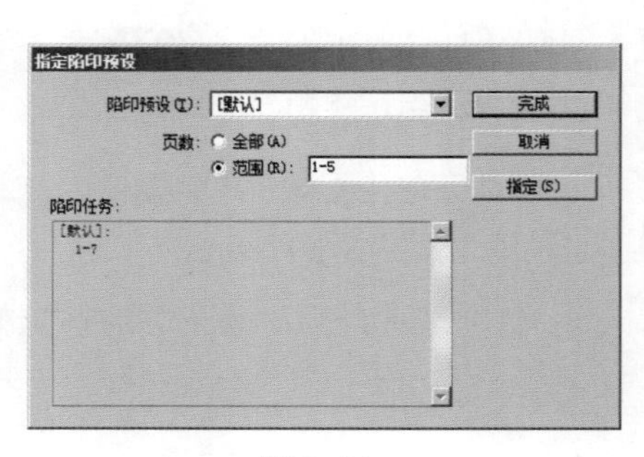

图 8-28

第 9 章

打印和输出

曾经沉积在封闭圈里，让人久久不能探究的古老印刷术，伴随着现代文明的发展而渐渐踏上时代列车。同时，一次又一次的信息化浪潮将最早出现在办公室里的打印技术推向现代生活的每个角落。一时间，海量打印、数码打印、短版印刷、数字印刷等来自不同领域潮水般的新概念名词让人眼花缭乱，分不清到底哪些是打印，哪些是印刷。那么，到底什么是真正的印刷？什么是真正的打印？打印和印刷是不是要有严格的区分？如何才能将打印和印刷更好地结合？随着印刷技术的发展，数字印刷的出现，为打印和印刷提供了一个很好的结合点。

9.1 输出设备分类及工作原理

打印机是电脑系统中另一类基本的输出设备

9.1.1 打印机的类型

打印机的种类很多，根据打印的原理可分为针式打印机、喷墨打印机、激光打印机、热蜡式打印机和热升华打印机。根据打印出来的颜色可以分为单色打印机和彩色打印机。单色打印机只能输出黑白灰度图；而彩色打印机既能输出彩色图样，又能输出黑白灰度图。根据打印的幅度可分为窄幅打印机和宽幅打印机。窄幅打印机只能输出 A4 以下幅面；宽幅打印机可以打印 A4 以上的幅面。

Tips

打印机按数据传输方式可分为串行打印机和并行打印机两类。按照打印机的工作原理可将打印机分为击打式和非击打式两大类。

针式打印机具有打印成本低廉，容易维修，价格低，打印介质广泛等优点，它是唯一靠打印针击打介质形成文字及图形的打印机。但针式打印机的打印质量差，打印速度慢，还有打印钢针撞击色带时产生很大噪音的致命缺点。针式打印机适用于需要打印特别介质和对打印质量要求不高的情况。

喷墨打印机在近几年发展特别快，其制造技术和打印技术都有了很大的进步。喷墨打印机有价格低，打印质量好，打印速度快，打印噪音小，体积小等优点。但喷墨打印机对打印纸张有一些特别的要求，而且打印出来后，墨水遇水会褪色。喷墨打印机的打印质量比针式打印机好多了，分辨率可以和激光打印机相比 ，打印色调也非常细腻，所以喷墨打印机特别适用于一般的办公室和家庭。

激光打印机是目前打印机家庭中打印质量最好的打印装置之一，激光打印机具有打印速度较快，分辨率高，打印质量高，不褪色等优点。一些新产品中还增加了网络功能。它的缺点是价格昂贵，打印成本较高。激光打印机适用于对打印质量要求高、打印速度要求快的企业。其他像喷蜡式、热蜡式、热升华式打印机的打印质量也非常好。

热蜡打印机的打印头由许多可控制的微小加热元件组成。打印头的加热元件融化涂布了蜡基彩色油墨的色带，油墨就从色带转印到纸张上。典型的热蜡打印机有彭路得打印机。

热升华打印机的彩色介质包含在塑料转变印辊中。打印头含有数千个细小的加热部件。每种元件都能够产生 256 种以上的温度。打印时温度越高，转变印的染料就越多。当染料被加热时，染料就直接由固态变为气态，即升华。当气态的染料接触到专用纸后，又变为到固态。

目前市场上的针式打印机、喷墨打印机和激光打印机占主流地位。下面来主要介绍一下这 3 种打印机的工作原理。

9.1.2 常用打印机的工作原理

1. 针式打印机的工作原理

日前，市场上主要有 9 针和 24 针两种针式打印机。9 针的打印机不配汉字库，其基本功能是打印字母和数字符号，若要用它打印 16 × 16 点阵组成的简易汉字，只能在图形方式下打印，打印时必须分两次进行，即第一次打印一行汉字上半部分的 8 个点，第二次打印该行汉字下半部分的 8 个点，最后由上下两部分拼成一行完整的汉字。显然，使用这种方法打印汉字的速度很低，若要用它打印 24×24 点阵组成的汉字，则一行完整的汉字至少 需要 3 次打印才能完成，则打印速度会更慢。

按照有关标准，对“汉字针式打印机”比较标准的定义是：打印头横向打印一次就能打出 一种或几种符合国际汉字字形点阵要求的打印机。目前市场上流行的 24 针打印机就能一次打出 24×24 点阵组成的汉字。

针式打印机的基本工作原理：针式打印机是利用机械和电路驱动原理，使打印针撞击色带和打印介质，进而打印出点阵，再由点阵组成字符或图形来完成打印任务。打印机在联机状态下，通过接口接收 PC 机发送的打印控制命令、字符打印或图形打印命令，再通过打印机的 CPU 处理后，从字库中寻找与该字符或图形相对应的图像编码首列地址（正向打印时）或末列地址（反方向打印时），如此一列一列地找出编码并送往打印头驱动电路，激发打印头进行打印。

针式打印机的基本打印步骤是：启动字库→检查打印头是否进入打印区域→执行打印初始化→按照字符或图形编码驱动打印头打印→“列”→产生“列”间距→产生字间距→一行打印完毕，启动输纸电机驱动打印辊和打印纸输纸一行→换行（若是单向打印则回车），为下一行打印做准备。针式打印机是由监控程序控制打印电机以完成打印作业的。针式打印机如图 9-1 所示。

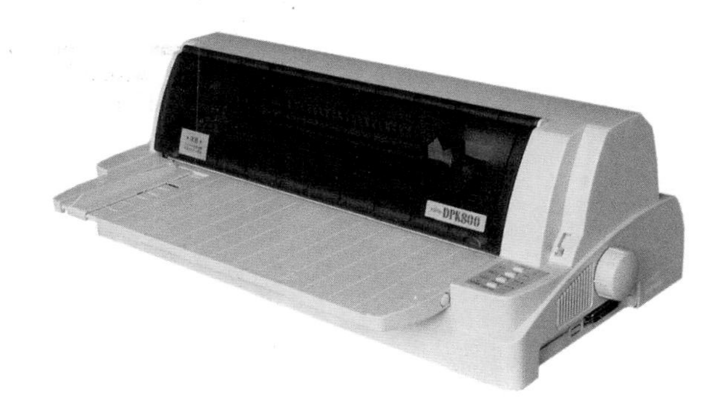

图 9-1

2. 喷墨打印机的工作原理

喷墨打印机主要用来输出彩色样张，供观察设计效果和进行彩色打样检查。

根据其喷墨方式不同，可以分为热泡式（Thermal Bubble）喷墨打印机和压电式（Piezoelectric）喷墨打印机两种。如 HP（惠普）、Canon（佳能）和 lexmark(利盟）公司采用的是热泡式技术。而 Epson（爱普生）公司使用的是压电喷墨技术。这两种技术分别有不同的工作原理，可以分别 了解一下。

热泡式打印：所谓热泡式打印技术，是 70 年代末受注射器原理的启发而发明的。热泡式技术将喷嘴处的墨水顶出到输出介质表面 ，形成图案或字符，所以这种喷墨打印机有时又被称为气泡打印机。

用热泡式技术制作的喷头工艺比较成熟，成本也很低廉，但由于喷头中的电极始终受电解和腐蚀影响，其使用寿命也会受到影响。所以采用这种技术的打印喷头通常与墨盒做在一起，更换墨盒时即同时更新打印头。这样用户就不必再为喷头堵塞问题担心了。同时为了降低使用成本 ，可以给墨盒回流成本低一点的专业墨水，只要方法得当，也可以节约不少的耗材费用。

热泡技术的缺点是在使用过程中会加热墨水，而高温下墨水很容易发生化学变化，所以打印出的色彩真实性就会受到一定程度的影响；另一方面墨水是通过气泡喷出的，墨水微粒的方向性与体积大小都不好掌握，打印线条边缘容易参差不齐，一定程度上影响了打印质量。热泡式喷墨打印机的工作原理如图 9-2 所示。

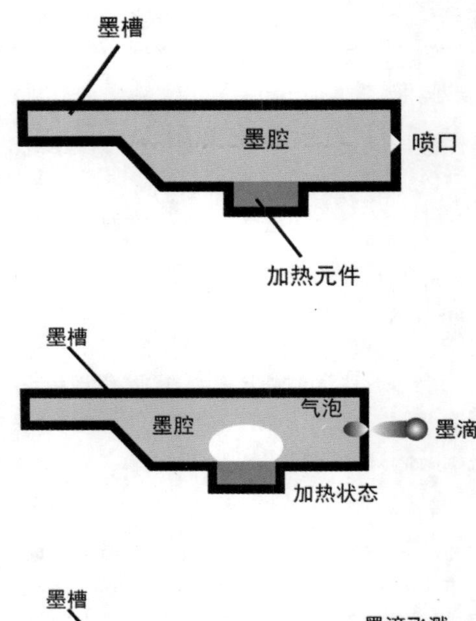

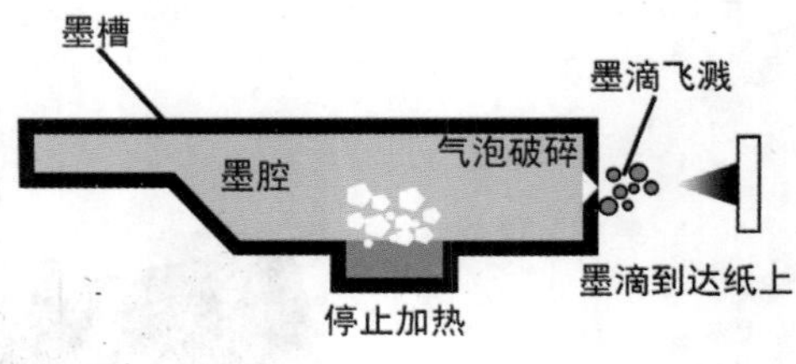

图 9-2

压电式喷墨技术完全不同于热泡式的工作原理，压电式喷墨技术是将许多小的陶瓷旋转到喷墨打印机的打印头喷嘴附近，利用它在电压作用下会发生变形的原理，适时地把电压加到它的上面。压电陶瓷随之产生伸缩，使喷嘴中的墨汁喷在输出介质表面并形成图案。因为打印头的结构合理，通过控制电压来有效调节墨滴的大小和使用方式，从而获得较高的打印精度和打印效果。

压电式喷墨打印机对墨滴的控制能力强，所以容易实现高精度的打印。利用压电式喷墨技术制作的喷墨打印头的成本比较高，所以为了降低用户的使用成本，一般都将打印喷头做成分享的结构，更换墨水时不必更换打印头。这种技术也是由爱普生公司独创的。

当然它也有缺点，假设使用过喷头堵塞了，无论是疏通或更换，费用都比较高而且不易操作，操作不当还可能会使整个打印机报废。目前采用压电喷墨技术的产品主要是 Epson（爱普生）公司的喷墨打印机，如图 9-3 所示。

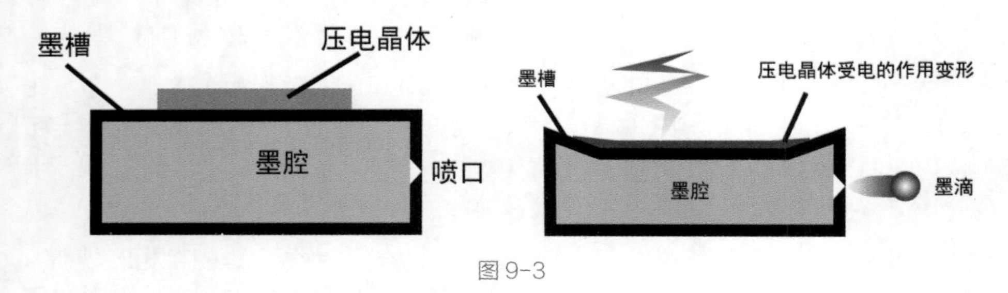

图 9-3

3. 激光打印机的工作原理

激光打印机主要是利用电子成像技术进行打印的。当调制激光束在硒鼓上沿轴向进行扫描时，根据点阵组字的原理 ，使鼓面感光，构成负电荷阴影，当鼓面经过带正电的墨粉时，感光部分就吸附上墨粉，然后将墨粉转变印到纸上，纸上的墨粉经加热熔化形成永久性的字符和图形。其工作过程如下所述。

（1）数据传输。大家知道，打印机属于计算机的外围设备，在网络环境中，打印机与计算机之间一般都要通过打印电缆连接，该电缆的一端连接在打印机的电缆接口中上，而另一端则连接在计算机的打印端口，如 LPT1，也有一些打印机是通过 USB 端口相连的。不过在网络环境中，打印机则更多地是通过专用的打印服务连接到网络（这种打印机称为“网络打印机”，价格也比一般的打印机贵不少）。这两种连接方式的最大区别是打印数据的传输速度不同，当通过打印服务与网络连接时，打印数据的传输速度通常要比通过打印电缆传输快很多倍。

（2）语言翻译。当通过计算机向打印机发出命令之后，首先这些数据需要打印机进行语言“翻译”（相当于编程中的机器语言），先将这些数据转化成打印机能读懂的语言，这个“翻译”过程就是由打印机语言来完成的。翻译过程的准确与否决定了最终的打印效果，因此打印机语言在整个打印过程中占有相当重要的地位。以 HP Laser Jet 激光打印机为例来说，HPPCL 打印机命令语言的作用是翻译对应的文字代码或图形的点阵图样，然后再把这些代码图样输送到激光打印机的最重要部件——激光器。

说到这里，我们对页面描述语言要作较详细的介绍，因为它在桌面出版中有着很重要的作用，它的主要功能是在页面上对文字、图形和图像进行描述。由于这种描述是通过抽取图形实体（非设备像素阵列）来描述的，其描述结果经济、有效，且与设备无关。所以它从 20 世纪 80 年代中期诞生以来得到了迅速的发展与广泛的应用。目前，典型的页面描述语言有 Adobe 公司的 PostScript、Xero 公司的 Interpress、Image 公司的 DDL 及 HP 公司的 PCL5 等。其中最著名的是 PostScript。

PostScript 语言（简称 PS 语言）是一种应用于印刷的通用语言。PS 语言在页面描述方面的卓越性能，突破了印刷中图文结合的障碍，给印刷界带来巨大的革命，并在印刷领域被广泛应用。PS 语言已经成为目前电子出版业事实上的工业标准。它具有广阔的应用前景，可以把设计的页面输出到低分辨率的打印机或高分辨率的激光照排机上。PostScript 打印机就是采用 PostScript 页面描述语言进行工作的，其工作原理如下所述。

①在 PostScript 打印机上打印一个文件时，应用软件要生成一个关于页面的打印工作程序，交由打印机执行。页面工作程序包括一组由页面描述语言写成的命令。这些命令说明了在页面上的文字、图像、图形的位置、尺寸、颜色和其他属性。

②页面描述程序以 ASCII 码的方式通过网络传送到打印机，发送一个命令表。这比发送描述每个点的位置、颜色的速度快很多。

③页面描述程序靠 PostScript 程序做进一步处理。该解释程序执行每一条命令，并对页面上的文字、图像、图形进行光栅图像处理，把其描述成一个个纸上的点。当页面的打印工作程序指定某种字体时，PostScript 解释程序就把存在于打印机的 ROM 或硬盘中的字体取出来使用。

④在打印机的存储器内生成一个页面的图像。

⑤ PostScript 解释程序通知打印机在纸上打印点色，打印分辨率取决于打印机的分辨率。

（3）生成图像。激光器的形状类似于一台微型的放映机，它将激光束发射到一块旋转棱镜上，激光器收到打印机语言传过来的点阵图样后，便迅速地做出“开”

与“关”的响应，而旋转棱镜作用则是将激光反射到一个经过充电的感光鼓上。激光可以消除静电，因此感光鼓上那些经过激光照射的点就不再有静电。这时激光打印机的旋转鼓上已经形成一个看不见的图像：那些不带有静电的点实际上就是最终打印图像的“隐形图”。

（4）上色。“隐形图”已经有了，下一步就是对这个“隐开图”上色。激光打印机的上色装置通常被称为碳粉盒，它的主要功能是用来盛装碳粉。碳粉本身也带有静电，因此当感光鼓经过碳粉盒时，盒内的碳粉颗粒便会吸附在感光鼓表面上的那些不带有静电的点上。由于感光鼓表面其他地方都还带有静电，因此带有同样静电的碳粉颗粒便 不会在这些地方被吸附。经过上色之后，“隐形图”便变成 了“显形图”。同时打印机的送纸装置恰好将纸送到感光鼓，于是感光鼓表面的碳粉又被吸附到纸张表面。这样“显形图”便转印到了纸张上。

（5）固化墨粉。这些碳粉还只是吸附在纸张表面，很容易由于摩擦而脱离，因此激光打印机还有一个加热装置来固定这些碳粉。这个加热装置通常是两个热滚筒，纸张在通过这两个热滚筒时，碳粉颗粒被加热熔化，于是这幅“显形图”便被永久地渗透进纸张的表面。很明显，在这个过程中，碳粉的颗粒、均匀度对打印图像有直接的影响。由此可以看出，碳粉技术的高低决定了打印机的打印效果，这也是世界上各大激光打印机厂商都在不遗余力地开发最好的碳粉技术的原因所在。

无论是黑白激光打印机还是彩色激光打印机，其基本工作原理是相同的。它们都采用了类似复印机的静电照相技术，将打印内容转变成为感光鼓上的以像素点为单位的位图图像，再转印到打印纸上以形成打印内容。与复印机唯一不同的是光源，复印机采用的是普通白色光源，而激光打印机则采用的是激光束。彩色激光打印机与黑白激光打印机最大的区别是在引擎结构上，彩色激光打印机采用了 C(Cyan，蓝色)、M(Msgenta , 品红)、Y(Yellow，黄色)、K(Black, 黑色)4 色碳粉来实现彩色打印，因此对于一页彩色内容中的彩色部分要经过 CMYK 调和实现 ，一页内容的打印要经过 CMYK 的 4 色碳粉各 1 次打印过程。从理论上讲，彩色激光打印机要有 4 套与黑白激光打印机完全相同的机构来实现彩色打印过程。图 9-4 所示为彩色激光打印机工作原理。

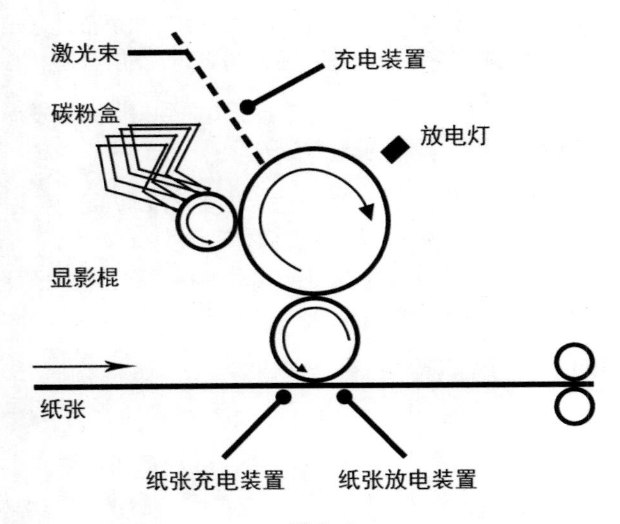

图 9-4

Tips

激光照排机的曝光光源有半导体激光与红外激光。照排机产生的激光束有 4 路（束）、8 路、16 路、32 路等不同机型。激光束多，扫描的速度就快。

9.1.3 激光照排

激光照排机是在胶片或相纸上输出高精度、高分辨率图像和文字的打印设备。它的特点是输出精度要求高，输出幅面大，因此设备的制造难度也大，价格昂贵。照排机按照工作原理主要分为两种结构类型：绞盘式激光照排机和滚筒式激光照排机，其中滚筒式激光照排机又分为内滚筒式和外滚筒式激光照排机。

1. 绞盘式激光照排机

绞盘式照排机的工作原理：胶片由几个摩擦转动辊带动，通常有 3 辊和 5 辊结构。在胶片转动的同时，激光将图文信息记录在胶片上，因此胶片的运行速度和曝光速度必须严格一致的。绞盘式照排机的激光光源固定不动，曝光光线的偏转靠振镜或棱镜转动来实现。这种照排机的特点为是结构和操作都很简单，一般只限于四开或四开以下幅面的照排机。绞盘式照排机属于中档照排机，由于价格适中，是目前使用最多的一种照排机类型。

绞盘式照排机精度不太高的原因主要有两个：一是由于胶片走片速度不均匀或打滑所致，尤其是当照排机使用一定时间以后，送片辊老化或太脏，更容易造成套准精度下降。二是由于结构本身造成的。胶片记录在一个方向上是靠胶片移动，另一个方向靠棱镜转动偏转光，棱镜转动一周记录一行或几行。如果激光光斑是圆形的，则激光与胶片的中间垂直，光斑可以保证是圆形，而在胶片两边，激光不再与胶片垂直，光斑形状就会变形成椭圆形，从而影响记录精度。因此，激光光束的偏转角越大，激光到胶片中间和两边的距离差就越大，光斑形变就越厉害。为了解决这个问题就需要加大棱镜到胶片之间的距离 ，减少偏转角，并限制记录幅面，这就是绞盘式照排机幅面不能太大的原图。图 9-5 是一种胶盘式激光照排机的工作原理图。

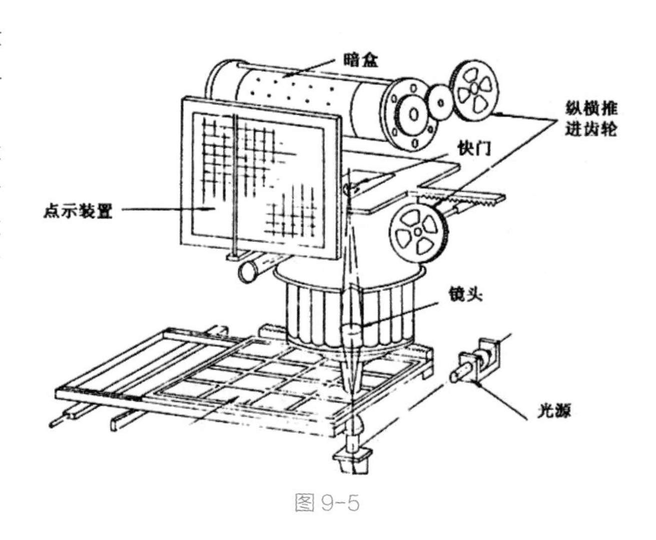

图 9-5

2. 滚筒式激光照排机

滚筒式激光照排机在曝光和传输软片的方法上和绞盘式激光照排机有很大不同。感光片从供片盒传送到滚筒上，在整个曝光过程中一直贴在滚筒上。滚筒式照排机在曝光方式上分为内滚筒曝光和外滚筒曝光两种方式 。

（1）内滚筒式激光照排机

内滚筒式照排机又称为内鼓式照排机，被认为是照排机结构中最好的一种类型，几乎所有高档照排机都采用这种结构。这种结构具有记录精度高、幅面大、自动化程度高、操作简便、速度快等特点，但价格比较高。

内滚筒式激光照排机的工作方式是将记录胶片放在滚筒的内圆周上面，滚筒和胶片不动而由激光光束扫描记录，因此没有走片不匀所造成的误差。激光光束位于滚筒的圆心轴上，激光可以绕圆转动，每转一周就记录一行，同时激光沿轴向移动一行。 可以看出，这种结构的记录光束到胶片任何一点的距离都一样。因此光斑没有变形，又可有效避免因胶片传动不稳定所造成的记录精度降低的问题，这是它具有非常高重复精度的原因。另一方面，由于滚筒不动，靠棱镜的转动来偏转光束，棱镜很轻，转动惯性很小，因此转速可以达到很高，使得记录速度也很快。

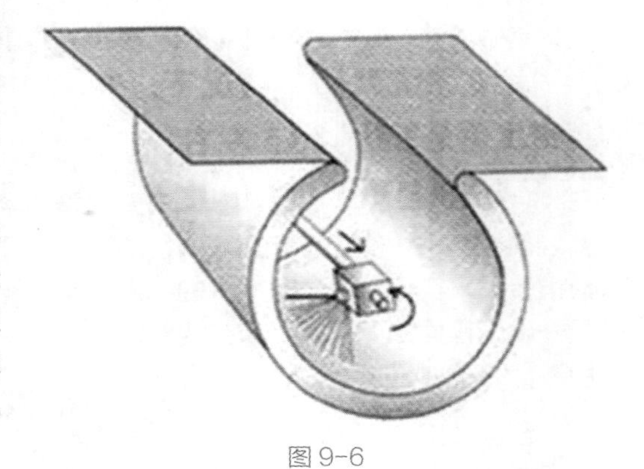

图 9-6

内滚筒式激光照排机也使用连续胶片，因此操作方便。但它记录的长度被限制在滚筒圆周的范围内，（通常限制在半个圆周范围内），不能像绞盘工照排机那样记录无限长的版面。图 9-6 为一种内滚筒式激光照排机。

（2）外滚筒式激光照排机

外滚筒式激光照排机的工作方式与传统电分机的工作方式类似，记录胶片附在滚筒的外圆周并随滚筒一起转动。每转动一圈就记录一行，同时激光头就移动一行，再记录下一行。这种照排机的优点是记录精度和套准精度都较高，结构简单，工作稳定，可以将记录幅面做得很大。

外滚筒式照排机的缺点是操作不方便，自动化程度低，通常需要手工上片和卸片，手工上下片时必须在暗室内操作，大幅面照排机的记录滚筒大、需要抽气系统和胶片固定装置，而且记录注射越大，转动时的惯性隔壁越大，转速就受到限制，记录的速度必须靠增加激光光束的数量来提高记录速度。因此，这种类型的照排机目前较少采用。

但是，外滚筒式的结构非常适合直接制版机，因为直接制版是单张版，不是连续版，版材固定，而且直接版材可在明室操作，部分抵销了它的缺点，加上这种结构的光路短，容易控制，激光损失小，可以用多路激光加快曝光速度。另外，外滚筒结构处理制版时的粉尘的方法简单，上版方式与印刷机上版方式相同，因此可以保证很高的精度。随着设计水平的提高，自动化程度也将会不断提高，所以这种结构被认为是最佳的直接制版机结构。图 9-7 是一款外滚筒式激光照排机。

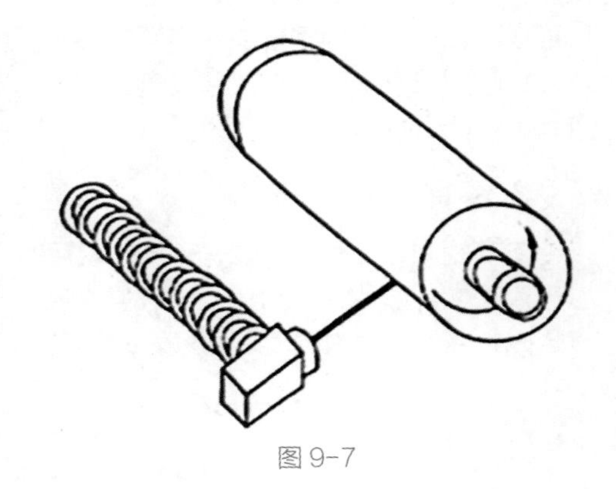

图 9-7

输出与打印是密切相关的，应该说打印是输出的一部分。

通常的打印是针对非 PostScript 打印机而言的，作为校样稿的打印，而输出 更主要是针对完稿后，输出到 PostScript 打印机可通知格式，通常为 *.PS、*.eps 等格式。

9.2 输出胶片

要有准确无误的输出作为印前保证

严格地说，客户对印刷设计稿的认可和签字，同意并出版，对于一个以生产印刷品的平面设计师来说，仅仅只是完成印前工作一半，接下来是设计师和输出中心与有关技术人员的工作，进入输出和印前打样阶段。

9.2.1 RIP(Raster Image Processor 光栅图像处理器）

RIP 是指照排系统中将 PostScript 编码解释为点阵图像的软件或硬件卡，它在彩色出版系统中具有重要作用，它的功能是将制作好的页面快速地解释为可控制激光记录仪输出点阵的命令，它能将页面中文字、图形、图像等元素自动地转换成数字点阵信息，再用这些信息控制输出设备并进行记录，决定其工作状态是“关”还是“开”。

速度对快印公司很关键。虽然 RIP 的总速度依赖于电脑硬件和软件，但是一些因素，例如色彩和分辨率的使用也会影响处理一项独立工作的速度。评价一个 RIP 的速度，采用能够代表典型复杂的应用的例子并跟踪过程。如印刷一个文件需要多长时间，需要多长时间印刷多个副本等。通过扫描仪产生的图像在电脑显示器上是以 RGB 颜色空间显示的，并且随后以 CMYK 页面印刷出来。在生产过程中的某一点上，这些图像必须从 RGB 模式转换为 CMYK 模式。如果工作流程需要 RIP 做这样的图，检查它的功能，对于精确的颜色，RIP 必须提供用户界面，这个界面允许专业化的操作来调整以图像类型和预计输出为基础的颜色转换过程。

色彩管理系统：色彩管理系统允许不同类型的设备来表征或校正以便使印刷颜色尽可能与需要的颜色接近。这了支持色彩管理，RIP 应该接受工业标准、描述文件和颜色补偿库。 RIP 也应该允许用户能够为每一个颜色调整阶调曲线，允许曲线在文件 RIP 后也能够调整，并允许用户能够不返回生产过程就能控制最终的输出。

存储性能：因为 RIP 是印刷前的最后一步，并且因为成像过程是非常耗时的，保存一个 RIP 的文件的能力非常重要。如果印刷机卡住了，或文件必须重新印刷，重印 RIP 的文件是最快的方法。必须有很大的硬盘来存储 RIP 的文件和一个界面，它允许用户快速选择并重印 RIP 的文件。

计算和报告：在局部和大范围网络中，对于大量用户，色彩设备是可存储的，RIP 起到一个控制点的作用。它可以记录接收的每一个文件并跟踪副件和页面生成。更强的计算性能允许网络管理员或印刷企业管理者根据部门或价值中心的使用做出相应的反馈。

硬件 RIP 的更新需要复杂的工艺及较长的时间，无法适应软件技术的飞跃发展；而软件 RIP 以其更新快，处理质量高，速度高，可显示处理后果等优点被广泛采用。并且一个软件 RIP 可以同时驱动多个照排机，网络功能强。

9.2.2 在 Photoshop 中输出

Photoshop 软件中的颜色设置直接决定了最终分色后的 CMYK 各色版的油墨分布情况。Photoshop 中常用的印刷文件格式是 TIF、PSD、EPS 等，可以在 Photoshop 中打印分色输出到照排机，但是考虑到字体、排版等，常常不直接在 Photoshop 中分色制版，而是将在 Photoshop 中制作的文件通过存储为 TIF、EPS 格式文件，导入或置入到矢量和排版软件中并进行排版、分色。

但是假如有 PS 打印机则直接选择可输出的 PS 打印机，如果没有则可以自己设置虚拟的 PS 打印机，然后将文件打印到 *PS 文件。在本书中使用的是虚拟的打印机 AGFA-StudioSet 2000v49.3 v52.3。

选择“文件”菜单，首先设置 PS 打印机的页面大和发排文件的页面大小，如图 9-8 所示。选择“打印”选项，弹出“打印设置”对话框，如图 9-9 所示。

Photoshop 是目前使用最广泛的图像处理软件，要想拥有好的输出效果，前提是找到最好的原稿；用最好的滚筒扫描仪；DPI 设为印刷网线的 2 倍。制作四色稿前，必须将图形转成 CMYK 模式，若文件超过 10 兆以上，则需用 EPS 格式且要分色存储，不要采用压缩或其他的格式。在编辑完图片，确认无需修改后，需将不用的 Channel 去掉。

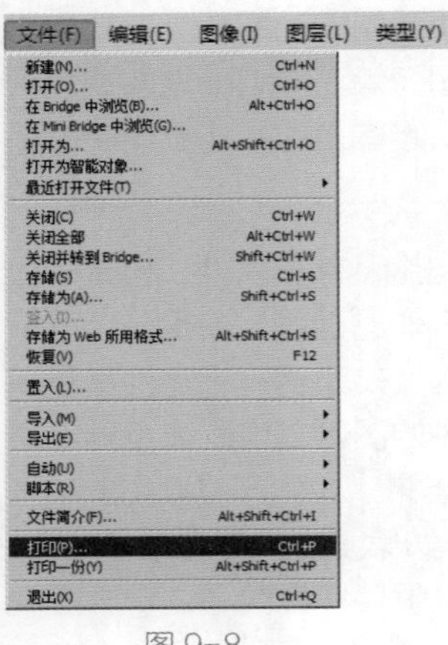

图 9-8

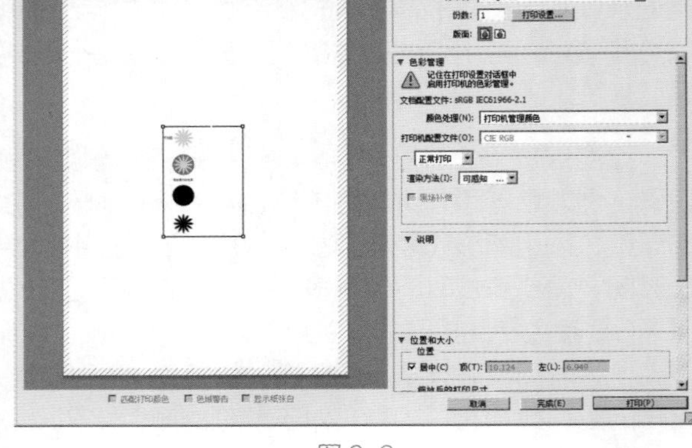

图 9-9

单击“打印设置”按钮，弹出对话框，选择“纸张 / 质量”选项卡，如图 9-10 所示。单击“高级”按钮，设置对话框中的参数，如图 9-11 所示。

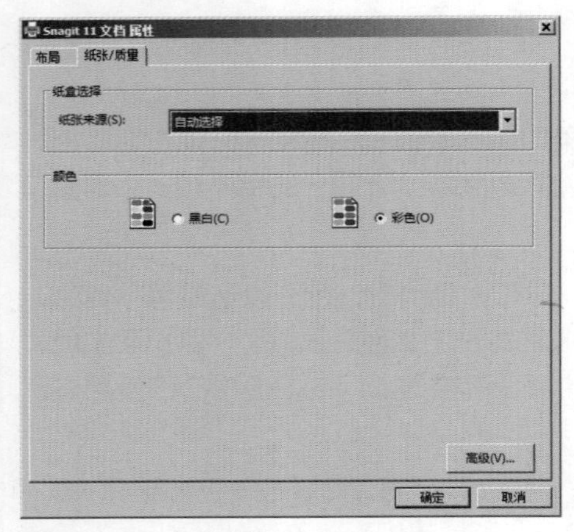

图 9-10

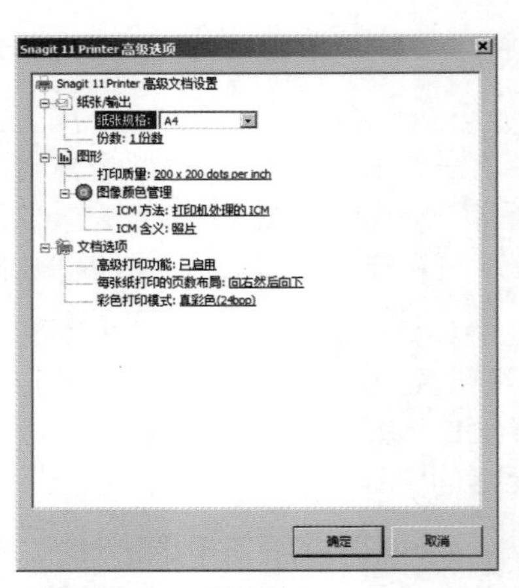

图 9-11

在“高级选项”对话框的“纸张规格”下拉列表中选择“PostScript 自定义页面大小”选项，在这里也可以输入需要的尺寸（也可以输出胶片的尺寸）。一般来说，这里设置的尺寸要比图像的尺寸大，以容纳各种标记、边角线、颜色条等，原图的尺寸为 132.6mm × 81.5mm，加上含出血边的尺寸，所以这里将自定义尺寸设置为 1610.6mm × 110.5mm。

在“高级选项”对话框中，可以分别设置“图形”和“文档选项“参数，可根据自己的需要进行设置。在这里将“打印质量”设置为 1200dpi × 1200dpi，“TrueType 字体”选择为“用设备字体替换”，在“文档选项”下的 PostScript 选项的“镜像输出”中选择“是”。设置完成后，单击“确定”按钮，弹出“打印”对话框，勾选“打印到文件”复选框。确定以后，就可以生成 *.PS 文件，这里应该输入完整的路径、名称和后缀（.PS）。

9.2.3 在 InDesign 中输出

在 InDesign 中打印输出，选择好油墨、相应的 PostScript 打印机和 PDD。在本例中选用虚拟的 PS 打印机，打开它的界面，如图 9-12 所示。

选择“打印”选项，弹出“打印”对话框，如图 9-13 所示。

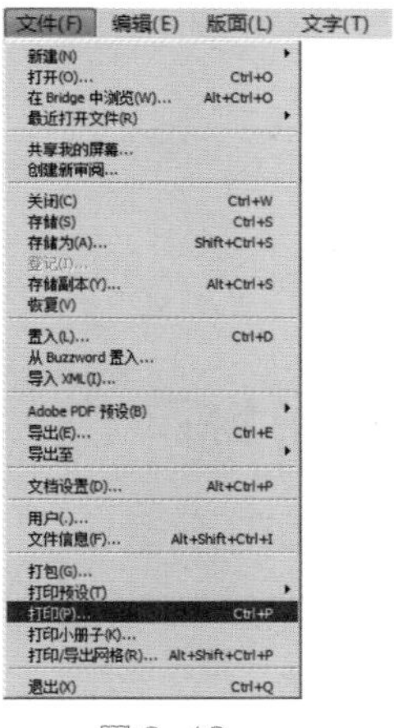

图 9-12

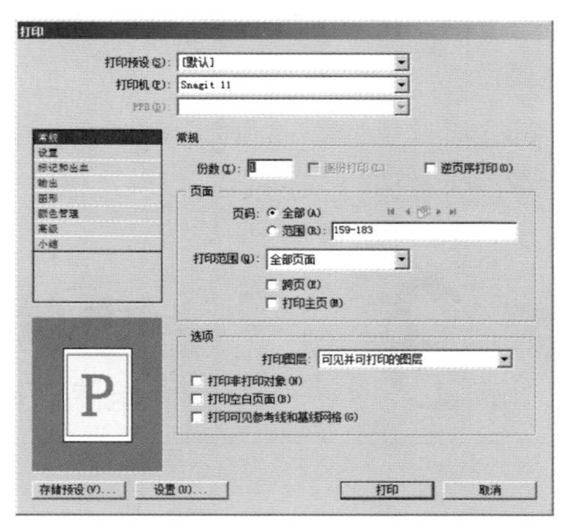

图 9-13

单击“常规”按钮，在“常规”对话框中选择打印机，如图 9-14 所示。单击“首选项”按钮，弹出图 9-15 所示的对话框，选择“纸张 / 质量”选项卡。

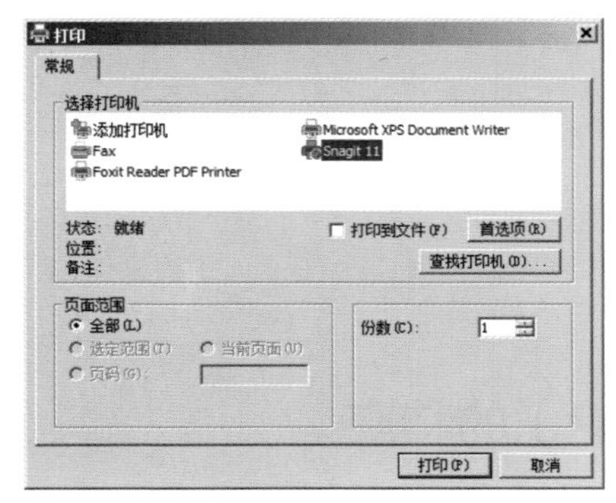

图 9-14

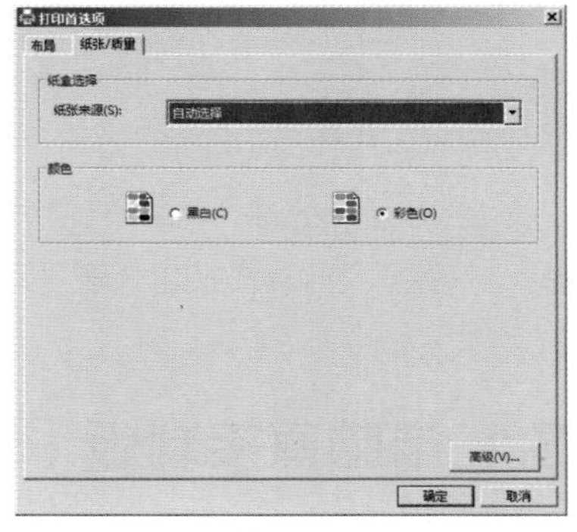

图 9-15

单击“颜色”按钮，作为分色片输出，需要在“打印颜色”对话框中设置分色，单击“高级”按钮，如图 9-16 所示，设置对话框中的参数。在“高级选项”对话框中的“镜像输出”复选框中选择“是”，如图 9-17 所示，单击“确定”即可。

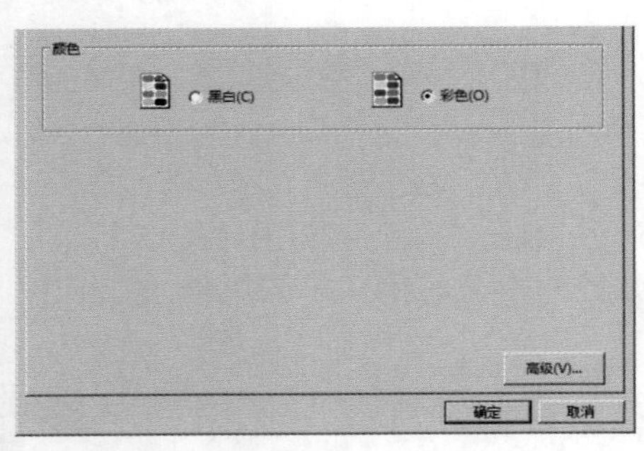

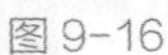
图 9-16

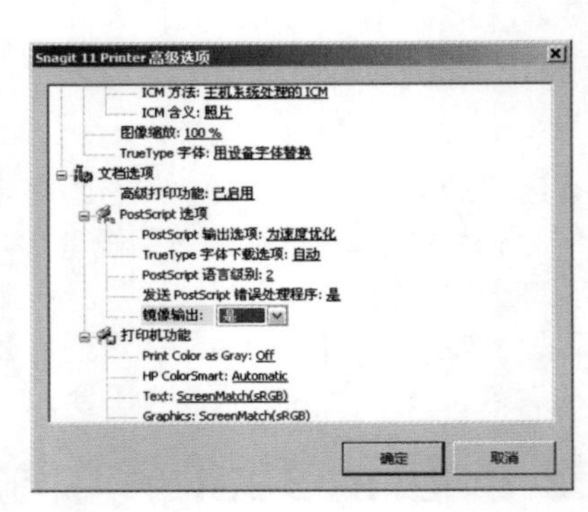

图 9-17

因为在 InDesign 生成 PS 文件时字体的下载等信息会出错，所以在这里将“下载中文字体”设置为“位图”形式，“下载字体”定义为 PostScript 与 True Type，由于分辨率已设置为 2400dpi，所以不影响输出的精度，这样就不会出现丢字或者中文字体出现乱码等现象。单击“另存为”按钮，就可以找到需要保存的 PS 文件的路径。

当以上所有的设置完成以后，单击“保存”按钮，系统就将文档保存为 *.PS 文件，然后就可以用于发排了。

9.3 电脑直接制版

电脑直接制版属于印前设备

电脑直接制版又称为 CTP(Coputer to Plate)，它是 20 世纪 90 年代出现的一项新的制版技术。

CTP 技术是将数据文件从计算机直接输出到印版的新技术，它省去了传统的冲版、拼版、晒版等工序，具有印版对位精度高，网点质量好等多种优点。随着技术的进步，CTP 技术也在不断发展。根据使用版材划分有可见光、热敏 CTP 系统和紫光激光 CTP 系统等种类，根据曝光方式划分为外鼓式、内鼓式、平台式、弯曲平台式等种类。CTP 技术简化了印前制版的工作流程，推动了整个流程的变革。

经过近十年的发展，CTP 技术已被证明是成功的制版技术，并为全球印刷企业所选择。专家认为 CTP 技术代表了印刷技术的发展方向，会在不久的将来得到广泛应用。

Tips

计算机直接制版机一般分成内鼓式、外鼓式、平板式、曲线式 4 大类。在这 4 种类型中，目前使用最多的是内鼓式和外鼓式；其中性能比较好的高档 CTP 制版机都采用外鼓式。

9.3.1 电脑直接制版（ CTP ）的特点

CTP 技术的本质是将数字页面直接转化为印版(这里的“印版”专指胶印的印版，

也就是通常所说的 PS 版材），不再存在任何中间环节或中介物理媒体（比如胶片），使数字页面向印版的直接转换成为可能，将传统工艺中的分色、挂网、照排、拷贝甚至晒版等操作融为一体，由计算机系统统一完成，实现了印前操作的完全数字化，呈现了其独有的特点：

（1）在材料方面，省去了感光胶片及其冲洗化学品；

（2）在工艺方面，省去了胶片曝光冲洗、修版、晒版等环节；

（3）在设备方面，省去了暗室及胶片曝光冲洗设备；

（4）在效益方面，降低了成本，节省了时间和空间；

（5）在质量方面，影像转移质量明显提高 ，减少了环境污染。

CTP 系统采用全新的物理成像技术思路，彻底摆脱激光产生和感光材料的使用，利用喷墨设备直接在胶片、纸张、 PS 版面上打印出所需要的图文部分，减少了图像转移的次数，真正实现 100% 转印，确保无内容损失，直接输出大幅面图像，无需拼版、修版。

9.3.2 电脑直接制版（CTP）的基本工作原理

CTP 直接制版机由精确而复杂的光学系统、电路系统及机械系统 3 大部分构成。

由激光器产生的单束原始激光经多路光学纤维或经调整旋转光学裂束系统分裂成多束（通常是 200-500 束）极细的激光束。每束光分别经声光调制器按计算机中图像信息的亮暗等特征，对激光束的亮暗变化加以调制后，就受控光束再经聚集后，几百束微激光直接射到印版表面并进行刻版工作，通过扫描刻版后，在印版上形成图像的潜影。经显影后，计算机屏幕上的图像信息就还原在印版上，以供胶印机直接印刷。每束微激光束的直径及光束的光强分布形状决定了在印版上形成图像潜影的清晰度及分辨率。微光束的光斑越小，光束的光强分布越接近矩形（理想情况），则潜像的清晰度越高。扫描精度则取决于系统的机械及电子控制部分。而激光微束的数目则决定了扫描时间的长短。微光束数目越多，则该蚀一个印版的时间就越短。目前，光束的直径已发展到 4.6 个微米，相当于可刻蚀出 600dpi 的印刷精度，光束数目可达 500 根。这样可以使一个对开印版在 3 分钟内完成。另一方面，微光束的输出功率及能量密度（单位面积上产生的激光能量，单位为焦耳 \ 平方米）越高，则刻蚀速度也越快。但是过高功率也会产生缩短激光器的工作寿命、降低光束的分布质量等负面影响。图 9- 18 所示为 CTP 直接制版的一种曝光方式的原理图。图 9-19 所示为一种 CTP 系统的直接制版机。

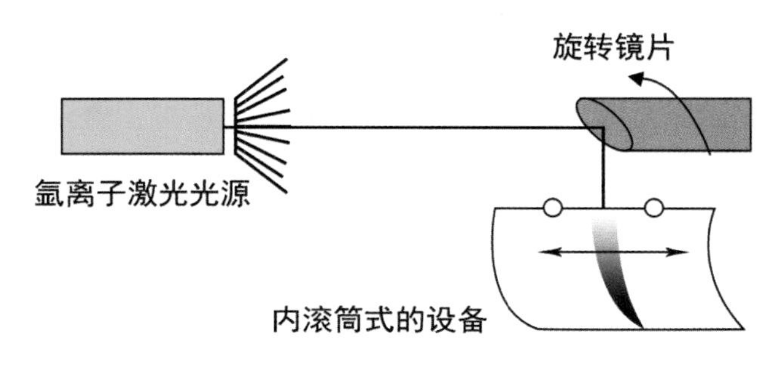

图 9-18

图 9-19

制版机光源包括气体激光（氩离子激光 488mm，功率为 20mv 左右）、固体激光（FD YAG532mm，100mv 以上）、半导体激光（LD 半导体激光中的红外半导体激光，有低功率、寿命长的优点）。

直接制版系统是一套综合性的多学科技术产业，它是集精密机械及光学技术、电子技术、彩色数字图像技术、计算机及软件技术、新型印版及材料技术、自动化技术及网络技术于一体的自动生产系统，是当代印刷工业的又一次重大技术革命。

在使用 CTP 系统时，首先，要注意与前端系统的接口技术，也就是彩色印前处理系统之间的数据交换技术，以及后端设备的数据与技术的完善化。对大容量的文件来说，数据交换速度与数据传输速度至关重要；其次，要求企业建立一整套新的电子文件管理系统，完善数据保存及检索技术；最后，对彩色管理技术和 RIP 技术的要求也很重要。大容量的文件要求 RIP 有强大的处理能力，才可以达到高效的工作效率。对于打样和输出的一致性问题，就需要色彩管理技术的参与。

在购买 CTP 时，用户需根据自己的需要，经过细致的系统分析后再做决定。新技术系统不能与旧工作流程匹配，应考虑综合效益、维护工作量、耗材价格及供应来源；系统必须开放，所用技术要有升级的可能。

9.3.3 电脑直接制版（CTP）的优点

CTP 技术在应用中越来越成熟，尽管现在还不是很普及，但是在印前技术完全数字化的发展中，它的优越性不可忽视。相对于传统制版工艺而言，CTP 技术的优越性主要表现在以下几个方面。

1. 印刷质量好

因为 CTP 技术不再使用胶片，而是通过光能或热能直接将图文呈现在印版上，因此，印版上的网点是直接一次成像的网点，免除了胶片因素与灰尘带来的制版缺陷，比普通 PS 版上的网点更干净、清晰。同时由于工序的减少，避免了制版过程中的许多变数，如胶片显影、曝光以及化学显影药品等。这也使得制版过程中出现人为差错的可能性大大降低，其稳定性要比普通 PS 版好很多。另外，CTP 技术使用了更为精确的印版定位技术，免除了手工拼版的误差，所完成的四色版的重复定位精度可达微米级，在印刷品中的亮调误差几乎可以忽略。可见，CTP 技术必然会提高印刷质量。

CTP 系统之所以以如此惊人的速度在用户群中普及，除了它有良好的制版性能和取消了软片应用的优点外，CTP 技术适用范围的扩大也是十分主要的原因之一。目前市场上的直接制版机可以适合各种幅面的印刷尺寸，同时还能满足单双色印刷、四色彩印、报纸印刷和商业印刷等多种情况的需要。所以使用起来十分灵活。

2. 缩短生产周期，节省劳动成本

传统制版工艺从照排出胶片到晒版需要 40 分钟，特别是当版面较为集中时，所需要时间更长，经常会出现印刷机等版的情况。而 CTP 技术一般可以预览、拼大版（拼贴客户所需的版面），通过光能或热能直接在片材上成像，这样就省去了照排出片、手工拼版、晒版等工序。拼好一套对开四色版只需一两分钟，输出一套四色版也只需约 10 分钟，比传统制版工艺节省近 30 分钟的时间，避免了传统制版工艺中印刷机等版的现象。另外，还可大大缩短印刷准备时间及预印纸张和油墨的耗费。

3. 可以进行远程传版，实现按需印刷

因特网作为一种商业工具，将印刷厂与客户、供应商联系在一起，完成销售、分发印刷品、管理印刷生产和订购耗材等工作。现在有许多印刷厂都已实现了网络连接，使用电子邮件进行业务联系，有些还建立了自己的网页。CTP 技术全面采用数字化工艺流程，为网上传版进行异地印刷提供了便利条件。而且，CTP 还可实现“RIP 一次，多次输出”，即一旦由一个 RIP 将文件解释成矢量格式，形成网点阵列后，就可以将数据存储在硬盘上，多次输出，方便快速地进行远程传版，从而实现按需印刷的目标。

4. 实现绿色制版

CTP 技术中所使用的免冲洗热敏版材可以在明室中操作，无需化学冲洗。相对于传统制版工艺而言，不再使用显影药品，从而避免了废水等有毒物质的产生，保护了环境，真正实现了绿色制版。

9.3.4 电脑直接制版（CTP）的应用及发展

世界上 CTP 技术的应用和发展非常迅速，主要原因有两点，一是受 Drupa 2000 的影响，使直接制版技术走向成熟。二是世界潮流的驱动，据统计，1995 年世界直接制版设备的保有量是 311 套，到 2000 年，这一数字就已达到 12150 套，5 年时间增长了近 40 倍，2010 年进入计算机直接制版设备安装高峰期截至 2010 年年底，我国直接制版设备的保有量为 3400 — 3600 台，年增长量达 850 — 1000 台，2010 年是装机量增长速度最快的一年。直接制版技术的普及已经成为大趋势。

中国的 CTP 市场在印刷领域众多大牌厂商的努力和相关媒体的摇旗呐喊下，才显得红红火火。从 CTP 设备厂商在国内的竞争激烈的程度看，似乎表明 CTP 在国内批量投入使用的大幕已经拉开，曾有观点认为 2001 年 CTP 将在中国真正启动。实际上，一些调查结果显示，整个国内 CTP 市场从最近两年才有起色，但还是不能普及应用。

尽管使用 CTP 技术意味着更高的生产率，更低的生产成本、更快速的反应能力和更强有力的技术保障，但目前在国内 CTP 的企业中，报纸印刷企业占了很大的一部分。

从整体上来看，中国 CTP 市场离全面普及还有很大的距离，但是在近两年时间内的增长已充分证明了 CTP 设备在中国的巨大市场潜力。另外有调查结果显示，超过半数的企业表示在将来的 4 年之内引进 CTP 设备，近两年 CTP 市场的迅猛增长只能算是刚刚拉开一个序幕。市场的保有量将达到 600 套，以目前的情况推算，结果可能更为乐观。

9.3.5 CTCP（Computer To Conventional Plate）技术

CTCP 即 Computer To Conventional Plate 的英文字母缩写，意思是在传统 PS 版上进行计算直接制版。因此，所谓 CTCP 系统也就是能对传统 PS 版进行计算直接成像的制版机。CTCP 既具备 CTP 技术的所有优势，无需胶版而直接制版；同时也弥补了 CTP 使用专用版材的不足，可以在传统的 PS 版上直接成像。

1. CTCP 成像原理

与 CTP 系统不同，BasysPrint 公司的 CTCP 系统利用波长范围在 360nm 至 4 5 0 nm 的 U V（紫外）灯，采用 DSI(Digital Screen Imaging, 数码网目成像）工艺在传统的 PS 版上直接成像，省去了输出胶片的中间过程。BasysPrint 公司是当今世界上唯一一家商业化的 CTCP 系统制造商，目前在全球范围内已安装了 250 台 CTCP 系统。按照幅面大小的不同，BasysPrint 公司生产的 UV-Seyyer 系列 CTCP 设备分别用于报业印刷和商业印刷。

在 DSI 工艺中，UV（紫外）光经过镜子的折射后打在 DMD（Digital Micromirror Device——数字微光镜设备）上，普通的 DMD 上大约有 100 万个微光镜（F 型 DMD 上大约为 130 万个）。每个微光镜均由数码信号控制，可以将光学镜头系统 (optical lens system) 传递过来的光投影到 PS 版上成像，也能使光线发生偏转，不在 PS 版曝光。这意味着每个微光镜形成一个像素，最终在印版上形成一幅带网点的图像。

由于微光镜的数量有限，一次只能曝光一小块图像，因此需要经过快速连续地曝光，才能将每小块图像相互连接并形成一幅完整的图像。

每小块图像的尺寸大约为 0.8cm ~ 10.3cm，与选择的分辨率大小有关。在曝光头上安装有高精度的定位系统，可以保证图像碎片之间的无缝连接，误差只有 2 微米。UV - Setter 每秒钟可以曝光 10 小块图像碎片。

2. CTCP 的技术优势

（1）易于与现有的印前环境集成，减少了传统工艺中的晒版、出片等模拟环节，做到无胶片制版，既简化了整个工作流程，也节省 了相关耗材费用。

（2）企业可以轻松利用 CTCP 实现数字化工作流程，避免了模拟过程的不确定因素。如在激光发排、显影定影、晒版等传统工艺中，由于人为的因素或相关设备及材料的物理特性，不可避免要现出网点的损失或扩大、图像层次丢失。CTCP 系统的全数字化操作既减少了中间环节又不受人为因素的影响，可以在很大程度上确保印版质量。

（3）CTCP 采用原有印版和冲洗设备，客户只需要购进一台 UV-Setter 制版机并替换掉原来的晒版机即可在原有的工作条件和工艺流程下实现数字化工作流程。变动小，员工容易接受。

（4）使用传统印版，成本回收快，传统印版的成本仅为 CTP 热敏版成本的一半。

（5）适用于各类型的印刷作业，如报纸印刷、书刊印刷及高质量的商业彩色印刷。

（6）UV-Setter 在曝光速度上有了很大的改进，最新的 f 型曝光头（首次在 IPEX2002 展览会上出现）成像速度是原来曝光速度的两倍。其主要原因是微光镜的数量从原来的 80-100 万增加到 130 万个，使得每次曝光传送到印版上的数据量大大增加；另一方面新型 UV 灯的功率也从原来的 450 瓦增加到 850 瓦，使得曝光速度得到提高。

（7）CTP 技术采用激光头成像，不仅设备价格昂贵（约为 3500-4000 美元，使用寿命为 3000 小时，即 1.2 美元 / 小时），而且更换过程繁琐；而 CTCP 技术采用紫外灯管，价格低（仅为 200-300 美元，使用寿命最高可达 2500 小时，即 0.2 美元 / 小时），且易于更换。

（8）UV-Setter 采用方光点成像，1270dpi 曝光就可输出 175lpi 的印版；而传统的圆光点要 2450dpi 才能达到 175lpi。这不仅使文件的大小减少了将近一半，便于传输，而且提高了制版速度。因为影响制版速度的因素有以下几种：印版尺寸、图文面积、挂网线数及分辨率、版材质量、曝光头数量。以常见大对开版（540mm × 880mm）为例，图文面积为 50%，2540dpi 分辨率，挂网 175lpi（中高档画册质量），版材采用 YP-S 型，57-f 曝光头，制版速度为每小时 12 张；若采用 57-f2（双曝光头灯），速度可能会达到每小时 20 张。

（9）易于使用、便于维护、明室操作（黄色安全灯）。

我们可以参考图 9-20 来看看 CTCP 与 CTP 的成本比较（计量单位：元）

<table>
<tr><th rowspan="2">印版</th><th>CTCP</th><th colspan="3">CTP</th><th rowspan="2">节约费用和百分比</th></tr>
<tr><th>传统胶印印版</th><th>蓝紫激光印版</th><th>非热敏版</th><th>热敏胶印印版</th></tr>
<tr><td rowspan="2">每㎡购买价格</td><td rowspan="2">42.4</td><td colspan="3" rowspan="2">80.94</td><td>38.54</td></tr>
<tr><td>48%</td></tr>
<tr><td rowspan="2">1000㎡购买价格</td><td rowspan="2">42400</td><td colspan="3" rowspan="2">80940</td><td>38540</td></tr>
<tr><td>48%</td></tr>
<tr><td rowspan="2">购买印版之外的费用（化学药液、光源、设备的折旧等）</td><td rowspan="2">56915</td><td>168811</td><td>133920</td><td>137597</td><td>89855</td></tr>
<tr><td colspan="3">平均为146770</td><td>61%</td></tr>
<tr><td rowspan="2">总计印版花费</td><td rowspan="2">480885</td><td>978147</td><td>943248</td><td>946925</td><td>475252</td></tr>
<tr><td colspan="3">平均为956107</td><td>50%</td></tr>
<tr><td rowspan="2">每㎡印版的费用</td><td rowspan="2">48.8</td><td>97.81</td><td>94.32</td><td>47.53</td><td>47.53</td></tr>
<tr><td colspan="3">平均为95.61</td><td>50%</td></tr>
</table>

图 9-20

9.4 数字印刷

用户可以根据自己的生产需求来选择不同档次的数字印刷系统

我国的印刷市场正发生着这样的变化：在图书印刷领域，图书印数越来越少、图书销售热点的流转越来越快，这就要求图书印刷的周期也必须缩短，所以出版行业越来越多地采用数字印刷机以实现 POD(Print On-Demand 按需印刷)，能够实现个性化和可变数据印刷的数字印刷正在大步走入电信、邮政、交通、银行、证券和保险等需要进行个性化票卡印刷的领域；随着“入世”及对知识产权保护的日益重视，须采用二维条形码技术的可变数据方式来实现的防伪数字印刷正被广泛接受；短版印刷、个性化印刷、可变数据印刷在商业印刷中所占的比例也越来越高（像饭店的菜谱、展览会样品、彩色名片、毕业证书等的印刷即属于此类），对数字印刷设备的需求也随之愈加旺盛。传统的工艺在一些领域已经不能够满足社会的需求了，数字印刷已经逐渐成为印刷行业的方向，成为业界的热门话题。

> **Tips**
>
> 喷墨印刷机可从多种不同的信息源接收采集信息，信息源是以 RGB 模式送至印刷机接口，首先将要复制的信息存储于存储器中，然后由色彩转换器将 RGB 三色转换为 CMYK 四色分色加网信号，再由灰度控制器控制中性灰，将四色油墨信号分别传送至各色别喷墨头变机上以控制喷头喷的油墨，微墨滴控制器主要控制墨滴产生并使之处于稳定状态，墨水系统用于供应和回收油墨，并通过承印物和滚筒的转动和喷头的水平移动完成喷墨印刷的过程。

9.4.1 数字印刷的定义及特征

所谓数字印刷，就是电子数据由电脑直接传输到印刷机，从而取消了分色、拼版、制版、试车等步骤。它把印刷带入一个最有效的工艺过程：从输入到输出，整个过程可以由一个人控制，实现一张起印。有的小量印刷很适合四色打样和价格合理的多品种印刷，在图书印刷市场也将会受到欢迎。数字印刷实现了“先分发，后印刷”的概念。通讯技术的发展使得电子文件的传送非常便捷，各种电子稿件传到各地的印刷服务中心进行印刷，解决了传统印刷的“先印刷，后分发”所带来的误期、运费等问题。

数字印刷有如下特点。

（1）印刷方式全数字化。数字印刷是从计算机直接到印刷品的全数字化过程。工序中间不需要胶片和印版，无传统印刷工艺的繁琐工序。

（2）可变信息印刷。数字印刷品的内容是随时可以变化的，即前后印的同页内容可以完全不一样。

（3）可实现异地印刷，通过互联网进行远距离印刷。

由于数字印刷具有这些特点，因而在个性化的按需印刷市场上具有独特的优势。

9.4.2 数字印刷技术及原理

数字印刷系统主要由印前和数字印刷机组成。有些系统还配有装订和裁切设备，从而取消了分色、拼版、制版、试车等步骤。目前数字印刷机分为两大阵营：在机成像印刷（Computer-to-plant/CTP 或 Direct Image/DI）和可变数据印刷（variable imagedigital presses）两种。在机成像印刷是指将制版的过程直接拿到印刷机上完成，省略了中间的拼版、出片、晒版、装版等步骤，从计算机到印刷机是一个直接过程；可变数据印刷指在印刷过程不间断的前提下，可以连续地印刷出不同的印品图文。基于喷粉技术的彩色数字印刷机又有生产型与非生产型之分。

生产型数字印刷机具有工业化的批量生产能力和较高印刷速度并适合长时间运行；非生产型数字印刷机的性能和质量也能满足印刷的基本要求，价格也比较便宜，但印刷速度略低。图 9-21 为一种数字印刷机，图 9-22 是它的原理剖析图。

图 9-21　　图 9-22

1. DI 直接成像印刷机

DI 直接成像印刷机组是基于传统胶印机，使用传统胶印印刷方式或无水胶印新技术进行印刷的。

DI 运行于全数字印刷工作流程之中，作为输出端，DI 机型具有胶印机中自动化程度最高的配置和智能化的操作。

DI 印刷机的成像系统和版材：使 DI 能直接接受印前数字文件，在机上制版、印刷，简化了工序，减少了工作人员，提高了质量。

图 9-23 为 DI 印刷机的主要技术。

DI印刷机的主要技术	
成像技术	Presstek激光系统；Cero激光系统
版材	Presstek pearldry印版；冲洗热敏版
印刷原理	Presstek无水胶印；传统胶印
工作流程	全数字工作流程

图 9-23

直接成像印刷机的优点如下所述。

（1）简化了工序

① 全自动印刷操作，从自动装版到自动清洗；

② 全数字流程，印前数据直接遥控墨斗墨区；

③ 稳定可靠，校准简单方便；

④ 拼版效率大大提高，套印准确性大大提高，减少了人为错误。

（2）提高 了印刷质量

① 通过数字打样直接确定印刷的颜色，印刷的时候只要印到标准密度即可，减少了校色、停机时间；

② 基于 ICC 的色彩管理，通过指定的数字打样设备精确地模拟印刷机色彩空间；

③ 即时打样，可以实现最后一分钟修改；

④ 电脑直接到印刷，可完全实行标准化、数据化质量控制，可在印版上完全清晰再现 1% ~ 99% 的网点，网点层次更丰富、更连续；

⑤ 网点质量提高，边缘锐利，上墨更迅速，网点扩大率小，可印刷更高密度，印刷品的颜色更鲜艳，反差更明显。

（3）降低了成本

输出菲林、打样、晒版、药水的费用总数会比传统印刷少。图 9-24 为一种直接成像印刷机 SM 74 DI 和传统印刷机的成本比较。

Presstck	传统印胶	SM 74 DI
输出打样	60 × 4 = 240	25
印版	31.5 × 4=126	65 × 4=260
小计	366	285

图 9-24

直接成像印刷机的 RIP 在 Microsoft Windows NT Server4.0 操作系统下运行，可以同时执行多个不同的任务，如数据光机栅化、传输数据到印刷机以及缓冲执行 PostScript 作业。

直接成像印刷机的 RIP 的功能及特征如下所述。

（1）利用图形用户界面和鼠标可以简单地操作光栅图像处理器（RIP），使操作者可随时从状态显示中了解作业情况。

（2）通过屏幕软打样还可对每个作业 的分色文件进行单色或套印检查。

（3）RIP 对页面可以所选的输出精度（1270 dpi 或 2540 dpi）进行光栅处理。

（4）RIP 能同时进行多步处理，包括 PostScript 数据的读取和解释，光栅处理位图文件的生成以及输出。当对一个页面进行解释时，可同时将另一个页面输出到 D1410-4 印刷机上，如配有功能强大的硬件平台支持，速度会更快。

（5）RIP 既可以接受已分色的 PostScript 文件（即 CMYK 形式），也可以接受未分色的文件而由 RIP 来执行分色（由 RGB 数据向 CMYK 的转换）。

（6）光栅化加网算法能够在 1270 dpi 分辨率下加 150 线 / 英寸（60 1/cm）网线时达到高质量，产生平滑的层次渐变，在 2540 dpi 分辨率下加 200 线 / 英寸（80 1/cm）的网线可获得足够的灰度级数。

2. 可变数据印刷

个性化印刷需要的数字印刷机应能实现连续印刷时每一页的不同内容，每一页的颜色也不相同，即完全的可变数据印刷。这要求这种印刷机的图像载体必须在每个印张之后都能重新成像，或者采用无版方式直接在承印物上成像。目前，可以实现可变数据印刷的数字印刷方式主要有以下几种，它们的工作原理各不相同，但在实现完全可变数据印刷效果方面却是一致的。

采用电子照相技术的可变数据印刷机。这种印刷方法的基本原理是通过数字技术控制激光光速，改变光导材料表面上的静电电荷分布，再由带电图像吸附墨粉或油墨并将其转移到承印物上后，定影后形成可视图像。

Indigo 电子照相技术是采用单一光导实现多色印刷。不同颜色的液体“电子墨”吸附到光导滚筒上后逐色转移到转印滚筒上，四色油墨逐次合成图像后再一次性转印到承印物上。图 9-25 所示为 HP Indigo 液体显影印刷系统的结构图。

图 9-25

使用施乐电子照相技术原理的数字印刷机具有 4 个成像核心，均带有相应的曝光、显影和清洗系统。在印刷时，各色图像逐一移到转移带上，形成套印的四色图像后，再通过加压和静电作用，将图像转移 到承印物上。

采用喷墨印刷技术的可变数据印刷机。喷墨方式印刷已从简单的字符打印、号码打印等上升为高质量的彩色打印。这种非接触式印刷实现了在承印物上的直接成像。根据其喷墨原理不同，喷墨方式的可变数据印刷机有连续喷墨和按需喷墨两类。

连续喷墨可变数据印刷机的印刷原理是液体油墨在压力下通过一排小喷嘴，被高速分割为连续的墨滴，墨滴的尺寸取决于液体油墨的表面张力、施加的压力、分割频率和喷嘴直径等，墨滴经过电场充电后，再通过图文数据信号控制的偏转板的引导，滴到承印物上并形成图像。

按需喷墨是一种间歇喷墨方式，喷墨时对液体油墨所施加的压力是不连续的。只有在印刷数据信号作用时才对液墨加压，产生喷墨滴到承印物上以形成图像。此方法无需偏转板、油墨收集和循环装置，从而使这种数字印刷机更加简单实用。

近年还在开发的可变数据数字印刷机有应用电凝成像技术、磁粉成像技术和电子束成像技术的数字印刷机。它们各有特长，优缺点都较为明显，还未能与电子照相和喷墨技术的可变数据数字印刷机形成竞争。目前我国引进的可变数据数字印刷机还集中于电子照相技术和喷墨印刷技术的数字印刷机。

9.4.3 数字印刷的现状及未来

数字印刷技术发展的现状有以下 5 个特点：

（1）数字印刷技术设备趋于系统化；

（2）大企业如 Man Roland\Heidelberg 等公司纷纷进军数字印刷市场；

（3）数字印刷的质量大幅度提高（达到中档胶印水平）；

（4）数字印刷成本降低；

（5）承印材料向普通纸方向发展（60-300 克 / 平方米）。

数字印刷技术预计将向下述 5 个方面发展：

（1）印刷技术的数字化、网络化；

（2）在数字化、网络化基础上的系统整合；

（3）系统的开放性、标准化和模块化；

（4）图文信息的跨媒利用（跨媒体技术）；

（5）市场的短版多样化和服务按需化（个性化）。

9.5 输出前的检查

所有工序完成后都必须接受检查工作

在全部的页面内容设计好以后，一般要打印黑稿让客户校对和检查，有时候需要打印彩色稿让客户查看颜色效果和设计效果。打印彩色效果图可以用彩色喷墨打印机，但是作为校对的显稿最好用 PostScript 激光打印机打印。这样可以避免制作的错误和有些在屏幕上发现不了的问题。可能每一位从事电脑平面设计的人员在设计时都会出错，用 PostScript 激光打印机打印校对稿可从根本上节省金钱和时间。

一般情况下，输出前检查的内容很多，主要有如下几个方面。

Tips

并非所有的电子文件起草者都懂得如何全面地建立起一个可以达到有效输出标准的印稿，并且还会将印刷要求也考虑其中。同时他们也不知道最终文件输出设备的特性。同样，虽然设计人员可能对平衡、色彩、一致、留白和比例等设计原理十分了解，但对类似套印等技术方面的问题却不一定熟悉。所以，印前检查工作通常应该由专业人员来处理。

9.5.1 检查拼大版的正确性

很多情况下，客户稿都是单页（如 16 开或 18 开）的黑稿或彩喷稿，拼大版则需要制作设计人员来完成。检查拼大版的内容包括：折页是否和页码一致； 拼版的各种规线是否齐全； 版面与版面之间的空白尺寸是否正确。还有最主要的是拼版时，版面的内容是否遗漏，位置是否移动，以及元素前后关系有无变动。

拼大版是先要建立一个大尺寸的新文件，然后把以前做好的页面文件组成组，并作为一个整体拷贝，在新文件夹中把它们粘贴起来，然后进行位置摆放，再画上各种规线。这时要注意以上事项问题，应逐项检查。

9.5.2 检查图像颜色模式有无错误

对于彩色图片，激光照排机输出分色片时，图像的色彩模式应该是 CMYK 模式的，因此应该在输出前在图像处理软件中把图像都分色成 CMYK 模式的。否则，如果图像仍然为 RGB、Lab 模式的话，输出分色片时只有黑版上有图像，或者分色情况不理想；黑白图像也可以为 GrayScale 或 Bitmap 二值图，输出时黑版上有网点信息；同样，在图形和排版软件中设色时，应该将其设置为CMYK模式。

9.5.3 检查设置颜色的数值有没有发生变动

颜色数值的变动情况很容易发生，也很容易被忽略。例如在设计单个页面的 PageMaker 文件中的“红色”已做了改变，将它由专色改为印刷色，变成 Y100%M100%K20%，但是名字仍然为“红色”，色彩模式仍为 RGB，而不是 Y100%M100%K20%。这种改变很隐蔽，一般难以被发现。

所以，要防止这种现象发生，输出时要对设色情况进行检查，看颜色命名是否规范，不能随便乱取名并避免重名，在给颜色取名时应该按照颜色的模式和固定的顺序进行命名，如 CMYK 模式就按照 C、M、Y、K 的顺序，而且要用实际的网点百分比表示；RGB 模式就按照 R、G、B 的顺序取名，用实际的数值表示。要用软件的默认名称，这样即使同名，数值也是一样的，不会出现隐蔽的颜色改变的问题。另外，对专色的命名，如果是一样的颜色但不一样的深浅，印刷时用一个色版，其名字应该是一个，否则会被当作两个专色处理。

在不同的软件中，对完全相同的颜色，可能有不同的名字，例如 Pantone 色名就有这种情况。

因此，专色的命名还要注意不同的软件中 Pantone 色的名字是否一致，以免造成输出量各色版菲林的错误。例如，在 FreeHand 和 PageMaker 中对 Pantone Coated 185 命名为 Pantone Coated 185 CVC，而在 Photoshop 中则命名为 Pantone Coated 185 CV。在拼版时把不同软件中的元素放在一起时，一个字母的差别就可能造成输出两种颜色，从而引起错误。对于这种情况，应把能够改动的颜色名改为和相同色一样的颜色名。

9.5.4 检查图像格式正确与否

我们知道，输出图像一般以 EPS、EIFF 格式的质量最好。因此，建议最好以 EPS、EIFF 格式存储图像。要按照印前服务商或印刷商所要求的文件格式载入电子文件。如果印前服务项目商或印刷商已经要求文件以其可以接受的格式传递，就不应以 EPS 等格式传递了。

9.5.5 检查图像是否缺失链接

在输出文件时有可能碰到找不到链接图片的问题，也就是在一台计算机上图像能够链接上，打开文件时没有显示未链接图片的信息，但如果换一台计算机，图像可能就会找不到，从而出现图片未链接的信息。

图片未链接的原因有：一是图像文件换了位置；二是图像的名称被修改；三是图像被删除。

如果图像文件换了位置，要把它放回到原来的位置；如果图像的位置被修改，则要改回原名字或重新链接新文件，也可以重新置入新文件。应该注意的是，如果图像的尺寸发生了变化，则应该重新置入新图像。这时候如果重新链接，有可能产生图像的变形，而不易被发现。因为页面中的图像尺寸大小是按照原图像尺寸定义的重新链接后，由于尺寸的变化使其长与宽的比例与先前的不一定一致，从而产生畸变。

在拷贝文件到输出中心之前，对排版文件图像链接情况进行检查，不仅要看图像是否链接上，还要看图像所在位置是否正确。因为图像有可能在别的位置，而拷贝时容易遗忘。PageMaker 的链接情况表中没有这种信息，所以更应该仔细检查。最好的做法是存储图像时要留心，把一个页面的图像都放在同一个文件夹或同一个路径下。

9.5.6 检查图像是否需要更新链接

有时候较大的图像文件被修改后，应用 PageMaker 软件会在重新开启时自动更新；但是对于较小的图像文件，可能并没有自动更新链接。这样应用软件 PageMaker 不知道先前所更改的信息，发排时仍然是修改前的图像信息。因此在 PageMaker 中要注意新修改的小图像，如灰度图像。检查链接信息时，看到没有更新的文件则要及时更新。文件前面带有“？”的图像就是没有更新的图像。

9.5.7 检查所用色是印刷色

因为专色是一个专色一个分色片，四色印刷是输出一套 C、M、Y、K 片子，因此一定不要将原色和专色弄混。一般在颜色表中，专色为正体文字，原色为斜体文字。

9.5.8 屏幕检查

很多人都有这样的经历，在图文混排的软件中制作的版面看起来很吃力，不容易分清楚彼此之间的关系，特别是文字和图像。因为图像都是以低分辨率显示的，而文字大都与页面显示的比例有关系，一般情况不容易看清楚。这些都是为了提高排版的运行速度而考虑的。如果想把整体看清楚是很麻烦的。因为版面是由一个个对象的相对位置组合形成的，为了看清楚版面效果，可以在输出之前打印出 PS 文件来观察。这种方法相当于将输出中心搬回了家。在曝光之前，检查一下版面内容。要做到这一点，必须在机器上安装有照排机驱动软件或 PS 激光打印机驱动软件、PS 字体。打印时，先生成 PS 文件，然后将 PS 文件在屏幕上预览就可以。这种方法也相当于软打样。也可以把版面文件打印成 PS 文件，然后在 Photoshop 中把 EPS 打开进行预览。这种方式不需要 PS 字体，但是这种方式仍然会有一些隐藏的问题不会被看不出来。

9.5.9 检查分色稿

这种方法也就是 PS 激光打印机进行打印合成黑稿或分色黑稿。一般激光打印机幅面较小， 所以往往只能看画面的内容，而不能看实际的效果。分色黑稿检查是一个好的方式，相对实施的时间要长些，很多公司没有采用，但是为了防止出胶片的损失，打印分色激光黑稿还是可取的方法。

也可以把版面文件打印成 PS 文件，然后在 Photoshop 中把 EPS 打开进行预览。这种方式不需要 PS 字体，但是这种方式仍然会有一些隐藏的问题不会被看出来。

第 10 章

印前打样

前面讲了在打印机上的校样方法。本章中所说的打样主要指的是输出菲林、印版后或进行数字印刷前的打样，与前面的校稿过程的打样有一些区别。打样作为联系印前与印刷的中间环节，它不仅能检查制版、校对人员的工作质量，并为印刷工序提供依据和标准，而且也是生产过程中进行质量管理的一种重要手段。作为制版的后期工序，它是图像合成的再现过程，是对制版效果的检验。而作为印刷的前一道工序，它是模拟印刷进行试生产，为正式印刷寻求最佳匹配条件和提供墨色的标准。

10.1 打样的目的

无论在什么类型的输出中印刷，打样是很重要的一道工序

印刷打样不仅是对经过排版输出为印刷胶片的设计文件进行印前的最后一次校对，也是对设计稿最后的印刷色彩效果的确认。

Tips

彩色图像再现性能包括图像（包括线条文字）的阶调范围（亦称反差）、实地或饱和色的密度或色度、灰平衡、层次曲线的还原性（包括亮调、中间调、暗调，层次再现和网点扩大率再现以及细腻的质感等。

10.1.1 打样的作用

平面设计人员一般都知道，在输出菲林以后、正式印刷之前要打印彩色样。打样的目的主要有以下几点。

（1）检查页面有没有错误；颜色有没有误差；色彩搭配效果好不好；图像质量符不符合要求；有没有偏色；层次有没有损失；有没有污点；颜色是否均匀；过渡是否自然；文字有没有错误、遗漏等。

（2）检查页面的规线是否完整．各元素的尺寸是否符合要求；四色版的套准情况如何，套印线、裁切线、色版各图边线是否齐全；页面大小是否正确；拼版的页面排列、间距、页码是否正确；4 个分色版能否套准。

（3）委印客户审查签字确认付印。

（4）送印刷车间，以此作为印刷时控制纸张的标准样张。

对打样的样张分析后，应针对不同的情况作出处理方案，并不是只要有问题就要重新修改、重新出菲林，对在印刷时可以纠正的地方可以在印刷时进行纠正。

10.1.2 打样的质量控制要求

正因为打样的作用如此重要，因此打样的要求也比较严格，最理想的情况就是完全和正式印刷的条件相同。这是很难做到的，也几乎是不可能实现的，但是一般应该符合以下的要求：

（1）打样用纸和印刷用纸统一；

（2）打样所用的油墨和印刷用的油墨统一；

（3）打样所用的版材和印刷所用的版材统一；

（4）打样用的色序和印刷用的色序统一：

（5）打样和印刷所用的其他参数基本一致。

10.1.3 打样的质量评价

对图像的质量评价一般采用主观评价和客观评价两种方法。对电脑设计人员而言，只用主观评价即可，其观察的内容如下所述。

（1）色彩：看色彩的再现是否准确。

（2）阶调：图像的明暗变化是否柔和；图像的阶调层次是否完整；图像的细节是否有损失。

（3）清晰度：图像的轮廓及边缘是否清楚，细节能否看得清晰。

（4）均一性：图像是否均匀，有没有脏东西、白斑点。均匀的颜色区域中的颜色是否一致。

（5）光泽：图像的光泽是否完好。

10.2 传统打样

传统打样的分类介绍

一张合格的样张，既可以通过传统的方式用分色软片进行模拟输出，也可以在数字打样设备上输出。也就是说，打样可分为模拟打样和数字打样两种输出方式。这两种打样方式的根本区别在于是否有传统胶片的输出。随着印前数字化及网络技术的发展，印前“元软片”的数字化工艺流程开始作为有生力量步入印前领域，打样技术也经历着一场新的数字化革命。

打样的方法有很多，按照工作的方式可以分为两种：模拟打样和数字打样。模拟打样是由胶片产生样张，数字打样由数据产生样张。模拟打样又可以分为机械打样和其他的打样方式。机械打样代表了传统的打样方式。数字打样则是直接由电脑按照电子数据由输出设备来完成输出样张。由于技术普及速度的原因，当今这两种打样方式形成并存的局面。在国内机械打样的应用要多一些，而在国外很多设计者采用了数字打样的方式。由于机械打样完全模拟印刷条件，最符合打样的要求，所用的油墨和纸张又和印刷时的一致，因此最为人们所接受。而且它使用的历史较长，成本较低，因此在我国还相当有生命力。数字打样技术仍在继续发展直至被人们所接受。

对于传统胶印打样技术，除了纸张、油墨、PS 版应该保持稳定（实际上是很困难的）以及机械打样设备的状态（如版台“压力”、纸台“压力”、橡皮布和衬垫的高度、水辊和墨辊的压力等）应保持正常外，传统打样的效果还受环境条件（温度、湿度）、墨量及其均匀性、水墨平衡等诸多因素的影响，打样过程中相连样张的实地密度无法保持一致，更不用说还取决于操作人员水平等人为因素。

10.2.1 机械打样

传统的模拟打样也叫作机械打样，是目前印刷中采用的主要打样方法。

这种打样方法，是在和印刷条件基本相同的条件下，把晒好的印版安装在打样机上，各种颜色的印版试印一张，并作双色、三色、四色的套印，将得到的样张同原稿对照进行校对，直至其色彩、层次、文字、规格等都准确无误为止。校对后的合格样张（一、二、三、四色）送往车间作为校样。

机械打样的长处就是可以灵活地选择印刷时所用的纸张和油墨并进行模拟，同时按照印刷的色序进行打样。这样除了作为检查的印样之外，还能够作为印刷时确定各项参数的参考依据。如果打样的质量很好，可以在印刷时完全按照打样的 CMYK 各色版的密度来控制印刷的实地密度。

机械打样的幅面一般是对开的，打样公司一般对外加工，因此一般情况下按照标准条件进行操作，油墨选用标准四色油墨，纸张选用较好的进口铜版纸。如果印刷要使用的材料和这些情况不同，应该向打样公司明确自己的要求。

机械打样一般打出的样张有 C、M、Y、K 各单色样。按照打样的顺序分为两色样、三色样和四色样。这样对于整个的印刷过程都可以进行检查。对出现的问题也可以进行逐步的分析，另外对用单色胶印机、双色胶印机印刷的质量控制也很有用，数字打样一般只出四色样。

机械打样的质量控制标准：青墨 1.5±0.05，黑墨 1.7±0.05，2% 的小点子出全，95% 的网点不糊死； 油墨实密度值：铜版纸印刷，黄墨 1.05 ±0.05，品红墨 1.4±0.05； 胶版纸印刷，黄墨 0.95±0.05, 品红墨 1.3±0.05，青墨 1.4±0.05 ，黑墨 1.5±0.05。

机械打样所依据的质量控制标准是：灰度梯尺各色的灰平衡应该基本实现，并且各级的密度变化均匀，同时没有并级的现象。

机械打样的样张质量分析及原因查找

打样的样张出来以后，应该怎样去分析样张的质量呢？可以从以下的几个方面着手。

1. 看颜色

如果感觉颜色有问题 . 要仔细分析是局部的颜色问题还是整版的颜色问题。如果整体的颜色有问题 . 就要进一步分析是 C、M、Y、K 哪种颜色深了，哪种颜色浅了。这时候最简单的方法就是看灰色梯尺，看它的灰平衡情况。如果是偏向某一色，要看是不是和版面的偏色情况一致。若一致， 就可以确定是偏什么色。接着就要看什么色深了，或者一些色浅了。这时候最好的办法就是看单色实地的颜色和单色版上的梯尺。如果某色版深，则梯尺上有的梯尺会并级；如果某色版较浅，实地的颜色肯定比标准的颜色要淡一些，梯尺的阶级也界限不明。判断是哪种色深了，还是哪种色浅了，还要以色彩学的原理分析是否符合版面的偏色情况。如果一致，最终的结果就可以确定哪种色深了、哪种颜色浅了。

判断出颜色方面存在的问题后，就要找出原因，其原因不外乎两大方面：一是打样的问题，二是菲林的问题。如果是打样的问题，还可以纠正，不用重新出片。

如果发现颜色问题不是整个版面的问题，而是个别图像的问题，也应该检查一下是不是打样的问题，如不是压力不均引起的，就可能是分色的问题。这种情况只有重新来扫描、分色、出菲林。

2. 看样张的色调

这里主要是看是否有连续调的图像的暗调并级，是不是太浅。高光处有没有损失的网点，会不会太暗。

如果发现暗调有并级的现象，同样要分析是整个版面的问题还是个别图像的问题。如果整个版面都有暗调并级的问题，就耍注意是否打样时各色版都打深了；如果没有打深的话，就是分色时候出现了问题，因此要重新出菲林。

如果发现个别图像损失了高光层次，则可以判定该图像在分色时就已经损失了部分高光层次； 如果因整个版面色浅而引起的高光损失，则应该是打样的问题或者是菲林密度不够的问题。

3. 看图像的清晰度

如果版面中有的图不清晰的话，首先应该看套印是否准确。如果在四色上能够明显看见套印线没有重合，则可以判定清晰度问题是因为没有套准引起的。如果套准线套准了，几乎成一条直线，而版面中还是有个别的图像不清晰，则可以判定是该图像本身的问题，是否需要重新处理并出菲林还要看看原稿是否清晰。如原稿清晰度很好，则应该重新处理。

4. 看文字

看文字主要是检查文字有没有错误，如果有错误，一般情况下要重新修改并出菲林。如果能够想办法，也可以不全部出菲林。如果出错的文字是黑色的，并且是压印在底色上的，黑版上文字周围是空白，这时可以只重新出这一小块黑色文字，并把它拼贴上去即可。这样就可以节约重出菲林的费用。而对于彩色的文字就不能够这样处理了。

5. 各种 PS 底纹和特技效果检查

因为有些底纹在显示器上看不出来，有的特效在显示器上的显示也不一定正确，这时候就要仔细观察，看是不是和想要效果的一样。

在以上的分析中，大部分判定的是打样问题和分色操作的问题。实际上菲林也有可能出现问题，因为激光照排机输出的菲林密度的深浅及其线性化做得正确与否会直接影响到网点传递变化。因此，如果打样与图像的处理没有问题的话，可以考虑激光照排机出的菲林是否有问题。这时候就要用仪器测量灰梯尺的网点百分比。如果误差较大，就可以判定激光照排机的网点输出不准。

10.2.2 克罗马林打样法

克罗马林打样法的基础是克罗马林感光片。它由 3 层膜组成：一是聚丙烯片基；二是感光树脂膜；最上面是一层聚酯保护膜。感光层只感紫外光。克罗马林打样法的基本原理是曝光后的图文部分具有粘附性，能够粘附色粉形成彩色图像。图 10-1 所示为克罗马林打样法的工作流程。

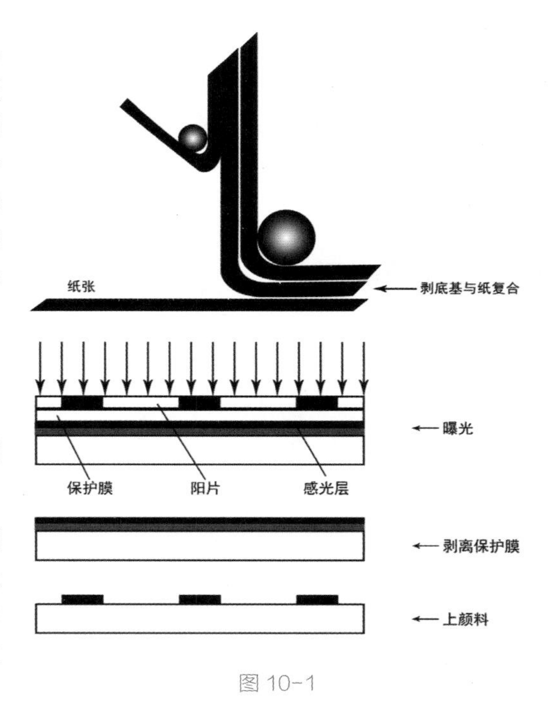

图 10-1

该打样法工作流程的步骤如下：

（1）先用分离器把片基剥下来，再用一个加热的滚筒将感光膜压贴到纸上。

（2）放进真空晒版机内，用阳图菲林与之密接曝光，感光树脂见光之前具有粘性。曝光后，见光的空白部分发生化学反应而失去粘性。图文部分未见光则仍然具有粘性。

（3）揭去表面的保护膜，在有吸气设备的调色控制台上用棉球将颜料粉末涂到感光层上，未见光的图文部分因具有粘性而吸附颜料，形成与图像一致的彩色图像。

（4）另外再取一张克罗马林片。剥去片基，压贴到第 1 色的打样片上，利用规线套合另一张阳片，重复第 2、3 步的方法，在打样片上就可以得到第 2 色。依此类推，就可以得到一张彩色样张。

10.2.3 传统打样中常见问题的解决方案

目前在国内，传统打样占据了主要的市场份额，传统打样中也经常会遇到一些问题。现在将传统打样中的一些常见问题归纳出来并提出一些解决方法。

1．网点增大过多

尤其是夏天，室内温度过高，若没有空调设备，必然造成油墨流动度加大。一般解决办法是在墨内加入 2% 的号外油，使油墨的粘度加大，同时将版台制冷的温度适当降低 1~2℃ ，增加油墨的凝结力。这样处理后，网点的增大的问题会得到改善。

另外造成网点增大还有以下几个因素，应注意掌握。

（1）版台压力过大。版台压力最好在压下量 0.1 ~ 0.11mm 的范围内，而纸台压力应在压下量 0. 12 ~ 0.13mm 的范围内，这对改善网点增大过多有好处。

（2）橡皮布老化。橡皮布用的时间过长，造成表面氧化、弹性减弱，表面变得光滑。用这样的橡皮布打样，其油墨吸附性差，传通性能不好，必然造成过多的网点增大。因此，要及时更换新的橡皮布。

（3）墨辊压力过大。墨辊老化，墨辊本身抓不住墨，应该及时按标准调整墨辊压力，墨辊与版台压力调至 6mm，墨辊与串墨辊压力调至 4mm，并应及时更换墨辊。

（4）墨量太大。有时由于版浅，为了追原稿，不按规范数据操作，过多地加大墨量，造成网点增大过多。因此，任何情况下，都要严格按规范数据，不能借深或借浅。

（5）水分过大。如果水分过大，墨就印不上，要印上墨，墨就要配稀，墨量就要加大，必然造成网点增大过多。因此，操作时必须控制水分。

（6）版台制冷温度调得过高，制冷不起作用，这样油墨不能冷凝，流动度大，造成网点增大过多。及时调整好制冷设备，掌握好油墨的流动度。

2. 网点出现空心

有时打样网点增大过小，点心出现空心。出现这种情况有如下几个原因。

（1）冬天由于室内温度低，相对湿度小，在操作时印版台的制冷调得过低，油墨粘度大，油墨在版上由于过冷而凝固。橡皮布在转移油墨时，将印版上的油墨拉起，四周被拉起而中心缩回到印版上，就造成了网点中心有小白点的情况。

（2）PS 版粗糙，砂目太粗。

（3）压力不合适等。

解决办法是：（1）可适当提高版台的温度；（2）在油墨内加 5% 撤淡剂，使油墨滋润而流动度适当；（3）要选用砂目均匀，粗细深浅适度的 PS 版材。

3. 样张无光泽

样张无光泽主要是因为油墨太硬，流动度小，墨量不足，色饱和度低造成的。

解决办法是：（1）使用“8”字头油墨，可在 4 个主色中加入 5% 的撤淡剂，这样样张的光泽可以得到改善;（2）墨量要打足，达到最佳实地密度，样张才会有光泽。

10.3 数码打样

数码打样是指以数字出版印刷系统为基础，在出版印刷过程中按生产标准与规范处理好页面图文信息，直接输出彩色样稿的新型打样技术，即使用数字化原稿直接输出印刷样张。它通过数码方式采用大幅面打印机直接输出打样来代替传统的制胶片、晒版等打样工序。数码打样系统一般由彩色喷墨打印机或彩色激光打印机组成，并通过彩色打印及模拟印刷打样的颜色，用数据化的原稿（电子文件）得到校验样张。数码打样是直接制版必不可少的配套技术。传统的机械打样方法在速度和效率上已经不能满足直接制版特别是在直接制版速度上的要求。数码打样的应用领域主要有两个：一个用于排版检查内部校正的组版样张，另一个是用于客户签字付印的合同样张。前者对彩色再现没有严格的要求，但是后者对彩色再现有严格的要求，要求样张必须忠实再现实际印刷的效果。

Tips

数码打样就是把彩色桌面系统制作的页面数据，不经过任何形式的模拟手段，直接经彩色打印机输出样张，用以检查印前工序的图像页面质量，为印刷工序提供参照样张，并为用户提供可以签字确认付印的依据。

随着色彩管理软件、彩色打样设备的进一步发展，数码打样已经被越来越多的客户所接受。

与传统打样相比，数码打样系统所需要的投资少，占地面积小，能够降低成本，对操作人员经验的依赖度低，同时数码打样速度快，质量稳定，可重复性强，适用范围广。因此，今后 数码打样技术和应用范围将得到飞速发展，特别是在远程打样、高保真六色数码打样有了新的进展。图 10-2 所示为 EPSON 数码打样机。

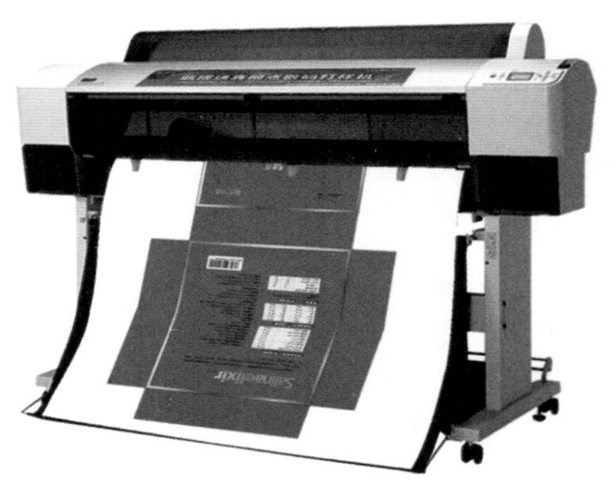

图 10-2

10.3.1 数码打样和传统打样的区别

数码打样系统能否在印前领域得到推广应用，除了色彩、层次、清晰度甚至网点增大率等印刷过程的特点能否再现外，主要还取决于系统的稳定一致性、输出速度、输出幅面大小、系统投资和耗材成本等诸多因素。人们正是据此来比较数码打样和传统打样的。

经过数年的发展，数码打样系统的输出打印机性能和配套的数码打样彩色管理系统以及 RIP 等， 均有明显的改进。特别是在近些年，数码打样系统突破了输出速度的瓶颈，应该是数码打样技术在我国印前领域真正普及的开始。

与传统打样技术相比，数码打样技术有哪些特点和优势呢?

1. 彩色图像再现性能

彩色图像再现性能包括图像线条文字的阶调范围（亦称反差）、实地或饱和色的密度或色度、 灰平衡，层次曲线的还原性、包括亮调、中间调、暗调层次再现和网点扩大率再现以及细腻的质感等。

无论哪种彩色管理软件，通过测量需模拟印刷标准文件色块和所配打印机的标准文件色块，分别得到 ICC 的数据，经彩色管理系统软件计算建立过程所需的特性校准文件 Profile。这样所有需打样的页面图像文件（包括 PS、TIFF 格式文件 RIP 后的数据），只要送至数码打样系统就能输出与后续印刷相匹配的打样样张，无论印刷用什么样的铜版纸、胶版纸或者新闻纸，甚至塑料、卡纸等承印物，什么系列的油墨数系统均可模拟。如果说目前各种不同数码打样系统在打样质量上还有微小差别的话，这主要反映了所配套的彩色管理软件的性能差别。

传统打样技术，由于打样机在速度、压力、压印方式等方面均与实际印刷不同，因此传统打样很难模拟实际印刷。印刷也很难达到传统打样的效果，而数码打样的样张在实际使用中，印刷机操作人员普遍感到较易模拟，这是由于数码打样与印刷在整个色空间中的色差要小于传统打样与印刷之间的色差。

2. 图像分辨率

由于数码打样系统通常采用喷墨打印或激光打印技术，一般输出的是调频网点或连续色调结构，因此只要有 600dpi 以上的输出分辨率，其打样的样张即可达到调幅网点 150lpi 的效果。现在大多数彩色打印机均可达到这样的图像分辨率。

新一代数码打样系统的 RIP 可以输出与实际印刷效果一致的调幅网点，因此要求打印机有更高的分辨率。目前 EPSON 喷墨打印机输出分辨率最高可达 2880dpi，HP 喷墨打印机的输出分辨率最高可达 2400dpi，输出与实际分辨率效果一致的调幅网点图像是没有问题的。当然从实际网点结构来看，样张上的网点边缘没有实际印刷网点清晰，只不过用肉眼看不见这种细微差别，人们需要的是整个图像的视觉分辨率与印刷相同即可。

传统打样有可能由于套印不准而造成图像清晰度下降，而数码打样不存在套印不准的问题。

3. 样张输出的稳定性

由于数码打样系统是由数码页面文件直接送至打样系统，在输出样张之前，全部由数码信号控制和传输。因此，无论何时输出，哪怕时间相隔数周、数月甚至数年，同一电子文件输出的效果仍是完全一致的。当然，这种稳定性的前提是彩色打印机硬件性能（如喷墨的墨滴大小、墨水和承印等）保持一致。

对于传统胶印打样技术，除了纸张、油墨、PS 版应该保持稳定（实际上是很困难的）以及机械打样设备的状态（如版台“压力”、纸台“压力”、橡皮布和衬垫的高度、水辊和墨辊的压力等）应保持正常外，传统打样的效果还受环境条件（温度、湿度）、墨量及其均匀性、水墨平衡等诸多因素的影响，打样过程中相连样张的实地密度无法保持一致，更不用说还取决于操作人员的水平等人为因素了。

相对于传统打样，数码打样几乎不受环境、设备、工艺等方面的影响，更不受操作人员的影响。其稳定性、一致性十分理想，因此数码打样系统作为网络打样设备，人人可以使用该系统输出样张。

4. 输出速度

很长时间以来，数码打样系统的输出速度一直是该技术能否普及推广的瓶颈。直到近几年在市场上出现大幅面、高分辨率的喷墨打印机后，输出一张大对开（102cm × 78cm）720dpi 样张的时间需要 40 分钟以上，这还不包括 RIP 解释的时间。现在同样幅面、相同分辨率样张的输出时间，有多种机型可达到 5 分钟之内。

这样的样张输出速度，远远快于传统打样的时间（一般单色打样机完成四色大幅面打样的时间为 2 小时左右）。之所以数码打样速度显著加快主要取决于多喷嘴喷墨打样技术的开发和快速 RIP 打样以及服务器性能的提升。现在有的打样服务器可以同时控制 4 台数码打样机。

5. 打样幅面

过去，一般高性能数码打样系统多为 A3（八开）幅面。随着喷墨打印机硬件分辨率和速度的逐步提高，墨盒容量的加大，不停机更换墨盒技术的应用，大幅面输出的喷墨打印机层出不穷，目前已有输出幅宽达 1.5 米以上的数码打样系统，各种幅面的机型完全可以模拟各种印刷机幅面的效果。

6. 系统成本

传统打样系统不仅需要昂贵的打样设备（进口单色打样机的售价均在 100 万元以上，购买国产打样机也需 30 万元左右），而且还需配套的打样室（50 平米以上）、空调设备等，同时还需要输出分色片、晒版的支持，打样成本十分高昂。而数码打样系统的硬件只有彩色打印机、控制计算机以及配套 RIP 和彩色管理软件。一套大幅面（大对开）的数码打样系统，目前售价不超过 12 万元。虽然耗材（如墨水、专用打印纸）的价格目前还较贵，但输出同样幅面、同样数量（以 4 张计算）的样张，总成本仍比传统打样便宜。随着墨水成本的降低和仿专用打印纸的推广，今后还将使用普通纸张经表面处理后在喷墨打印上输出，那么数码打样系统的成本就可能降至非常低廉的水平。

同时数码打样系统所占空间非常小，更不需要严格的环境条件。由于不经输出分色片、晒版、机械打样等工序，不仅大大缩短了印前设计、制作、打样的总周期，节省了大量的原材料，而且还可以避免一旦在传统打样后发现样张错误，重新返工而造成工时和材料的浪费。数码打样系统则可以在原文件修改后立即输出样张。

7. 对操作人员的要求

传统机械打样（包括晒版工序）需要经验丰富、素质较高的操作人员，在作业最大时，还需倒班换人，这不仅会带来打样样张质量的不稳定（人为因素），而且也增加了生产成本。而数码打样系统一般不需要专人操作，只要制作设计人员懂得正确使用打样控制计算机即可。另外数码打样系统可以 24 小时不间断地工作，所有这些都是传统打样不能比拟的。

可以肯定地说，数码打样替代传统打样已成为不可逆转的发展趋势。

传统打样与数码打样的技术的比较如图 10-3 所示。

	传统打样	数码打样
相对于印刷效果的彩色图像再现性能	较差、色差较大	好、色差小
图像分辨率	好（套印准确时）	好
样张一致性	慢	好
打印幅面	大	快
系统成本	较高	较低
人员要求	要求高	无专门要求
其他	需要分色片输出、晒版配套	不需要
	占地面积大	占地少
	环境要求高	无环境的特殊要求

图 10-3

数码打样特别适合于直接制版、凹印制版和柔印制版等不能打样或不易打样的工艺。它既能模拟各种印刷方式的效果，又能与 CTP（计算机直接制版）及数字印刷机的数字设备结合，真正实现自动化的工作流程。

当然，现阶段的数码打样与传统打样相比仍有一些需要改进的地方，比如数码打样在处理专色时有一定的局限性，虽然数码打样支持专色，但实际上是将专色用 CMYK 四色墨水或黑粉来模拟专色效果，与印刷用的专色完全不同。数码打样的网点结构也不同于印版的网点，一般的大幅面打印机都是使用调频网点或者无网点的染料升华技术来形成图像，这与传统打样稿的网点完全不同。

10.3.2 数码打样的类型

数码打样的质量随着色彩处理技术的发展不断提高，特别是半色调数宇打样技术的采用，进一步提高了打样的质量，更体现了打样的意义。数码打样主要分为 4 类：数字半连续调网点技术、连续调喷墨技术、染料热升华技术（Dye-Sublimation）和可改版喷墨技术（Drip-On-Demand，DODL）。

除此之外，其他数字打样技术，如可变点转移激光技术、热蜡技术等也都相继应用在数宇打样系统中，但具体应用尚不广泛。以下简要介绍 4 种常用的数字打样技术。

1. 数字半连续调网点技术

这种技术是通过热激光的作用，用 CMYK4 种染料在子薄片上分别成像后再将每张子薄片重叠在一起形成打样样品。该技术模拟了印刷中的网点增大规律和网点角度以及其他印刷特性，通过使用特殊的子薄片为 WOP 色彩（有时为 GRACOI 和 Eurocolor）提供配墨。

使用激光成像数字半连续调的网点打样机，不仅能与类似打样技术在质量上竞争，甚至能够超越它。但因在子薄片上的色彩数值如色调、饱和度和光圈度等是相对固定的，因此应用半连续调技术的设备很难传递颜色点，这是该技术应用的一个致命缺点。应用这种技术的生产厂商们目前正努力研制一种用于普通水银色彩的子薄片生产线，但使用效果并不理想，而 Kodak 公司正向另一方向寻求突破，该公司的 Approval 创建的“颜色谱”可以通过使用 CMYK 同屏底色色点便可以被复制输出。

数码打样的特点是既不同于传统打样机平压圆的印刷方式，又不同于印刷机圆压圆的印刷方式，而是以印刷品颜色的呈色范围和与印刷内容相同的 RIP 数据为基础，采用数码打样大色域空间匹配印刷小色域空间的方式来再现印刷色彩，不需任何转换就能满足平、凸、凹、柔、网等各种印刷方式的要求，能根据用户的实际印刷状况来制作样张，彻底解决了不能结合后续实际印刷工艺从而给印刷带来困难等问题。

2. 连续调喷墨技术

该技术是数字打样市场中的中上档技术之一。它同样用于反差打样和内容打样。这种技术主要是通过输送连续墨流到打印头上来产生图像，墨流被转向到需要颜料的承印物上。由于油墨可被合成各种颜色，喷墨打样机在创造彩色点上比数宇半连续调打样机更具灵活性。使用该技术的数宇打样机虽然在打样速度上慢于染料热升华打样机，但获得的质量和颜色精度要高于热升华打样机。该技术的缺点是：一是颜色方面的印刷适应性有待于进一步改进；二是墨流有时不能保证顺畅。

3. 染料热升华技术

该技术在数字打样市场中属中上档的技术之一，它同样用于反差打样和内容打样。染料热升华打样机通过热压结合使染料转移到承印物上，通过一系列工序产生图像。打印同一幅面尺寸的样张，一台质量较好的染料热升华打样机和喷墨打样机的打样速度几乎相同。具备这种技术的数字打样设备的缺点是：一是需要专用承印物，因而提高了单页价格；二是不能在一般纸上进行粗打样。

4. 可改版喷墨技术

可改版喷墨技术是市场中较低档的技术之一，它是由办公打印转移到打样市场来做的DOD喷墨系统。它有许多不同的型号，例如热打样、压打样以及气泡喷墨打样，它们都共享同一油墨通路而不是连续喷墨的方式。其中部分设备存在性能不够稳定，不能分行传递而且打印速度慢的问题。目前，DOD 喷墨技术对色彩处理和色彩描绘方面正在改进和完善以便能更好地模仿实际印刷颜色和印刷环境。

数码打样对输出信息的处理有多种工艺流程，能满足在应用上的各种市场需求。目前，市场上的数码打样分为 RIP 前打样与 RIP 后打样两种工艺流程。

RIP 前打样是指数码打样 RIP 直接解释电子文件（一般为 PS 文件），在色彩管理的控制下，在打印机上得到与印刷品一致的打印样张的过程。采用这种工艺流程的数码打样样张一般是用调频网点打印，样张的色彩图像、图形及文字信息都可以被准确地反映出来，但不能完全准确反映最终输出 RIP 的结果及印刷网点的结构状况。

它的优点在于：速度快，应用技术相对成熟，对软硬件要求低。主要应用在设计打样印前过程打样和部分合同打样，是目前应用较多的数码打样工艺。

这种工艺由于采用多次 RIP 多次输出或同种 RIP 多次输出的方式，因此要求数码打样 RIP 与最终输出 RIP 要相互兼容，对操作人员的技术水平要求高。

RIP 后打样一般是指数码打样，对最终输出 RIP 后生成的 1 Bit Tiff（即挂网后的 TIF 文件）在色彩管理的控制下，在打印机上得到与印刷品一致的打印样张的过程。1 Bit Tiff 文件包含输出版面的全部信息，包括文字、版式、图像、图形及印刷网点结构（网点线数、网点形状与网线角度）的所有信息，所以是最忠实于最终印刷效果的数码打样样张。

但是由于 1 Bit Tiff 文件的数据量巨大，在实际生产运用过程中对软硬件要求非常高，按现行数码打样技术的处理时间将几倍甚至十几倍于 RIP 前打样。实际生产效率低，使用用户少。随着计算机运算速度、打印速度的提高及数码打样的改进，相信这一问题一定会得到改善。

相对而言，采用最终输出或与之同版本、同配置生成的 8 Bit Tiff 文件传送给数码打样 RIP 解释，是可靠性高、经济实用的生产工艺流程，可以弥补 1Bit Tiff 文件因数据量太大的输出瓶颈。

Bit Tiff 文件为连续调文件，不包含任何印刷网点信息，数码样张的打印质量与 Bit Tiff 文件的分辨率有关，一般来说 350dpi 可以满足生产需要。

10.3.3 色彩管理在数码打样中的应用

任何一套完整的数码打样系统除需配备高质量、高精度的打印机外，还必须配备相应的打印应用程序及附加色彩管理功能，这是数码打样系统的组成关键。现有的数码打样 RIP 软件很多，从本质上来说数码打样 RIP 软件就是含有色彩管理功能的网点发生器，其打印功能的完善与色彩管理功能的精确是数码打样 RIP 软件的最基本要素。

由于数码打样所表现的色域一般比传统印刷的色域大，因此要用数码打样的色彩来模拟印刷效果，就必须对数码打样实施色彩管理。通过对标准色标进行数码打样和印刷，分别建立数码打样机和印刷机的设备特征描述文件（ICC Profile 文件），选择适当的压编方法，在描述文件连接空间 (PCS) 将两个特征描述文件进行匹配。由于印刷工序复杂，可变因素多和数码打样软件算法等方面的问题，经过一次色域匹配之后，色差仍较大，因此必须进行多次匹配。目前色彩管理软件提供的多次匹配方法都是以经验判断为基础的，具有主观性和随意性，效果不是很好。

制作数码打样机的 ICC Profile 特性文件的过程如下所述。

（1）首先进行打印机的线性化调整。

（2）生成反映彩色打印机的特性纸张墨水的 ICC Profile，利用彩色打印机在没有用彩色管理的情况下打印 ISO IT 811-3 色块图，用同样的软件和配合相同的色度计测试，生成反映印刷特性 ICC Profile。选用打印纸张的特性文件有以下几种途径。

来自打印软件程序原厂生产的纸张，这类纸张在出厂时一般都提供标准的 Profile 文件，但由于价格、渠道等因素的影响，该类纸张的供应难以得到保证。

打印机厂商推荐的纸张均是进口纸。这类纸一般不提供 Profile 文件，需要由专业数码打样服务公司的色彩实验室对其物理指标进行测试和筛选后才能取得。其主要指标应满足以下条件。原色间色、多色叠印的色域应大于印刷色域。色彩稳定度在一周之内的常温常湿条下，饱和色彩稳定度的色差值小于或等于 1 。自己选用性价比好的纸张，包括国产材料，但要经过测试。目前国产纸张受环境湿度影响很不稳定，某些颜色指标不能达标。所以现阶段不建议使用国产材料。目前普通数码打样用纸都有不同程度的变色，其色彩稳定性不一致。有些机型有户外专用墨水，其色彩稳定性较好，但有个别户外用的墨水部分颜色色域达不到准标，且价格偏高。

（3）生成反映传统印刷机印刷特性的 ICC Profile。由客户印制标准的 ISO IT87—3 色块图，采用客户印厂或通用油墨纸张控制数据管理标准。通过专用的软件，配合分光光度计测试，生成反映印刷适性的 ICC Profile。

目前在国内进行色彩管理的颜色标靶是 IT87/3。928 个色块作为进行色彩测量的色靶，它基本涵盖了印刷常用色。数码打样的颜色还原度以它的测量参数进行衡量参考。一般对颜色的模拟有 3 个方面的物理指标。

①色彩模拟的准确度一般用百分比来表示，即 928 个色块中的以ㄙ Enh 小于 6 的 (Enh4r 小于 4) 色差为还原基准计算，应达到 95% 以上。

② 928 个色块的平均色差ㄙ Esh 应小于 3.5（ㄙ Eo，应小于 2)。

③中性灰平衡及部分记忆色的平均色差，ㄙ 1 应小于 2（ㄙ Eo, 应小于 1）。

只有达到这 3 项基本指标的数码打样样张才能有较好的色彩模拟性。

（4）色域转换有了打印纸张的 Profile 文件和印刷的 Profile 文件，就可在色彩管理平台上产生色域转换的 ICC Profile 文件；经色域转换后的 ICC Profile 文件控制着打印机的打印色彩。实现数码打印色域与印刷品色域一致，这个文件的产生是色彩还原质量的关键。在这里有两个重要的环节。

数码打样软件对色域转换的换算能力，一般能达到近似效果的数码打样 RIP 都可以完成这个步骤。

经过色彩空间转换后的 ICC Profile 文件，仍须用专业的色彩管理软件和工具对 ICC Profile 文件做进一步的修正和编辑，使其色空间参数达到指标。

专色及 panTone 色的模拟要在上述两个环节完成后依据专色色度值进行严格的专色色度数据录入编辑才可能实现，但一些在打印色域边缘的专色或色域之外的专色只能是近似效果，一些 8 色打印机解决专色问题效果较好。

（5）调整。通过色域的转换以后，打印样张就可以与印刷色域色相达到一致。如果存在整体某一色相偏差，则进行整体阶调校色，如局部偏色，则选择选择性局部校色。当达到与印样完全一致以后，就可以保存设置。

（6）导入完成。保存配置后，就可以进行生产打样了。图 10-4 为数码打样色彩管理流程图。

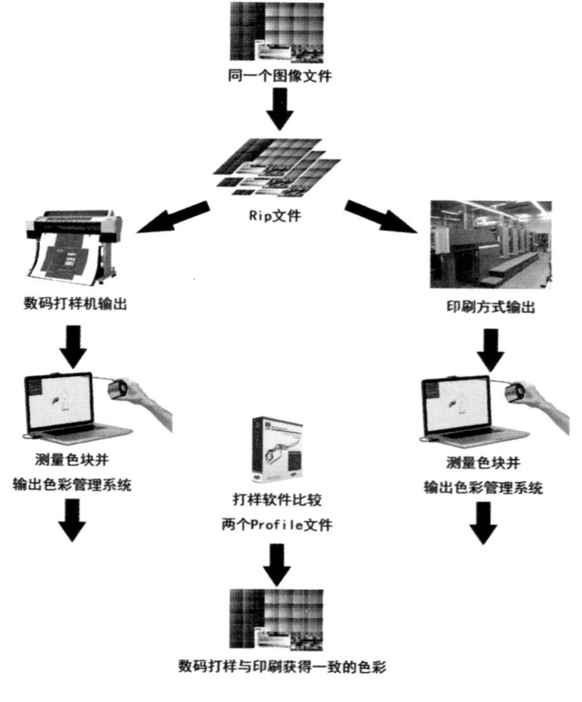

图 10-4

10.3.4 数码打样的真实网点打印

本书已经在前面的一个小节中介绍了数码打样在工艺上分为 RIP 前打样和 RIP 后打样两大类。

经过有效的色彩管理，数码打样的样张从表面上看，其颜色和层次效果与普通的印刷没有多大的区别。但是，彩色数码打样通常采用调频加网点技术来复制样张，与传统印刷品在微观网点结构上确实不一样。这样就会掩盖印版中的一些缺陷，例如加网印刷中潜在的龟纹故障就很难在数码打样中检查出来。

一个准确的数码打样稿，除了颜色准确之外，印刷时会出现的各种问题也应该展现给用户。为了解决这些问题，数码打样软件中增加了真实网点的打印功能。

在照排机输出胶片的过程中 PostScript 文件被传送到 RIP 工作站中，计算成点阵图并输出 到照排机。在 RIP 内计算成点阵图的时候会加上 RIP 生产商独有的网点，令最后输出的菲林有不同的 CMYK 网点，也就是我们通常说的“加网”。在这些过程中，有些图像，例如衣服的条纹，在 RIP 加网后会出现奇怪的波纹，或者称为“龟纹”。这些龟纹会因为不同的网点形状或网线而有所不同。

以往的喷墨打样系统一般是采用随机加网的方式呈现图像，而不会利用真正输出菲林时的网点，因此造成龟纹便没有办法在喷墨打印机上输出。

只要从照排机的 RIP 中抽出 1-bit TIFF（数码菲林），便可以获得菲林片中的各种特性。实质上，“数码菲林”的概念来源于目前流行的一种工作流程：ROOM(Rip

Once Output Many，即一次 RIP 多次输出），意思是 PS 文件在 RIP 处理器中做一次处理，制作出一个 1-bitIFF（数码菲林） 文件，便可以输出至多种不同的输出设备中，如照排机、直接制版机或数码打样机等。因为只有一次处理，一旦缺字或叠印 (OverPrint) 时，都可以在数码打样稿上检查出来。

1- bit TIFF(数码菲林）是一个包含已经完成分色及网点制作信息的文件，只有单色（黑与白）图像，黑白图像以大小不同的网点在设定角度下排列，以 4 个不同角度重叠在一起，产生的图像就是一个输出文件，可以利用它来输出胶片或者在 CTP 制版机上直接输出印版。

数码菲林能够在不同公司的照排机或 CTP 制版机中制作相同的菲林与印版，它的网点角度及大小也没有任何差别。同样，使用 1-bit TIFF（数码菲林）文件制作的数码打样，其所输出的真网点是不经过除网再加网的，确保网点的特性与 RIP 输出一样，基本上保证了打样稿与印刷成品的一致性。

利用 1-bit TIFF（数码菲林）作为数码打样稿的原始文件只是一个必要的方式，还有许多其他的因素影响最终打样的质量。例如印刷的网点，大都会令最终的印刷品网点有所改变，并且因为不同的印刷流程而有所不同。而油墨的色相也会因为油墨供应商的不同而有所改变，如此种种的印刷过程中出现的变数是 1- bit TIFF（数码菲林）不能够表现的。

所以，在利用 1- bit TIFF（数码菲林）进行数码打样时，还必须借助色彩管理软件读取印刷机特性文件中的网点增大及油墨色相资料，只有这样才能够使有网数码打样准确地输出与印刷品一样的网点，如果存在的话，也会如实地反映到打印样张上，并且打出与印刷相同的颜色。

10.3.5 数码打样系统的构成

目前的数码打样系统是由数码打样输出设备（硬件）和数码打样控制软件组成。

1. 硬件

硬件是指能够以数字方式输出的彩色打印机，如彩色喷墨打印机、彩色激光打印机、彩色热升华打印机、彩色热蜡打印机等。现在能够满足出版印刷要求的打印速度、幅面、加网方式和产品质量的多为大幅面的彩色喷墨打印机。

数码打样系统的硬件应该具备的条件为：

（1）足够高的打印精度。打印图像要达到印刷品的视觉效果，很多彩色打印机采用调频加网打印，则要求打印机具有 1200dpi 以上的打印分辨率。

（2）足够快的打印速度。打印速度是用户很关心的指标，只有足够快的打印速度才能够使生产效率并带来经济效益，同时满足实际生产和投资的需要。

（3）满足大幅面打印。如果使用小幅面的打印机，通常只能够打印单页的版面，而不能够检验输出的效果。一个真正的数字化打样系统应该具有与印刷机相一致的打印幅面，这样才能够完全模拟印刷的效果。

（4）颜色再现范围足够宽广。这是关系到能否全模拟印刷品颜色的关键。为了能够使用数字化打样方式模拟各种印刷条件和方式，实际上要求打印机的颜色再现范围应该略大于印刷的再现范围。

数码打样在向多方向发展，例如双面打样、包装打样、新闻纸打样、专色打样、塑料薄膜打样、柔性版打样等。

（5）设备和打印耗材的价格比较适宜。

2. 软件

数码打样系统的软件是至关重要的因素，它直接影响到打样的质量，主要包括打印 RIP 彩色管理软件、拼大版、控制数据管理和输入输出接口等几部分，主要用于完成图文的数字加网、页面拼合与拆分、油墨色域与打印墨水色域的匹配、不同印刷方式与工艺数据的保存等。

数码打样软件的主要作用就是将数据经过光栅化处理形成打印机可接受的点的信息，而且支持国际标准的 ICC 色彩模式的数码打样 RIP，是提供色彩准确还原的重要手段。目前较流行的数码打样软件还包括一些必要的色彩管理功能，如生成色彩特性 ICC Profile 文件。

数码打样系统的软件应该具备的基本功能包括几个方面内容。

（1）能够接受彩色桌面系统各种应用软件制作的各种文件格式，最常用的格式是 PS、PDF 和 TIFF 格式。

（2）准确的颜色再现。颜色再现的准确与否是衡量数码打样软件性能的最重要的指标之一，这就取决于软件中色彩管理功能的强弱，也取决于对系统颜色调整的正确与否。

（3）具有模拟专色的功能。专色印刷在包装领域占有重要的地位，所以数码打样能否代替凹印和柔印的打样，在很大程度上取决于专色打样的功能。

（4）检查版面颜色的功能。在使用普通喷墨彩色打印机时，无论被打印文件的颜色模式如何，都会被打印成彩色样张。因此，有可能掩盖制作时的错误。但在印刷制版时，输出页面文件必须是经过分色处理的 CMYK 模式，否则即使打样颜色准确也不能保证出片是正确的，甚至会出现错误。所以，当输出文件的模式不正确时，打样系统必需能够反映出来。

（5）一次 RIP 的功能。为了确保打样样张与印刷和印数完全一致，用户对打样与出片所使用的 RIP一般都非常重视，甚至要求使用同一个 RIP 后文件进行打样和印刷，这样就可以有效地避免出错。因此，打样软件的工作方式也是客户是否认同的重要因素。

（6）拼大版和折手的功能。打样幅面一般应该与印刷幅面相一致，但通常制作的页面文件是单页的，如果直接打印，必然造成纸张的浪费和打印效率的降低，因此要由专门的拼版软件进行拼大版和折手的操作。拼版软件可以是独立的，也可以是内置在打样软件中的一个功能，该功能既可以对 RIP 前的文件进行拼版，也可以对 RIP 后的点阵文件进行拼版。

10.3.6 数码打样产品的应用

目前国内使用比较多的数码打样系统有国外的 BestColor 数码打样系统、CGS 数码打样系统和惠普 - 金豪数码打样系统等，国内主要有北大方正研制的数码打样系统。在这些数码打样系统中，最大幅面彩色喷绘打印机是惠普公司和 Epson 公司生产的，其打印分辨率达到 1200dpi，打印精度与打印质量可与印刷品相媲美，甚至超过印刷质量；打印幅面可以达到 A0，甚至更大，可以适应各类印刷的幅面要求。下面以 BesrtColor 公司的一种数码打样解决方案为例，介绍一下数码打样产品的应用方案。这个例子以 EPSON AL-C8500 彩色激光打印机为输出设备的 BestColor 数码打样解决方案，如图 10-5 所示，打样实例流程图如图 10-6 所示。

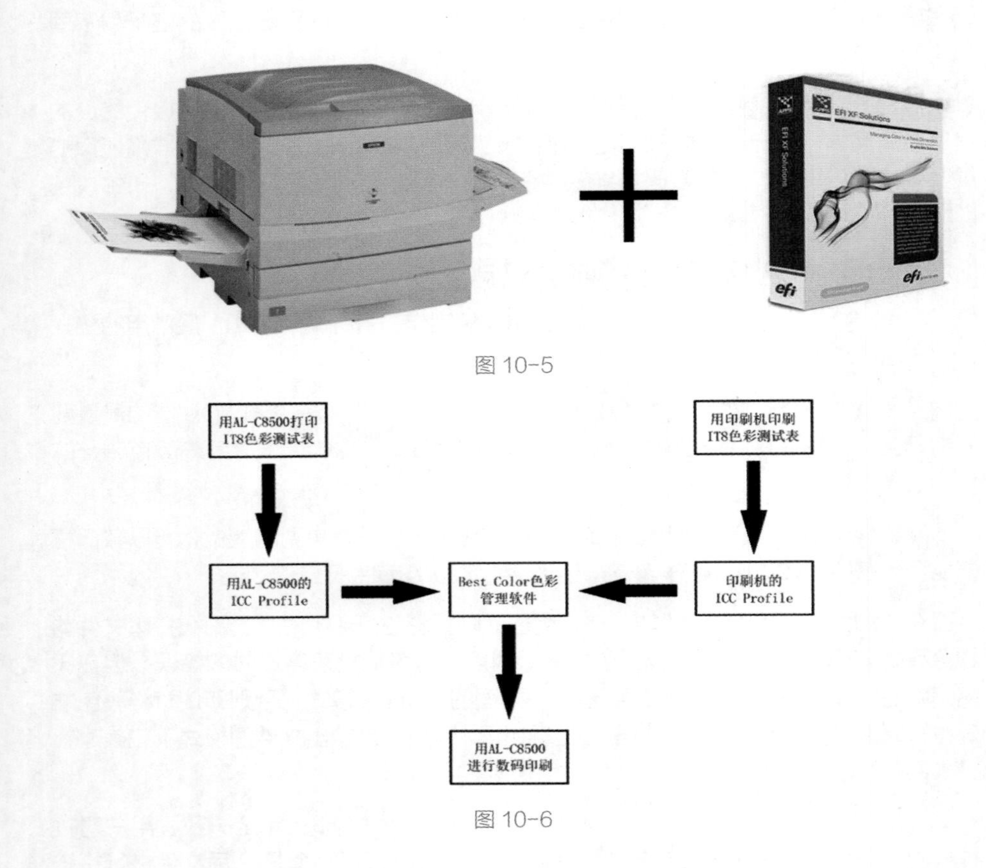

图 10-5

图 10-6

数码打样可以用 DTP（桌面打样）的设计数据直接进行打样，不需要输出菲林片，这不仅降低了生产成本，同时还减少了制作步骤，因而生产效率得到很大提高。并且还可以方便地进行校样，按客户的要求对版式或内容进行多次修改，直到客户满意为止，而不会因此发生任何的成本负担。

1. 硬件设备

此方案中需要的硬件设备除 AL-C8500 打印机外，还包括一台 PC 机或苹果电脑、一台 X-Rite 或 Gretag 测色分光仪，其中分光仪用来测试出纸介质上的颜色的 Lab 值。Lab 是一种符合 ICC（international color consortium，国际色彩联盟）标准的色彩表达格式，而符合 ICC 标准也就意味着此格式表达的色彩信息与设备无关，并且可以在不同的软件、硬件平台中进行传递和转换。

2. 分别制作 IT8 色彩测试表

先用 AL-C8500 无色彩的状态下打印一张 IT8 色彩测试表，再用所针对的印刷设备在符合要求的油墨浓度和网点扩展量的条件下印一张相同的IT8色彩测试表。IT8 色彩测试表是一种带有近千个不同色块的标准测试用数据，在印刷行业中应用很普遍。

3. 分别对 IT8 色彩测试表进行测量

得到 AL-C8500 打印和印刷设备印刷出的 IT8 色彩测试表后，用测色分光仪分别对这两个 IT8 色彩测试表进行测量，得到的数据被称为 ICC Profile（彩色描述文件）。

4. 用色彩管理软件进行色彩调整

AL-C8500 ICC Profile 和印刷机的 ICC Profile 是不一样的，但具体区别在哪里，如何调整就要靠 BestColor 色彩管理软件了。BestColor 色彩管理软件对这两种 ICC Profile 数据进行分析、计算，便能得到一种针对当前印刷设备在当前状态下的色彩调整方式。在此方式下，AL-C8500 印出的样张便能很好地仿制当前印刷设备的印刷效果。

（1）EPSON AL-C8500

由于 EPSON 与 BestColor 有很好的合作关系，因此，AL-C8500 和 BestColor 色彩管理软件耦合得非常好，甚至在打印时都无需操作系统的打印接口而是由 BestColor 色彩管理软件直接对 AL-C8500 打印机进行驱动。这不仅保证了样张的打印质量，同时也进一步提高了工作效率。

另外，AL-C8500 可打印到 A3 样张的幅面外留下的色彩测试条的位置。对印刷工人来说，这种由色彩管理软件计算并打印出的色彩测试条对提高工作效率与工作质量是至关重要的。

（2）BestColor 软件的特点

- ICC 色彩管理：BestColor 全面支持 ICC 色彩管理标准。只要选取两个相对应的 ICC 文件，就可以用打印机模拟任何输出设备及各种印刷方式。
- 多通道设计：可至多建立 15 个通道。这些通道中的设置以适用于不同的纸张特性和打印条件。
- 复合色或分色文档：无论是复合色还是分色的 PS 或 PDF 文档，都可以通过 BestColor 方便、正确地计算输出。
- 控制信号条：BestColor 可以将一些常用的印刷参数通过控制条的方式打印出来。还可以用自定义或系统自带信号条。
- 裁减：BestColor 的裁减功能将方便地实现局部打印。此外， 还可以将大图按打印机的宽度分成几页打印。
- 拼大版：为了最佳使用纸张宽度，可以将不同格式与大小的文件拼在一个版上并同时输出。
- 备份 / 恢复：备份功能可以把所有满意的设置保存下来，一旦系统出错，便可以用此备份 文件恢复所有的设置，包括打印机参数、线性文件等。
- 支持更多的数据格式：目前可以支持的格式有 PostScript、EPS、PDF、TIFF、TIFF/IT、JPEG、DELTA、LIST、Scitex、CT/LW。
- 打印机线性：打印机线性功能将校正打印机，让它始终处于最佳的工作状态，无论更换喷头或墨盒，打印机色彩将一直处于标准化状态。
- 双面打印（激光打印）：BestColor 支持打印机的双面打印单元，这样双面打印就变得很方便。
- 超级优化的挂网：可以输出软片，印版或数宇印刷的完整网点信息，可以再现最高为 200LP 的真网点。这个新的挂网方式将使打印工作更稳定，色彩过渡及打印细节更好。这种高精度的挂网将帮助用户建立打印机线性。

- 一边 RIP 一边打印：在 RIP 的同时进行打印，当 RIP 结束时作业的样张也快打印结束，这将大大节省时间。
- 多重拼贴：这一功能将帮助用户把某一作业按需要次数在同一页面上多重拼贴 . 这就特别适合标签的打印。
- 预示功能：可在打印前在电脑屏幕上检查作业正确与否。

与传统打样机相比，惠普 - 金豪数码打样系统具有下列特点及优势：

（1）数码打样的色彩效果可完全模仿传统打样的色彩效果。满足用户对色彩打样的要求，其打样图像色彩丰富。HP DesignJet 5000 色域远远大于印刷打样的色域。

（2）数码打样质量稳定。工作于普通办公环境中的 HP DesignJet 5000 大幅面打印机，因其本身配有温度、湿度传感器，当温度、湿度有所变化时，可自动进行调整，保证打印质量稳定性。

（3）数码打样的质量稳定性不受人为因素影响。因为用数字技术，一旦打样调色文件 (ICC 文件）确定，则每一幅图的打样色彩即确定，与操作人员的水平无关，只需要操作人员按相关步骤操作即可。HP DesignJet 5000 大幅面打印机，因其本身采用闭环色彩校准系统，可保证多次输出同一打样，从而保证打样质量不变。

（4）修改成本降低。周期加快，因数字打样是先打样，后出软片，所以一旦打样效果达不到客户要求，制版公司必须修改。修改时只需再次打样，直至客户满意并签字确认，而无需多次重复出软片，从而避免了无谓的浪费，降低了成本。

（5）投资小。数码打样系统前期投资只需十几万元人民币（计算机、大幅面打印机及相关软件）。

（6）占地空间小。只需十几平米，且可在普通办公环境下运行，避免了在厂房方面的较大投入。

（7）容易适应印刷新技术的发展。能够很容易地与 CTP（计算机直接制版）及数字印刷机等数字设备配合，适应新技术发展的需要。

拥有了这些特点，数码打样还必须满足企业生产及获利的要求，惠普 - 金豪数码打样系统基于企业的这些要求，为他们在打样成本、速度及资金回报率方面，提供了足够大的空间。

（1）打样成本：数码打样的成本不应高于传统打样成本，否则制版打样公司的用户是很难接受的。现在打样一般需要为用户提供 4 个样张，以八开打样为例，传统打样需要 200~300 元（仅纸与墨的成本，不包括机器折旧费），而“惠普 - 金豪数码打印系统”的一个样张的成本为 30 元左右， 四张即为 120 元左右。

（2）打样速度：数码打样速度必须有很大提高才能适应企业生产的要求。传统打样在较快情况下，一台机器每小时也只能打一套到一套半四样张（即 4 ～ 6 平方米 / 小时），而 HP Designiet 5000 大幅面打印机最慢也可达到 7 平方米 / 小时（最佳打印质量），最快可达到 52 平方米 / 小时。并不是任何品牌的大幅面喷墨打印机都可达到这样的速度。HP Designiet 5000 是这方面的佼佼者，因为它采用了最新的喷墨打印技术（JetExpress 技术），此项技术将喷墨打印速度提高了 5 倍以上。

（3）回报率 / 效益：任何投资都是讲究回报的，数码打样也是如此。对于数码打样，不需配备专门打样人员，从而降低了人员、设备及水电费用。因其前期投资小，利用其开展业务，它的投资回报率 / 效益是极大的。

目前，“惠普 -金豪数码打样系统”已经在生产中得到实际应用。

10.4 印刷前图片的输出方式

针对不同的输出方式有不同的

10.4.1 报刊广告与版面设计

报纸广告优点：迅速见效，广泛，价格低廉。

缺点：短期，印刷条件差，内容多，不易集中。

杂志广告：针对性强，具有持久性、深刻性、集中性、艺术性。

10.4.2 印前图像调整

1. 影响图像调节的因素

图像调节主要是调节图像的层次、色彩、清晰度和反差。

（1）层次调节就是调节图像的高调、中间调、暗调之间的关系，使图像层次清晰。

（2）色调调节主要是纠正图像的偏色，使颜色与原稿保持一致，或追求特殊设计效果对色彩的调节。

（3）清晰度调节主要是调节图像的细节，以使图像在视觉上更清晰。

（4）反差调节就是调节图像的对比度。

印刷用图片不同于平常计算机显示用图片，其图片必须为 CMYK 模式，而不能采用 RGB 模示或是其他模式。输出时将图片转换为网点，也就是精度 pi，印刷用图片理论上精度最小要达到 300dpi/ 像素 / 英寸，而平时大家经常在电脑上看到的精美图片，在显示器上感觉非常漂亮，其实大多为 72dpi 的 RGB 模式图片，大多数都不能用于印刷。

2. 图像调节的方法

色阶是图像阶调调节工具，它主要用于调节图像的主通道以及各分色通道阶调层次分布，对改变图像的层次效果的作用明显，对图像的亮调、中间调和暗调的调节有较强的作用，但不容易具体控制某一网点百分比附近的阶调变化。

（1）确定图像黑、白场。图像的黑、白场是指图像中最亮和最暗的地方，通过黑、白场可以控制图像的深浅和阶调。确定的方法就是将“色阶”对话框中黑、白场吸管放到图像中最亮和最暗的位置。

白场的确定应该选择图像中较亮或最亮的点，如反光点、灯光、白色的物体等。白场中的 C、M、Y、K 色值应在 5% 以下，以避免图像中的阶调有太大的变化。

黑场的确定应该选择图像中的黑色位置，且选择的点应该有足够的密度。在正常的原稿中，所选黑场点的 K 值应在 95% 左右。如果图像原稿暗部较亮，则黑场可选择较暗的点，将图像的色阶加深。如果暗调不足，则选择相对较暗的位置设置黑场。

中间调的吸管一般很少被用到，因为中间调是很难确定的。对一些阶调较平的图像或很难找到亮点和黑点的图像，不一定非要确定黑、白场。

（2）通过滑块调节图像色调。通道部分的选择包含 RGB 或 CMYK 混合通道或单一通道的色彩信息通道，色阶工具可以对图像的混合通道和单一通道的颜色与层次分别进行调节。

10.4.3 调整图片大小

选择【图像】→【图像大小】命令，弹出“图像大小”对话框，如图 10-7 所示。其中，按钮：用于约束宽、高的比例是否同步变化；“重新采样”复选框：是插值的计算方法，当不选择该复选框时，图像的宽、高及分辨率三者被链接在一起，当改变其中某项的参数时，其他两项也会随之发生变化，在图 10-7 中，可以看到分辨率与宽、高成反比。

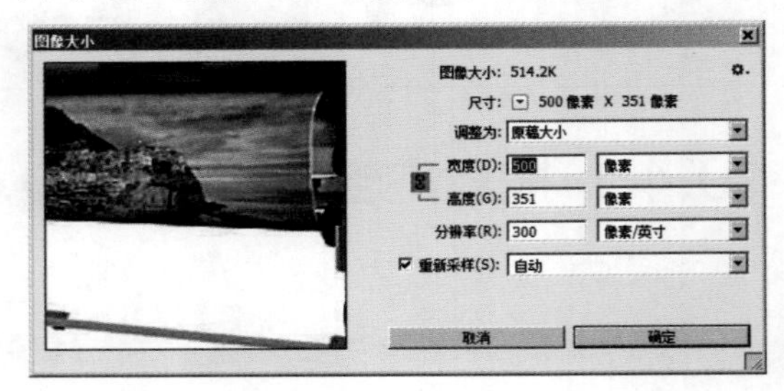

图 10-7

10.4.4 印前打样的方式

印前打样方式可分为传统打样和数码打样两种方式。

1. 传统打样

传统打样是由胶片产生样张，是把晒好的印版安装在打样机上，将每种颜色的印版试印一张，并作双色、三色、四色的套印，将得到的样张同原稿进行校对，直至其颜色、层次、文字、规格等均准确无误为止。

2. 数码打样

数码打样是由数据产生样张，是以数字出版印刷系统为基础，在出版印刷的过程中按生产的标准与规范处理好页面图文信息，直接输出色彩样稿的新型打样技术，即使用数字化原稿直接输出印刷样张。

3. 图像模式要求

喷绘统一使用 CMKY 模式，禁止使用 RGB 模式。现在的喷绘机都是四色喷绘的，在做图的时候要按照印刷标准操作，喷绘公司会调整画面颜色以尽可能和小样颜色接近。

写真则既可以使用 CMKY 模式，也可以使用 RGB 模式。注意在 RGB 中大红的值用 C、M、K、Y 定义，即 M=100，Y=100。

4. 图像黑色部分要求

喷绘和写真图像中都严禁有单一黑色值，必须添加 C、M、Y 色，从而组成混合黑。假如是大黑，可以做成 :C=50，M=50，Y=50，K=100。特别是在 Photoshop 中用它附带的效果时，要注意把黑色部分改为四色黑，否则画面上会出现黑色部分有横。写真分辨率一般为 72dpi，即如果图像过大（如在 Photoshop 新建图像时显示文件的实际尺寸超过 400MB），可以适当地降低分辨率，把文件大小控制在 400MB 以内即可。

10.4.5 印前拼版方式及其注意事项

拼版是将一些做好的单版组排成一个印刷版的过程。

一般常用的拼版方式有以下几种 。

（1）单面式：这种方式适用于只印刷一个面的印刷品，如海报。

（2）双面式：俗称“面版”，是正反两面都需要印刷的印刷品，如卡片、小宣传单等。

（3）横转式：俗称“自翻版”“旧版翻面”，适用于制作杂志、书刊等印刷品。

（4）翻转式：使用同一个印刷版在纸张的一面印刷完之后，再将纸翻转印刷背面，纸的另一最长边称为“咬口边”，俗称“打翻斗”。

注意出血位、色彩模式、咬口方向和预留尺寸，色彩精度高的图案部分尽量排向咬口一侧。共刀是当刀模分切多张页面时，如果有不需要两条刀线分割的时候，使用一条刀线分割，这一条刀线就是共刀。例如“吕”字形的分割，上、中、下需要 4 条刀线；而“日”字形的分割，因中间的部分只需要一条刀线即可分割，形成上、中、下 3 条刀线，这中间的刀线就是“共刀”。

10.4.6 印刷对原稿的要求

印刷对图片的基本要求体现在文件格式、色彩模式、位深度、分辨率 4 个方面。更进一步的要求是颜色、层次感和画质。其中有些是定量的，有些是定性的，有些是不能进行印刷的。

1. 基本要求

（1）文件格式：在文档窗口的标题栏中可以看到文件名，它的扩展名是文件格式。

（2）色彩模式：在文档窗口的标题栏中可以看到色彩模式，或者选择“图像”|“模式”命令，在级联菜单中查看选择了哪种模式。

（3）位深度：选择【图像】→【模式】命令，在级联菜单中查看是几位 / 通道。

（4）分辨率：选择【图像】→【图像大小】命令，在弹出的“图像大小”对话框中查看是多少像素 / 英寸。

2. 进一步的要求

当图片的分辨率、色彩模式、文件格式都达到了要求时，理论上是可以用于印刷的，但是还有一些因素会影响印刷质量，使得有些图可以被印刷在高档画册上，而有些图只能被印刷在报纸上。

10.5 打样机的校准与描述

不同的数码打样软件进行校准的方法不同

打印机要模拟传统打样机样张彩色效果，就必须建立打样机的特征文件，其方法如下所述。

（1）保证打印机处于最佳工作状态，包括确定所用的打印纸类。

（2）用打印机打出一份 ISO IT8.7/3 色标的标准样张，然后进行自动校色。IT8.7/3 色标包含 928 个色块，有用于检测油墨叠印效果的油墨总量最大的叠印区，有检测实地密度的 Y、M、C、K 梯尺，有检测灰平衡的 CMY 的叠印区等，其内容十分齐全。当然各种软件也可根据各自需要使用不同格式、不同色块个数的色标文件。色标文件一般是 TIF 或 PS 文件。

（3）用色度计或分色光度计测量 IT8.7/3 色标上的 928 个色块的色度值。

（4）将测得的数据输入到打印机特征文件生成软件时，特征文件生成软件比较分析原色标和输出色块的色度数据后，生成打印机的新特征文件。

就传统打样机而言，要做到输出四色油墨样张的稳定性与准确性，有三项指标必须加以控制和标准化。

Tips

有的把校准工作单独作为一项任务，有的则把校准和色彩管理流程结合在一起进行，作为色彩管理流程的一部分。例如利用 ColorBurst RIP 就可以单独对数码打样机进行校准，而 EFI 数码打样软件则是把校准工作作为色彩管理建立设备颜色特性文件的一部分流程。

10.5.1 设备标准

通过设备校准可以保证打样机处于最佳工作状态，包括适当的压力、标准的版台温度和最佳性能的气垫橡皮布。

1. 材料标准

（1）规范同一品牌、同一系列的油墨，不要互相掺和使用。

（2）规范纸类，原则上规范打样应该与印刷用同一种纸张。如果打样、印刷只用一种油墨，而用纸选择铜版纸、哑粉纸、书版纸 3 种纸类的话，则要给印刷机建立 3 种特征文件。

2. 质量标准

（1）规范 4 种油墨的实地密度值，这是打样及整个印前作业色彩管理的核心，因为实地密度值大小的变化将会对整个样张色调形成极大的影响。

（2）规范相对反差值（K 值），这是衡量打样实地密度值是否足、网点增大是否符合标准范围的一项重要指标。一般优质的打样，其 K 值应该在 0.4 以上。

10.5.2 打样的作用

打样是“从拼组的图文信息复制出校样”，因此打样的最基本的作用就是在实际印刷之前获得校准用的彩色样张。

（1）确认彩色复制的质量。在大批量的实际印刷之前，可以根据彩色样张确认彩色复制准确与否，从而可以及时发现错误并加以更正，以免造成浪费。一般需要检查文字内容、版面布置（各个页面元素的大小尺寸和相对位置等）、图像的色彩还原和调子出现，以及渐变网、平网、底色的调子。

（2）客户认可复制效果的依据。打样是模拟印刷，体现了真实的印刷效果，所以更适合作为客户认可的依据。

（3）实际印刷操作的参照标准。打样是实际印刷最好的参照标准，对实际印刷的操作具有直接的作用。

（4）作为小批量复制的实际印刷品，可以使用打样获得实际印刷品，从而免去使用大型设备所造成的浪费。

10.5.3 打样的类型

按照打样的作用可以分为以下几种类型：设计效果打样、校对样、版式及组版打样、印刷输出打样。

1. 设计效果打样

设计效果打样主要是在印前设计制作阶段供客户观看设计效果图用的，一般用小型的彩色喷墨打印机进行输出。它主要查看页面的颜色搭配效果及基本设计，也可附带用于文字及版式校样。

2. 校对样

校对样主要是用于文字及版式的修改，一般用 PS 激光打印机进行输出。由于引起系统最终输出菲林或印版时的设备是 PostScript 语言支持的，为了在输出时不出错，因此校对样用 PS 激光打印机输出最为理想。

关于校对样作用的描述如下。

（1）检查文字有无错漏。

（2）检查页面的图文有无错误。

（3）检查图、字的大小及位置是否正确。

（4）检查页面的规线是否完整。

（5）供客户输出菲林的签约样。

3. 版式及组版打样

书的印前制作和简单的印刷截然不同，需要进行大排版输出和检查拼版是否正确等工作。一般用打印机输出页面缩略图或用输出的菲林晒蓝版进行版式和组版的打样。将打样缝的结果按装订方法折叠成书，这样就可以检查版式和组版是否正确了。

4. 印刷输出打样

印刷输出打样有两种方式：一种是在输出菲林后检查菲林数是否有问题，它适合于 CtFiml 工艺，一般采用机械模拟印刷打样；另一种是在输出印刷之前进行数字打样，它适用于 CtFiml 和 CtPlate 两种工艺。印前系统的目的就是要输出菲林或印版，因此印刷输出打样是打样方式中最重要的。

10.5.4 机械打样

机械打样的设备通常是胶印打样机，该类打印机分为平台式和滚筒式两种。平台式胶印打样机目前应用最为广泛，有单色、双色和四色等机型。

它和印刷机一样有印版、橡皮滚筒、供墨装置和供水装置，利用有调频网点的四色胶片分别晒成 4 张 PS 版，然后利用油墨在纸张上进行四色叠合套印，形成彩色样张。只有压印方式与印刷机不同，一般采用圆压平的方式，其印刷速度较慢。

机械打样机的优点是可以灵活地选用印刷时所用的纸张和油墨进行模拟，并按照印刷的色序进行打样。这样做除了用作印前检查的印样以外，还能作为印刷时各操作系数的参考依据。例如，打样的质量很好，可以在印刷时完全按照大于那个时候的 C、M、Y、K 各色版的标准密度来控制印刷的实地密度。

如果在检查时发现颜色偏 M 色，经分析菲林并没有问题，只是在打样时将 M 打重了，使 M 色的墨量大了些，则在印刷时将 M 色的墨量降低些即可，不必重新出菲林。

机械打样机的幅面一般是对开的。打样公司一般对外加工，因此一般情况下按照标准条件进行操作，油墨选用标准四色油墨，纸张选用较好的进口铜版纸。如果要使用的材料和这些不同，可以向印刷厂明确您的要求。

机械打样一般打出的样张有 C、M、Y、K 的单色样以及按打样顺序的两色样、三色样、四色样。

第 11 章

印刷及印后加工

经过了印前的一系列工序以后，就要晒制印版（对于有印版的印刷）并进行印刷了，然后根据实际的要求将进行一系列的后续加工工作。尽管数字技术改变了印刷作业的方式，比如计算机直接制版、数字印刷等，但是目前传统印刷输出作业在国内还是主流。这里主要介绍印刷机、油墨以及后期加工工序。

11.1 印刷机的分类

印刷机可分为 5 大类

印刷机的种类很多，有各种分类的方法，主要是从以下 5 个方面来分类的。

（1）按照印刷的印版类型分为：凸版印刷机、平版印刷机、凹版印刷机和孔版（丝网）印刷机。

（2）按照印刷的幅面大小分为：微型八开印刷机、小型四开印刷机、对开印刷机、全张印刷机和双全张印刷机。

（3）按照印刷的纸张形式分为：单张纸印刷机和卷筒纸印刷机。

（4）按照印刷的色数分为：单色印刷机和多色（双色，四色、五色、六色、八色）印刷机。

（5）按照印刷的面分为：单面印刷机 . 双面印刷机。

在印刷机的机械构造中，按照印刷的过程施加的压力分为：平压平型印刷机、圆压平型印刷机、圆压圆型印刷机。

11.1.1 平压平型印刷机

平压平型印刷机是最早期的印刷机形态，其主要原理是利用水平的印刷版与水平的压力平版互相接触加压，使印刷版面上沾粘的油墨转印至纸面上，这是一种平面对平面的印刷方式。其结构示意图如图 11-1 所示。

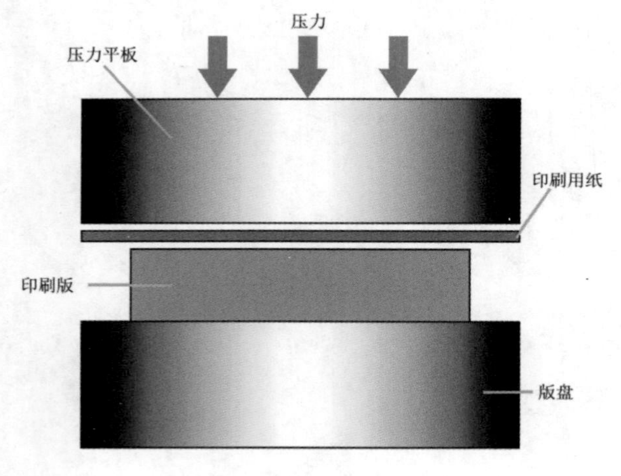

图 11-1

平压平型印刷机印刷时，其印版承受的总压力很大，压印的时间相对来说也很长，产生的墨色鲜艳，图像饱满。但是需要很强的压力，对于纸张的光滑度要求很高，只适合印刷少量的印刷品。机器的体积小，印刷的速度慢，一般用于印刷书刊封面、彩色图、包装用品等。这类机器有圆盘印刷机、方箱印刷机等类型。

11.1.2 圆压平型印刷机

这种印刷机的压印滚筒为圆筒形，装版机构为平面型。压印的时候，版台在压印机下移动，压印机在固定的位置上带动承印物旋转以实现印刷。印刷时，压印滚筒与印版平面不是面接触，而是线接触，所以总的印刷压力较小，印刷的幅面能够做到较大，印刷的速度比平压平型印刷机还快，相对来说提高了机器的印刷效率。但是由于在印刷过程中版台的往复运动，印刷的速度仍然受到限制，现在凸版印刷中常用这种印刷机来印刷书刊，这类印刷机有一回转凸版印刷机、二回转凸版印刷机、停回转凸版印刷机、平板打样机、雕刻凹版印刷机等种类。由于适合生产大幅面的印刷品，可用于印刷书本、海报、广告传单等。图 11-2 为圆压平型印刷机的结构示意图。

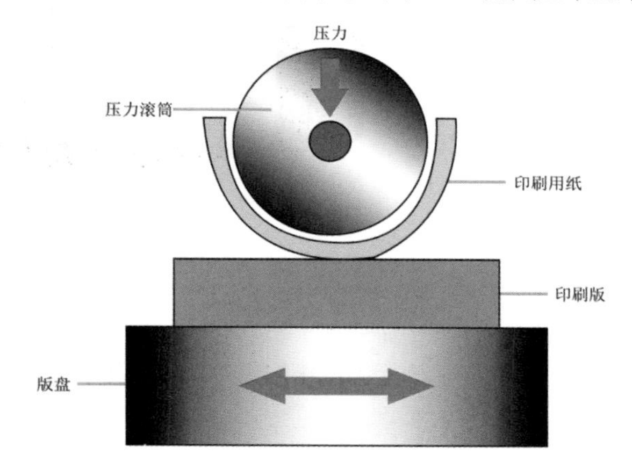

图 11-2

11.1.3 圆压圆型印刷机

圆压平型印刷机的印刷品质优良，但是每印完一次就得倒转回去才能够重新印刷，从而浪费了印刷的时间。为了克服这一缺点，将平面的印刷版改为圆筒型的印刷版，这就是圆压圆型印刷机。

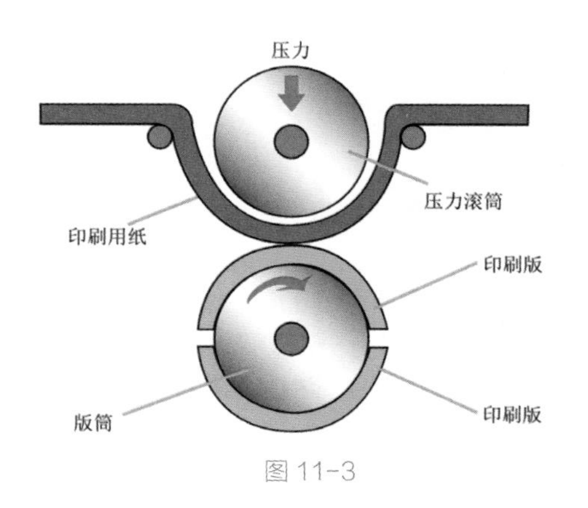

图 11-3

圆压圆型印刷机的主要原理为圆筒型的印刷版与压力滚筒互相接触加压，二者采用的是线性接触，并做同一方向的回转。因此可以产生更高的压力，速度也更快。使用圆压圆型的印刷机，每印完一次印版就回到原点，因此可以继续印刷，省去空版回到原位的时间，一般的平版印刷机就是这种类型。这种印刷机利用两个滚筒的线接触进行压印，结构简单，运动平稳 . 避免了在往复运动中产生的惯性冲击，可以提高印刷速度，印刷装置也可以设计成机组型，进行双面或多面印刷，是一种高效的印刷机。这类印刷机有转筒纸胶印轮转机、平版胶印机、凹版印刷机和柔性版印刷机等。图 11-3 为圆压圆型印刷机的结构示意图。

11.2 印刷油墨

了解油墨的组成和油墨的分类

油墨是一种由颜料微粒、填料、附加料等均匀地分散在连结料中，具有一定黏性的流体物质。

根据不同的方法，油墨也可以分成不同的种类。常用的凸版印刷、平板印刷、凹版印刷、丝网孔版印刷等都用油墨，如图 11-4 所示。

图 11-4

（1）凸版印刷用油墨根据不同的特点可以分为铅印书刊油墨、铅印彩色油墨（铜版油墨）、铅印塑料油墨、橡皮凸版塑料油墨（柔性版塑料油墨）、凸版水型油墨和凸版轮转印报油墨等。这类油墨基本上都属于渗透干燥型油墨，在印刷过程中要注意防止附着不良、风化、污脏等弊病的出现。

（2）平版印刷用油墨包括各种胶印油墨、平版印铁油墨、平版光敏油墨和胶印热固型油墨等。平版印刷用油墨要求颜色的着色力、耐水性较高，还要具有良好的流动性及干燥速度。

（3）凹版印刷用油墨包括各种照相凹版油墨、雕刻凹版油墨和凹版塑料薄膜油墨等。

（4）丝网孔版印刷用油墨包括丝印油墨、丝网塑料油墨、油性誊写油墨和水性誊写油墨等。

除了上述几种常用油墨外，还有一些可以实现某种特殊效果的油墨，如微胶粒油墨、金银色油墨、荧光油墨、磁性油墨、安全防伪油墨、导电油墨、复写油墨、监视油墨。油墨是印品的呈色物质，反映原稿的颜色。为了和印刷相适应，油墨一般都做成流体，具有一定的流动性，印刷的方式有很多种，相应的油墨也有很多种，因为每一种印刷方式都有一种与之配套的油墨。油墨的特性直接和电脑设计时的分色设置、颜色设置相关，掌握油墨的一些相关知识有助于电脑印前设计工作。

油墨是由颜料、连接料、填充料和助剂按照一定的配比量相混合并经过反复的研磨、轧制等过程制作而成的。

人们常常把原稿的设计、图文信息处理、制版统称为印前处理，而把印版上的油墨向承印物上转移的过程叫作印刷。这样一件印刷品的完成需要经过印前处理、印刷、印后加工等过程。

1. 颜料

颜料是色料的一种，是油墨的主要成分。油墨中使用的颜料均为粉末状的有色物质，不溶于水且能够均匀地分布在介质中。颜料按照化学成分的不同可以分为无机颜料和有机颜料。无机颜料的透明度（又称为遮盖力）较强，并能够耐热，但是着色能力和色彩的鲜艳度不及有机颜料。有机颜料具有高度的着色力，色彩鲜艳夺目、浓度高、重量轻、性质优良。目前彩色油墨主要使用有机颜料配制。

2. 连接料

连接料是油墨的主体，也是使油墨成为流体的原料，它的作用主要是使颜料和填充料能够很好地附着在纸面上，对颜料具有分散、转移和保护的作用，并且使印刷品有一定的光泽。油墨的适应性与连接料的性质关系十分密切。

3. 填充料

填充料是白色和无色透明的粉末状物质，如硫酸钡、碳酸钙等。它的作用是依照印刷的要求， 把过于饱和的、透明度大的颜料加以稀释，减少颜料的用量。

4. 助剂

助剂的作用是调整油墨用以改变或者提高油墨适应性的物质，助剂的成分包括干燥剂、撤粘剂、调墨油、冲淡剂、提色料等。

由于印刷油墨要和多种印刷方式相匹配，所以按照不同的方法可以将油墨进行分类。

（1）按照印刷方式分为：凹印油墨、凸印油墨、胶印油墨和丝印油墨。

（2）按照用途分为：书刊印刷油墨、塑料印刷油墨、纸张印刷油墨、玻璃印刷油墨、织物印刷油墨和卷筒纸轮转胶印油墨等。

（3）按照油墨的特性分为：亮光油墨、快固油墨、耐蚀油墨、荧光油墨、导电油墨、香味油墨和可食用油墨等。

（4）按照印刷的颜色分为：四色油墨（Process）和专色油墨（Spot Color Inks)。

四色印刷油墨是用来印刷连续调图像的油墨，由三原色黄、品青和黑墨组成，可以由它们的组合印刷出成千上万种颜色，如印刷彩色照片原稿就要用四色油墨。

专色油墨就是除了原色油墨以外的其他颜色，印刷时可以用专门的颜色来复制，这些专门的颜色不需要由原色通过网点来复制，可以直接印刷一次就能够表现出相应的颜色来。

用四色油墨印刷和专色油墨印刷的制版方式是不同的，一般的四色印刷需要有 C、M、Y、K 4 张分色片，制出 4 个印刷版来，通过四色印刷来达到颜色的复制。而专色印刷时只需要一张分色片制一个印版即可，专色油墨是由专门的制造商生产出来的，它不可以用于四色印刷，但是可以用四色油墨来调配专色油墨。

11.3 印刷后期工序介绍

后期工序的重要性

为了增强印品的耐磨程度。提升印件品质并强化功能。防污以及视觉效果等，通常还要运用各种印刷后期工序，常见的印刷后期工序包括覆膜、上光、压凸、轧形、烫金。

11.3.1 覆膜

这种工艺就是以透明（半透明）的塑料薄膜通过热压覆贴到印刷品的表面，从而起到保护和增加光泽的作用。

覆膜加工工艺主要有半自动操作和全自动操作两类。半自动操作除上胶、热压复合等部分是机械操作外，输纸、分切等部分作业都由人工操作，因此劳动强度大，生产效率不高。全自动操作从输纸开始，到涂胶、复合、分切、成品收齐均由机械完成，省时省工，生产效率高。尽管有这些差异，但它们的工艺流程却是相同的，即首先用辊涂装置将粘合剂均匀地涂布在塑料薄膜上，经过烘箱（道）将溶剂蒸发掉，然后将已印刷好的印刷品牵引到热压复合装置上，并在此将塑料薄膜和印刷品压合，成为纸塑合一的覆膜产品。

覆膜工艺按所采用的原材料及设备的不同，可分为即涂覆膜工艺和预涂覆膜工艺。即涂覆膜工艺操作时先在薄膜上涂布粘合剂，之后再热压，为目前国内所普遍采用。预涂覆膜工艺是将粘合剂预先涂布在塑料薄膜上，经烘干收卷后，在无粘合剂涂布装置的覆膜设备上进行热压，从而完成覆膜过程。预涂覆膜工艺因覆膜设备不需要粘合剂加热干燥系统，大大简化了覆膜工艺，而且操作十分方便，可以随用随开机，生产灵活性大；同时无溶剂气味，无环境污染，改善了劳动条件。更重要的是它完全避免了气泡、脱层等覆膜故障的发生，覆膜产品的透明度极高，具有广阔的应用前景和推广价值。

覆膜的工艺流程为：工艺准备→安装塑料薄膜滚筒→涂布粘合剂→烘干→设定工艺参数（烘干温度和热压温度、压力、速度）→试覆膜→抽样检测→正式覆膜→复卷或定型分割。

覆膜效果不仅同覆膜原材料、覆膜操作工艺方法有关，更重要的还同被粘印刷品的墨层状况有关。印刷品的墨层状况主要由纸张的性质，油墨性能、墨层厚度、图文面积以及印刷图文部分密度等决定。这些因素影响粘合机械结合力、物理化学结合力等形成条件，从而引起印刷品表面粘合性能的改变。

影响覆膜质量的因素较多，除纸张、墨层、薄膜、粘合剂等客观因素外，还受温度、压力速度、胶量等主观因素影响，这些因素处理不好，就会产生各种覆膜质量问题。

11.3.2 上光

上光可以增加印刷品光泽的作用。一般的书籍封面、插图、挂历、商标装潢等印刷品的表面都要进行上光处理。

上光的种类有很多，依照上光的材质、涂布方式、效果及用途而有不同的上光技术。按照上光的方式可以分为以下两种。

（1）局部上光

这种上光方式多数使用在印品上需要特别强调突出的部分，适合应用在书刊的封面、包装盒，可以使画面更加立体化，强化视觉效果。

（2）全部上光

全部上光可以增加纸张表面的亮度、印纹的抗磨程度，大部分的书刊封面、书皮多采用全面上光技术。

按照上光的材质可以分为 7 种。

（1）上光油上光

用松脂和松节油调和出的胶液，在印刷成品上涂布，上光油可以用印刷机在印刷品上进行全部的或局部涂布，是一种比较便宜的上光加工技术。但是上光油的耐磨性差，光泽度低，只适合于书刊的内文彩色页。

（2）PVA 上光

这种上光的方式是将乙烯醇聚合液涂布在印刷品上，再经过加热压光。这种压光在光泽度、耐磨性上都比上光油好，但是在受热的时候，纸张容易收缩卷曲。一般适合书刊的内文彩色页。

（3）UV 上光

就是紫外线上光，是以 UV 专用特殊涂料均匀地涂布在印刷纸面，再经过紫外线照射，快速干燥硬化而成的。这种上光的印刷品拥有较高的耐磨性，具有抗紫外线的功能。因为此种油墨颜色不容易褪色，应用很广泛，适合于包装盒的上光处理。

（4）亮 P 上光

使用亮面的 PP 胶质薄膜，经过热压裱贴于印刷品上。具有玻璃光泽般的效果，是一种比较高级的上光方式，适用于精致的印刷品，如书刊的封面、包装盒。

（5）雾 P 上光

使用雾面压纹处理的 PP 胶质薄膜，经过热压裱贴于印刷品上。雾面具有不反光的效果，质感非常好，但价格比亮 P 上光要贵。

（6）局部立体上光

使用专用的树脂来印刷，因为树脂在干燥后会产生立体的触觉与视觉效果，所以称为局部立体上光。在使用局部立体上光之前，一般都会先采用雾 P 上光，然后再在上面采用局部立体上光，效果就会很好，一般适用于精致印刷品，如书刊的封面、包装盒等。

（7）PVC 上光

PVC 上光使用薄膜，经过热压裱贴于印刷品的表面，具有高度透明、防潮、抗污、耐磨的特质，通常以两面护贝而成。其成品表面平滑呈面光泽，是上光费用最高的一种方式，适用于垫板、扑克牌、证照卡，吊牌、游戏卡等产品。

11.3.3 烫金

以金属箔或颜料箔通过热压转移到印刷品或其他物品表面的加工工艺叫作烫箔，俗称为烫金，其目的是增进装饰效果。

这种加工方式是以锌凸版或铜凸版为印刷版，在烫印前先将印刷版用加热器加热，然后在纸张上放置烫金纸。透过烫印时金属印刷版的热力，将与印纹部分接触的烫金纸的热熔胶熔解，然后颜色金箔就会固着于印刷品上。

非图文部分因为没有与烫金纸接触，所以不会将热力传递到下面的烫金纸，当烫印完成后，非图文部分的金箔会与纸张分离。在烫印时，烫金纸要与纸张紧密贴合，因此这种方法只适合于烫印在平滑的材质上。若是使用凹凸不平的纸张，效果就不会很理想。

由于烫金纸的铝箔是不透明的，可以遮盖任何纸张的颜色，能够增加色彩的效果，所以无论是在传统的，还是现代的结婚请帖、卡片中都使用最多，高级典藏的精装书封面也常使用烫金。

11.3.4 压凸

压凸是属于凸版印刷的一种方式 ，使用压凸印模压印纸张表面，使图或字符凸出到纸张表面上，压凸的深度和形状及字符的边缘都可调整。

一般的制作程序分为以下两个。

（1）使用凸版或凹版的软胶垫，将纸张放置在印版和软胶垫之间，经过滚压机压印后，就可以制作出凹凸的立体效果。

（2）使用凹凸成套的阴阳模，将纸张放置在凹凸版之间，经滚压机压印后，就可以制作凹凸的印纹出来。

11.3.5 模切压痕

模切压痕就是在印刷品的表面进行模切加工，以便创造出立体效果或折痕的一种印刷后加工方式。

一般模切压痕工艺的流程为：上版→调整压力→确定规矩→粘塞橡皮→试压模切→正式模切→整理清废→成品检查→点数包装。

模切压痕的工艺，以模切压痕加工的主要对象——纸盒为例，一般需要经过开料→印刷→表面加工→模切压痕→制盒的过程。下面就简单地介绍一下它的过程。

在模切压痕之前要制作模压版，模压版的格位必须与印刷的格位相符；然后在模切机上利用模压版技术工艺流程对印后纸板进行加工。

将制作好的模压版安装固定在模切机的版框中，初步调整好位置，获取初步模切压痕效果的操作过程称为上版。上版前，要求校对模切压痕版，确认符合要求后，方可开始上版操作。

接着调整版面压力，一般分两步进行。先调整钢刀的压力：垫纸后，先开机压印几次，目的是将钢刀碰平、靠紧垫版，然后用面积大于模切版版面的纸板（通常使用 400-500g/m^2 的纸板）进行试压，根据钢刀切在纸板上的切痕，采用局部或全部逐渐增加或减少垫纸层数的方法，使版面各刀线压力达到均匀一致；再调整钢线的压力：一般钢线比钢刀低 0.8mm，为使钢线和钢刀均获得理想的压力，应根据所模压纸板的性质对钢线的压力进行调整。在只将纸板厚度作为主要因素来考虑时，一般根据所压纸板的厚度，采用理论计算法或以测试为基础的经验估算法来确定垫纸的厚度。

11.4 五花八门的特种印刷、加工

不同效果的印刷、加工的不同特点

1 . 浮雕（起鼓）加工

在纸张表面加工出凸起，制作出浮雕效果。与压槽不同，浮雕是利用正负两块印版， 将承印物夹在当中，以压出浮雕效果，所以制版费用也变成了两份。浮雕版可以制作成圆滑细腻的效果，但加工时间也是随着工艺的复杂程度而上升的。

这种加工方式不适合用在较薄、软的纸张上，所以在用纸的选择上也要多加注意。另外，通过精心设计，还可以在纸张背面的凹陷处也加上印刷内容。

2. 雕空加工

使用金属刀具在纸张上雕空出图案的加工工艺。有的加工是在纸张上做出像开窗一样的雕空效果，也有通过外形变化进行雕空加工的方法。过于细致、复杂的图案无法使用雕空加工。

这种工艺常用于图书的护封、杂志的封皮、儿童书（连环画）的内页等。另外，还有一些商品包装上也会用到这个工艺，加工后可以看到包装内部的商品。该工艺中模具的成品和制作时间，与承印物的尺寸、形状、加工难易度成正比。过薄、过软的纸张无法用模具雕空，一定要使用有一定硬度的纸张才行。

3. 胶片转印加工

在承印物表面涂抹上 UV 硬化树脂，将专用转印胶片压在上面。外线照射后将胶片剥离，胶片表面的树脂就会转印到承印物上。转印胶片的种类很多，其中 TOTSUYA-ECHO 公司的“转印包”最为知名。该产品比 PP 覆膜要薄，却比亮油要结实。

此工艺可加工出光泽、亚光、激光全息等多种效果，可以对承印物整体或局部进行加工。与其他的表面加工工艺相比比较便宜。由于转印胶片的尺寸是固定的，所以设计时要根据胶片的尺寸进行设计。

4.In- line UV 印刷

普通的 UV 印刷是在印刷以后，通过丝网印刷将 UV 油墨印刷到承印物上。与此相对的是， In-line UV 印刷可以与其他油墨一同在印刷机上印刷。普通的 UV 印刷可以印刷复杂、细腻的图案， 但油墨量无法保持足够的厚度，In-line UV 印刷加工时间短是其特点之一。

这种工艺不仅能实现光泽和亚光效果，利用这两种效果还能加工出浮雕或者全息效果。费用方面是按照增加一个专色来计算的，不过其价格比专色要高。

5. 巴克印刷

美国巴克公司所开发的印刷工艺。将光泽树脂印在承印物上，看上去有点像 UV 印刷，但表面可以做出凹凸效果。制作时先在承印物表面印刷上黏结剂，加热后膨胀树脂会膨胀，然后把多余的部分去除出去后继续加热。

由于可以使用胶版印刷进行加工，所以加工时间比较短，同时能够表现出较细腻的图案效果，还可以使用各种各样的颜色。使用这种工艺处理过的承印物，由于经过了热处理，所以表面已经不能再进行其他加工了。另外，已经覆膜后的承印物无法再使用这种加工工艺。此工艺本身成本不高，但如果膨胀树脂使用量较大的话，费用还是会上涨的。

6. 发泡印刷

将膨胀油墨印在承印物上后，进行热处理，使被加工部分膨胀的印刷工艺。该工艺常用于各种卡片、图书的护封、杂志的附录、儿童图书等印刷品。使用这种印刷方式生产的印刷品同样不耐磨，工艺效果受到压力容易损坏，如果后订工艺是带压力的，就不推荐使用这种印刷工艺。

发泡印刷对于细节表现不是很理想，如果处理部分的图案过于细致，发泡材料就很容易脱落，所以最好用在图形、文字等具有一定面积的图案中。该工艺成本较高，要控制好使用比例。

7. 纤维印刷

此工艺能印刷出带有毛毯手感的效果，又被称为起毛印刷。印刷的时候，先通过丝网印刷将黏结剂刷在承印物表面，然后将纤维状的树脂附着在上面，之后通过静电处理制作出毛茸茸的效果。

主要用于图书的封皮、商业印刷等领域。这种工艺处理出的效果耐磨性较差，摩擦、挤压都会导致纤维树脂脱落，所以是否使用这种工艺要根据印刷物的用途而定。虽然在纤维上也可以进行烫金，但无法表现出细节。纤维树脂的颜色、长短种类很多，如果使用常见规格以外的产品会增加成本，同时成本也与纤维树脂的使用量成正比。

8. 刮膜印刷

使用硬币等物体将银色涂层刮落即可显现图文的印刷工艺叫作刮膜印刷。这种工艺主要用在奖券彩票、购物卡、杂志附录等印刷品上，不适合用在封面等易磨损的地方。

刮膜印刷使用的是专用油墨，为了意外脱落，还要在专用油墨的下面覆膜，同时在想要覆盖住的图案背面使用一定处理方法，防止图案信息泄露。刮膜印刷本身成本并不高，但加上上述其他的工艺后，其费用就升高了。

9 . 显温印刷

使用该种工艺处理过的印刷品在用手触摸或者气温变化后，相应部位的颜色会发生改变。主要用于各种卡片类、食品包装类的印刷品，以及餐具等各种物品上。

其显温幅度可以自由 -15℃ ~60℃，以 ±3℃为一个温差单位。显温印刷所用的油墨有从无色变化为有色的种类，还有按照温度的变化以不同的颜色，如黑、蓝、绿、黄、橙等颜色进行显示的种类等。

10. 荧光印刷

采用这种工艺的印刷品通过吸收日光或灯光，可以在黑暗的环境下发光，通常出现在钱币印刷上。

第 12 章

制作出片文件流程

印刷工作不仅包括设计、排版、印刷，在制作文件的时候还要充分考虑到印刷过程的其他因素，如制作文件会不会对印刷造成不良影响。

在本章中，将对排版文件的制作及其再利用进行讲解。

12.1 版式设计排版制作

要让你的出片文件便于修改，从而提高工作效率

12.1.1 如何让你的文件便于修改

如果在版式设计或排版制作的阶段，就把排版文件处理成便于编辑的状态，可以为日后的修改和调整节省大量的时间和手续。另外，由于排版工作通常是由若干人同时进行的，所以将排版文件设计得简单易懂也是十分重要的。

因此，排版设计工作并非只是做完排版文件就算完事了，而是还要考虑到之后的修改调整以及共同工作者的使用方便而进行排版文件的制作。

1. 为提高工作效率制作便于修改的文件

在制作出片文件的时候，一定要考虑到方便日后的修改，如版式调整、文字校对、颜色校正等。在图书、杂志、商品目录等印刷品的制作中，当然是最好不要让文件出现过多需要修改的部分。将自己负责的部分做成便于修改的状态，这是出片工作的常识。

为了能够迅速对文件进行修改，熟记出片软件的快捷键是十分重要的， 而更重要的是制作一个便于修改的文件。

2. 利用样式功能制作修改文件

当想要改变所有标题的颜色时，如果是单页印刷品的话，手动调整确实不会花费太多力气，但若为多页印刷品，那么用手动调整可就费时费力了。为此，在排版开始之前，如果在预先设置好的段落样式和字符样式中保存颜色信息，这样只要修改相应的样式，就可以将使用这个样式的所有对象的颜色统一修改了。

另外，如果不得不对若干页面的版式进行大幅调整的话，则可以通过修改主页的布局将想要调整的部分统一修改好。像这样，利用样式功能和主页对版式内容进行调整，可以有效提高工作效率。

3. 运用主页调整版式

在需要对各个页面内容进行统一调整的时候，可以通过排版软件的主页功能进行操作。只要对主页上的对象进行调整，就能让所有使用该主页版式的内容统一调整。

如果在主页上使用各种设置好的样式，那么只要更改样式中的设置参数，则所有使用到该样式的对象都会被统一修改。

4. 利用字符、段落样式调整文字

如果事先将字体、字号、字距等文字属性保存在段落样式中，只要改变样式的参数设置，则所有用到该样式的对象都会一同改变，图 12-1 所示为“字符样式”面板。

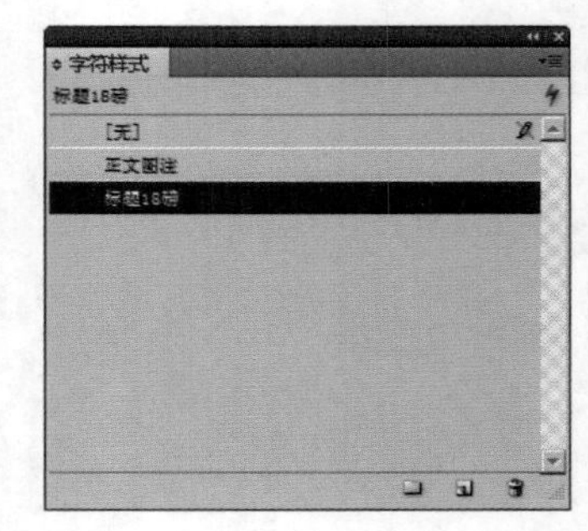

图 12-1

当版式设计工作进行到一定程度的时候，就要把段落样式包含到快速应用中，不然当版式确定下来，再进行录入的话就比较麻烦了，图 12-2 所示为“段落样式”面板。

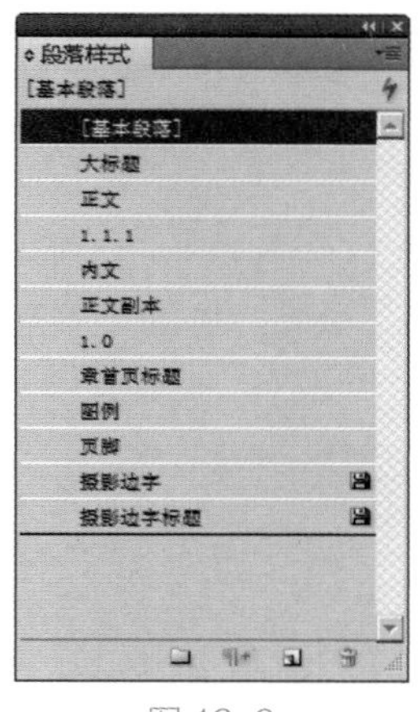

图 12-2

编辑菜单中的“查找 / 更改”功能可以在段落样式或字符样式所限定的范围内进行统一调整指定的文字词语。

5. 利用面板修改颜色和效果

在制作出片文件时，要将所用的颜色和效果保存到相应的面板中。这样如果对面板中的颜色和效果进行修改就能将修改后的结果，应用到所有使用该颜色和效果的对象上。

12.1.2 如何制作简单易懂的出片文件

现在出片一般都是由若干名设计师进行设计工作的。从版式开始到最后完成，都是由同一人制作，这些文件也是要被印刷厂等其他工作人员使用的。为此，一定要把文件制作得简单明了，要让所有人都能看明白，这些人当然也包括设计者自己。

1. 出片工作是协同作业，所制作的文件要让别人也能看懂和使用

在出片工作中，通常会有多名设计师或出片操作员参与同一个工作。另外，印刷厂在出片时，也肯定会使用这些出片文件， 然后根据流程进行颜色校正等工作。这样很多人都会接触和使用出片文件，这就要求文件必须制作得简单明了。所谓“简单明了的文件”，不是只要求高效和统一就行的，还要防止将文件误修改的事故出现。

如果遇到出版物再版，一般都是出版社一方自行对已有的文件进行调整。为了避免打开文件的人看不懂文件内容、不知道如何下手的情况出现，制作文件时一定要保证其简单明了。

2. 拼版规则、避头尾规则要统一

在多人参与排版工作的时候，统一版式固然重要，但拼版规则和避头尾规则的统一也同样重要。特别是出版社等机构使用特有规则的时候，只有使用带有统一的“标点挤压设置”“避头尾设置”的排版文件， 才能保证排版的统一性。由于这些设置是通过段落样式选项中的“中文排版设置”进行设置的，因此可以与段落样式共同使用。图 12-3 所示为 InDesign 的“标点挤压选项”面板。

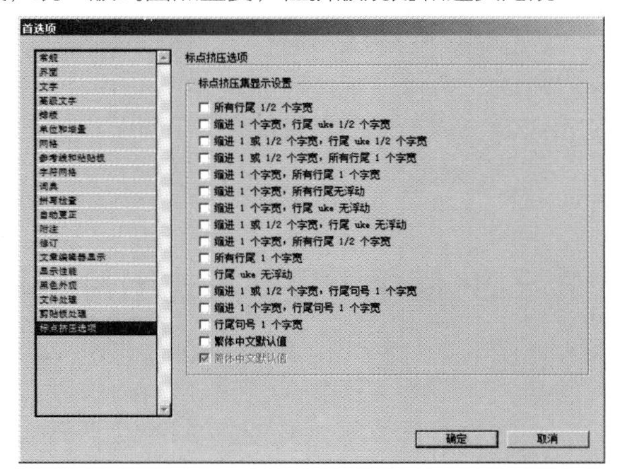

图 12-3

3. 不要让版面中的内容过于复杂

在制作排版文件的时候，尽量不要在版面中留下与内容无关的东西。特别是在同一个位置上叠加多个对象，或使用过多的蒙版、路径效果，这对调整会产生不利影响。对于可能会遇到调整的部分，要有意识地采用尽量简洁的设计。

4. 想要固定不变的部分

页码、页眉等位置固定的对象，其位置是要固定不变的，为此要通过锁定图层、编组操作来保证其位置的稳定。

需要注意的是，在 Illustrator 中将文字轮廓化进行出片的时候，被固定的文本将无法进行轮廓化处理。

12.2 出片文件的方式

用于印刷出片文件有原始文件和 PDF 文件

12.2.1 使用原始文件方式进行出片

原始文件是指用 InDesign、Illustrator、QuarkXPress 等软件制作的文件。一直以来，出片文件都是以这种形式存在的。

采用原始文件出片的好处是，当需要调整的时候，可以直接对已经完成的文件进行操作，同时还不需要改变文件格式，还能避免因版式调整所产生的问题。这种做法的缺点是，排版文件中所链接的图也必须一同提交给印刷厂，同时也只能使用印刷厂所拥有的字体。

如果预测出片后会有较多的修改，那么最好以原始文件进行出片，这样后期的修改会比较简单。

12.2.2 使用原始文件出片的要求

如果使用原始文件出片，那么版式中所包含的链接图像、字体等都要与出片文件一同提交。

链接图像和字体的准备，可以通过 InDesign 的“打包”功能或 QuarkXPress 的“收集输出文件”功能将所需的各种出片文件收集并复制到一起。Illustrator 中没有类似功能，所以需要手动收集，或者利用脚本功能收集。

即使是 InDesign 或 QuarkXPress 的自动收集功能，也无法把置入的 Illustrator 文件中的链接图像收集起来，这同样需要手动操作解决。

12.2.3 使用 PDF 方式出片及其要求

与使用原始文件出片一样，也有很多时候是以 PDF 方式进行出片的。不论是 InDesign、Illustrator 还是 QuarkXPress，在比较新的版本中（CS 版本以上，QX7 版本以上），其排版文件都可以使用 PDF 的方式进行输出，如图 12-4 所示。

只要以 PDF 方式进行出片，排版文件中所链接的图像、字体等都会被封装在 PDF 文件中，从而减少了收集关联文件的麻烦，还能减小文件的体积。不过，PDF 文件无法修改（确切地说是修改起来非常麻烦），通常印刷厂都会认定其是无法编辑的文件。如果需要修改或调整，必须由排版文件的制作者来进行，然后重新生成供出片用的 PDF 文件，如图 12-5 所示。

检查文件并将必要的文件收集到一起，就可以准备出片了。

在出片的时候，不是把文件交给印刷厂就完事了，而是要备齐带有规格参数的清样说明以及相关的各类资料。

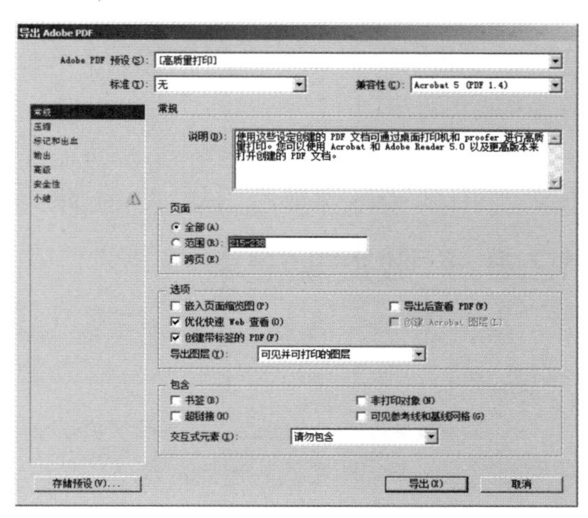

图 12-4

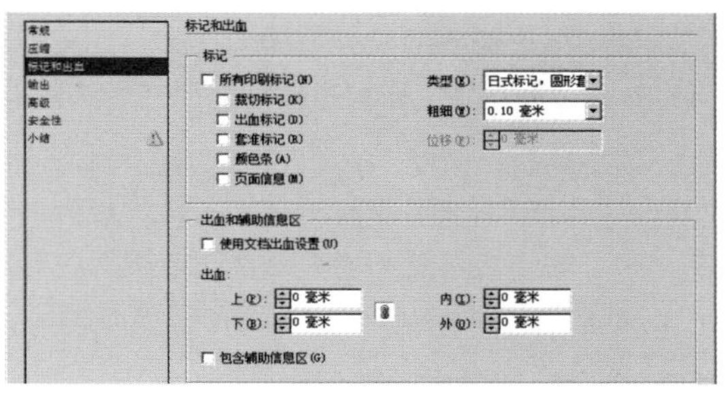

图 12-5

12.3 出片时的准备工作

准备的东西越齐全对出片越好

12.3.1 相关物品要备齐

在排版文件的修改、调整全部完成以后， 就要准备出片了。将出片用的排版文件交给印刷厂的相关人员，设计制作一方的任务就算告一段落了。

当然，需要交给印刷厂的不仅仅是出片文件，相关的各项资料也必须要准备齐全。

需要准备的材料包括存储有出片文件的刻录光盘、移动硬盘等存储媒体、用最终排版文件打印出来的打印样本、记录有文件内容的数据规格表（输出指示单）等。有的时候，记录有印刷参数规格的出片单会与数据规格表一起提交给印刷厂。

时下，越来越多的人利用网络进行出片了。这就省略了相关资料的准备工作。这种情况下需要提前与印刷厂沟通核实印刷规格等事宜。这不仅能避免在印刷时出现问题， 还能有效分清责任。

12.3.2 多进行交流沟通

虽然数据规格表或打印样本中记录的内容是传达委托方意向的重要来源，但如果能够面对面地与印刷厂的相关人员进行沟通，就能更加直观准确地把各种要求和意愿传达给对方。

另外，对文件制作过程中出现的一些疑点也可以通过面对面沟通得到确认。如果某些具体的问题搞不明白，还可以当面请印刷厂方面的人员做讲解。

12.3.3 数据规格表

该表格记录有制作文件时所用的系统、软件版本、图像文件的格式、所用到的字体等信息。多数印刷厂都有自己独立格式的表格，出片前可以向印刷厂索取。

在数据规格表中，还记录有图像文件的颜色模式、是否使用了临时文件、叠印填充的设置、透明效果的使用等信息。

12.3.4 打印样本

使用最终定稿的文件打印出清样。如果是对开打印的多页印刷品，一定要在清样上标记上裁切线。如果打印纸的尺寸无法容纳一整张对页，则可以采用单页打印。

对于护封、封皮、单页印刷品等尺寸较大的部分，可以使用排版软件的“拼贴”功能（在打印功能的设置选项中），将稿件按原比例分几部分打印出来，然后再拼接起来。对于带有量印填充、透明效果等在印刷中容易出现问题的部分，以及对图片色调需要特别注意的部分，要用红笔标出，以提醒印刷厂方面注意。

12.3.5 储存媒体

通常使用 CD-R、DVD-R、MO、移动硬盘作为出片文件的存储媒体。因为优盘非常容易感染计算机病毒，所以不会有太多印刷厂愿意接受这种形式的存储媒体。

以网络传输进行出片的时候，要事先跟印刷厂核实是使用 FTP 服务器传输文件还是使用其他方式进行传输。

为了防止网络传输过程中文件发生损坏，通常都会将文件打包压缩后再上传。

12.4 检查文件时的注意事项

在出片以前要进行最后的检查

在进行最后的检查时，要同时通过打印样本和显示器观察进行确认。本文将对这两种检查方式中几个具有代表性的要点加以说明。

1. 使用最终的清样来检查

当校对后的修改完成以后，要将排版文件通过打印机打印出来，然后对照清样检查是否存在问题。像这样用打印机打印出来的样本被称为清样或校样。

虽然检查工作在显示器上也可以进行，但通过观察打印的校样，能够更加直观地看到一些问题的所在。另外，有些颜色上的问题在显示器上可能看不出来，但通过观察打印的校样就能清楚地发现问题，所以检查的时候一定要将排版文件打印出来。

图 12-6 中列举了应该在校样中确认的一些要点。除此以外，图像的色调等也是需要注意的地方。

链接的图像	链接断开是由于在文件制作过程中存储图像的位置发生了变化或图像本身被删除。一般 175 线印刷的分辨率要求是 350ppi。只要所用图片文件的格式为 PSD、EPS、TIFF、AI 就没问题。
颜色模式	进行 CMYK 印刷的时候所用图像的颜色模式要全部统一成 CMYK 模式。虽然在 InDesign 的排版文件中 CMYK 和 RGB 模式的图像都可以显示出来，但 RGB 模式的图像却无法被正确地印刷出来。只要用于印刷的文件都要把颜色模式设置成 CMYK。如果在单色印刷的部分混入了四色图像，那么印刷时就会制作出四块印版来。
专色的有无	如果使用专色，就必须另行制作印版，否则是无法印刷的。对于用不到的专色，应该将其从色版中删除。
叠印填充	如果在想要叠印描边的部分设置叠印填充，那么这个部分将无法被印刷出来，在设置 100% 黑色（K）的部分，大多数排版软件会自动将其设置为叠印填充。如果即有需要叠印填充的部分，又有不需要的部分，那么就需要手动进行区分。另外，在出片前应该把相应的信息标注在校样上，然后再交给印刷厂。
字体	TrueType 字体无法用于印刷。如果一定要用的话，就需要将其轮廓化为 PDF 形式出片。如果使用了印刷厂没有的字体，那么原始文件将无法被使用。需要先把字体轮廓化后以 PDF 形式出片。置入 InDesign 的 Illustrator 文件也要进行同样的处理，不能漏掉。
透明对象	如果在不支持透明功能的印刷厂出片，则需要对“拼合透明度”进行设置，同时还要提前与印刷厂沟通，确认采用何种设置方式。

图 12-6

2. 利用印前检查功能检查排版文件

InDesign 的印前检查功能可以对已经做好的文件进行检查。在 CS4 以上的版本中， 即使在排版过程中，也可以通过“实时检查”来监控当前是否出现了问题。

在实时检查功能中，用户可以将想要的检查的项目保存在“印前检查配置文件”中。根据印刷品和印刷厂的不同，“印前检查配置文件”可以对其进行分别保存。

图 12-6 列举了一些初学者容易出现的问题，这些问题中的大多数都能通过印前检查功能检查出来，可以参考这个表格制作配置文件。

用于印刷的出片文件有原始文件和 PDF 两种形式。

目前几乎所有的出版社都可以用这两种方式出片，所以选择哪种形式都可以。不过，具体选择何种形式，要根据颜色校正后的修改方法而定。

12.5 文件的扩展应用

用于印刷的排版文件，在制作的时候也要考虑到其扩展应用性

数字文件的优势是不论在什么时候其质量都不会受到影响，同时还能够很容易地转用到其他领域中去。本节将对排版文件的扩展应用进行详细讲解。

12.5.1 可再利用文件的制作

用于印刷的排版文件，在印刷完成之后一定要保存一段时间。即使没有再版的打算，也要观察一段时间，如果出现了明显的错误，还要进行紧急修改并重印。

当然，即使是有再版的安排，为了在再版的时候做修正和调整，排版文件也应该好好保存起来。

除了再版，网页、电子图书等新兴媒体上也会用到排版文件，有时还会用在其他的印刷品上。由于印刷品使用的是 CMYK 颜色模式，这与网页、电子图书所用的 RGB 颜色模式有所不同，故在文件转换时需要引起注意。

12.5.2 再版文件的保存

当图书等出版物首次印刷的部分将近售完时，根据情况会对其内容进行部分调整，然后再次印刷，这被称作再版（加印、重版）。

再版时有 3 种调整和修改的方式：①印刷厂根据出版社的指示，修改手中已有的文件；②由文件的原始制作者（设计师、出片操作员）修改，然后再次出片并交给印刷厂；③由出版社对排版文件进行调整和修改，然后出片。

如果是由印刷厂以外的人员对文件进行调整修改，则出片的时候可以只把有改动的部分交给印刷厂，也可以把全部文件都提交给印刷厂。具体使用哪种方式，要与印刷厂方面进行协商，如图 12-7 所示。

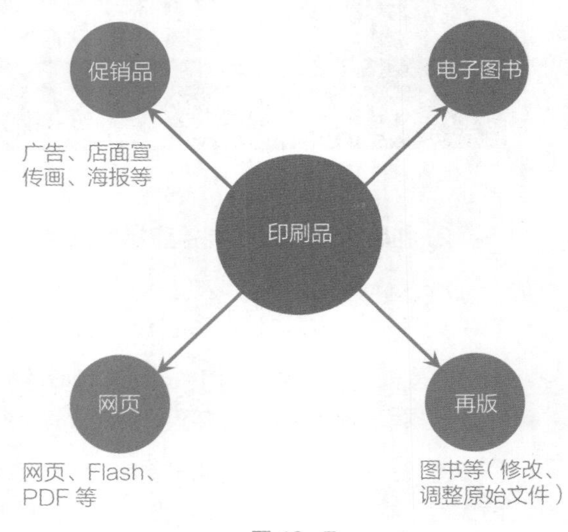

图 12-7

12.5.3 排版文件在其他类型印刷品中的应用

将排版文件用于其他类型的印刷品时，最应该注意是图像的分辨率问题。

如果是在比原始尺寸更小的印刷品中使用，那是不会有问题的。但如果用在比原始尺寸更大的地方，就会出现分辨率不足的问题了。在排版过程中处理图片的时候，要尽量让图片文件保持在足够大的尺寸上，并将其作为保留文件。在拍摄照片的时候，也要告诉摄影师尽量提供大尺寸的照片。

另外，把已经出版过的排版内容用于封皮、广告宣传画等地方的时候，使用点阵图输出比较方便。

随着 Apple iPad 和 Amazon Kindle 等电子设备的出现和普及，受其影响最大的就是电子图书。

与传统印刷品不同，电子出版物根据各种不同的浏览器，其文件格式也各有不同。本文将根据出版的内容浏览器与文件格式的选择进行讲解。

12.5.4 保存文件以便于网页使用

当前，很多用于印刷的排版文件都会广泛地以网页、Flash 目录、PDF 等形式进行再利用。InDesign 中提供了对应各种形式的文件输出格式，但在实际操作中往往都会根据其具体的表现形式对版式内容进行重新构成，所以直接使用 InDesign 那种功能的机会很少（PDF 除外），所以，只要把文本和图片保存下来，就能够在上述媒体中使用了。

需要注意的是，排版文件中的文本要以原始状态保存下来，如果进行了栅格化处理，那就无法作为文本来使用了。

在图像文件的使用方面，由于网页中使用的是 RGB 颜色模式的图像，所以图像文件要尽量以可编辑状态的 PSD、AI 等格式进行保存。如果不得不在排版的时候转换成 CMYK 模式，那也要把之前的 RGB 模式的文件保存好。

12.6 制作电子图书

制作电子图书可以使印刷品得到更广泛的推广

12.6.1 电子图书的格式

在中国市场上，目前有多种电子图书浏览器及其对应的文件格式在使用中，但不论哪种都没能成为主流。

Apple 公司的 iBook Store 以及 Google 公司的 eBook store 的默认文件格式是“EPUB”，Amazon 公司的 Kindle Store 用的是“AZM”格式，上述两种格式在西方国家处于主流地位。

12.6.2 电子图书的平台

用于浏览的电子图书的平台大多是多功能平板式数字终端，如 Apple 公司的 iPad 或夏普公司的 GALAPAGOS，以及专门用于阅读电子图书的 Amazon Kindle 或 Sony Reader 等设备。

除此以外，计算机、移动电话、Apple 公司的 iPhone 以及各种使用 Android 系统的智能手机，甚至索尼公司的 PSP 便携式游戏机都可以用来阅读电子图书。

12.6.3 文件的格式的选择

电子图书最大的特点是，读者可以随意放大或缩小版面上的文字和图像，就像是放大或缩小网页上的文字和图像一样。

这样的功能对于读者来说十分方便，与浏览网页一样，如果文字、图像的尺寸发生了变化，那么页面内所显示出的内容也会跟着变化（流动的），因此就不能采用固定模式的版面设计。

虽然在浏览网页的时候可以调整窗口的大小，但是很多电子图书是在计算机以外的平台上进行阅读的，而这些平台的显示窗口是固定的，所以页面内容的流动是个重要问题。另外，iPad、GALAPAGOS 等平板终端设备上还要求画面必须能随时改变横竖显示比例。

以文字为主体的电子图书的版面构成不易受到显示比例变化带来的影响，而图片较多的杂志类电子图书则受这种影响较大，为此只能根据实际情况来选择制作时的文件格式。另外，在制定版式的时候还必须要考虑到检索功能的使用。

电子图书无法像传统图书那样随意翻开目录或索引的页面，所以要为以文字为主体的读物准备好检索功能。为了使索引功能正常工作，在制作这样的文件时，不能选择那种会把文本图像化的文件格式。

在西方市场上，iBook Store 以及 Google eBook store 的“EPUB”格式，或 Amazon Kindle 所对应的“AZW”“Topaz”“Mobi”等格式，是以文字为主体的读物常用的格式。

如果需要维持版面原有的图文布局，则可以使用 PDF 文件。虽然 PDF 文件也可以显示文本，从而获得良好的检索性，但却无法扩大或缩小文字尺寸，放大后其页面的一部分内容会显示不出来。也有使用 JEPG 或 PNG 等点阵图文件格式作为电子图书的情况，但这些格式无法放大、缩小或进行检索。

iPad 和 iPhone 使用的是专用的 App 格式，并使用专用的浏览器，可以在保证版面原样不变的情况下进行显示，所以广泛应用于各种电子图书的制作。